工业和信息化精品系列教材

Linux
系统自动化运维

Python 版 | 微课版

张莉 丁传炜 ◉ 主编

王青青 张丽娜 邱柳明 ◉ 副主编

LINUX SYSTEM AUTOMATION
OPERATION AND MAINTENANCE

人民邮电出版社

北 京

图书在版编目（CIP）数据

Linux系统自动化运维 ：Python版 ： 微课版 / 张莉，
丁传炜主编. -- 北京 ： 人民邮电出版社，2024.1
工业和信息化精品系列教材
ISBN 978-7-115-62824-4

Ⅰ．①L… Ⅱ．①张… ②丁… Ⅲ．①Linux操作系统
－教材 Ⅳ．①TP316.85

中国国家版本馆CIP数据核字(2023)第188776号

内 容 提 要

本书主要讲解 Python 在 Linux 系统运维开发中的典型应用，通过面向实际运维场景的任务实施，帮助读者掌握 Python 在系统自动化运维领域的应用。本书共 8 个项目，内容包括系统自动化运维：从 Shell 到 Python、监控系统与调度运维任务、处理文件内容与配置文件、记录日志与发送邮件、运维数据记录与可视化、远程管理和批量运维服务器、网络管理和网络安全、企业级系统综合运维。

本书内容丰富、结构清晰、重点突出、难点分散，注重实践性和可操作性，对项目中的每个任务都提供详细的代码和解说，便于读者快速上手。

本书可作为高校计算机类专业的 Python 编程教材，也可作为 Linux 系统运维教材，还适合广大从事 Python 自动化运维开发工作的初学者学习和参考。

◆ 主　编　张　莉　丁传炜
　　副 主 编　王青青　张丽娜　邱柳明
　　责任编辑　初美呈
　　责任印制　王　郁　焦志炜
◆ 人民邮电出版社出版发行　　北京市丰台区成寿寺路 11 号
　　邮编　100164　电子邮件　315@ptpress.com.cn
　　网址　https://www.ptpress.com.cn
　　三河市君旺印务有限公司印刷
◆ 开本：787×1092　1/16
　　印张：15　　　　　　　　　　2024 年 1 月第 1 版
　　字数：429 千字　　　　　　　2024 年 1 月河北第 1 次印刷

定价：59.80 元
读者服务热线：(010)81055256　印装质量热线：(010)81055316
反盗版热线：(010)81055315
广告经营许可证：京东市监广登字 20170147 号

前言 FOREWORD

随着 IPv6、5G、物联网、大数据、云计算、区块链和人工智能等新一代信息技术的发展，信息系统规模越来越大，业务运行日趋复杂，系统运维必须从传统的手动运维方式转变为自动化运维方式。经验丰富、技术全面的系统运维工程师一直是市场急需的人才。

党的二十大报告提出：要加快实施一批具有战略性全局性前瞻性的国家重大科技项目，增强自主创新能力。打造国产操作系统有利于把信息产业的安全牢牢掌握在自己手里。开源的 Linux 操作系统具有完善的网络功能和较高的安全性，在云计算、大数据、物联网、高性能计算等领域占据主要的市场地位。为保证自主可控，确保信息安全，中华人民共和国工业和信息化部加大力度支持基于 Linux 的国产操作系统的研发和应用。目前，国产自主可控的操作系统大多是基于 Linux 进行二次开发的，国内对 Linux 系统运维工程师的需求与日俱增。

Python 最初就是被设计用于编写自动化脚本的，编写程序和运行程序都非常便捷，现已成为系统管理和运维领域的主流编程语言，也是目前系统运维工程师必须掌握的编程语言。目前主流的系统自动化部署和运维工具，如 Ansible、Airflow、SaltStack，大都是使用 Python 开发的。专业且复杂的部署和运维业务要求系统运维工程师从 Shell 编程转向 Python 编程，以胜任系统自动化运维工作。为全面贯彻党的二十大精神，落实优化职业教育类型定位要求，满足行业人才需求，帮助教师全面、系统地讲授系统自动化运维方面的课程，使学生系统地掌握系统自动化运维领域的 Python 编程技术，提高系统自动化运维技能，我们几位长期在高校从事计算机类专业教学的教师共同编写了本书。

本书主要讲解 Python 在 Linux 系统运维开发中的典型应用，采用项目形式组织内容，划分的各任务独立性强，各任务分别说明应用场景。全书共有 8 个项目。项目 1 引领读者从 Shell 编程快速过渡到 Python 编程。项目 2 至项目 5 介绍系统基础运维，涉及监控系统与调度运维任务、处理文件内容与配置文件、记录日志与发送邮件、运维数据记录与可视化。项目 6 介绍远程管理和批量运维服务器。项目 7 介绍网络管理和网络安全。项目 8 基于主流的自动化运维工具 Ansible 介绍企业级系统综合运维，涉及自动化的配置管理、流程控制、应用部署和监控平台部署。限于篇幅，部分内容改为线上提供。

本书由浙江安防职业技术学院张莉老师、江苏旅游职业学院丁传炜老师担任主编，徐州工业职业技术学院王青青老师、浙江安防职业技术学院张丽娜老师和温州掌网信息技术有限公司邱柳明高级工程师担任副主编。

由于编者水平有限，书中难免存在疏漏和不妥之处，敬请广大读者批评指正。

编　者

2023 年 10 月

目录 CONTENTS

项目3

处理文件内容与配置文件······58

项目 4
记录日志与发送邮件 ·········· 88

项目1
系统自动化运维：
从Shell到Python

01

早期的系统运维以手动方式为主，随着系统资源不断增加和系统日趋复杂多样，如果仅靠执行大量的重复性命令来完成日常的运维工作，则运维工程师将不堪重负，只有依靠自动化运维技术才能解决问题。对Linux系统本身来说，Shell脚本就是优秀的运维工具，编写Shell脚本是运维工程师必须掌握的基本功。而要进行更专业、更复杂的系统自动化运维编程，则首选Python，Python是Linux系统管理和运维的主流编程语言。为便于读者快速入门，本项目将通过3个典型任务，引领读者了解Shell和Python在系统自动化运维领域的应用，掌握Shell和Python编程的基本步骤，学会在Python程序中执行外部命令。编程对初学者来说有一定难度，需要读者转变思维方式，加强编程思维的训练。

课堂学习目标

知识目标
- 了解系统自动化运维的基本知识。
- 了解Shell编程。
- 了解Python编程。
- 了解subprocess模块的基本用法。

技能目标
- 掌握系统管理和运维的Shell编程。
- 掌握使用Python编写自动化运维程序的流程。
- 掌握使用Python编程执行外部命令的方法。

素养目标
- 激发学习新技术的兴趣。
- 增强效率意识。
- 培养主动学习、积极进取的作风。

任务 1.1　从 Shell 编程开始系统自动化运维

任务要求

随着IT（Information Technology，信息技术）系统规模越来越大，部署和运维越来越复杂，传统的手动运维方式已经无法满足需求，系统的自动化运维势在必行。Shell脚本是实现Linux系统自动化管理和运维的必备工具，其优势在于能够处理操作系统底层的业务，Linux系统内部的很多应用都是使用Shell脚本开发的。Linux系统运维工程师都应该能够熟练地编写Shell脚本，

后续项目中的Python运维脚本也会涉及Shell脚本。限于篇幅，这里仅给出系统自动化运维的Shell
编程实例，不详细讲解Shell语法知识，读者可以参阅线上资源。本任务的基本要求如下。

（1）了解系统自动化运维的基本知识。

（2）了解Shell及其编程的基本知识。

（3）准备系统自动化运维的实验环境。

（4）掌握系统管理类Shell编程。

（5）掌握系统运维类Shell编程。

相关知识

1.1.1　初识系统自动化运维

随着 IT 的迅速发展和互联网应用的日益普及，IT 系统规模越来越大，部署和运维越来越复杂。
大量的网络设备、服务器、中间件、业务系统等给运维工程师带来机遇的同时又带来挑战。传统的
运维方式存在以下一系列问题。

- 效率低。当 IT 资源增多时，手动执行配置操作效率低，无法完成大规模的运维。例如，要
为一批服务器安装操作系统，需要逐一登录，安装软件，编辑配置文件，最后进行测试。一旦服务
器数量过大，运维工程师将会不堪重负。

- 容易失误。手动执行运维操作容易导致操作失误，甚至带来无法补救的灾难性后果，如删除
数据库文件。

- 被动运维。传统的运维方式大多是在故障发生后才由运维工程师采取补救措施，无法提供高
质量的运维服务，更不能适应业务需求变更频繁、应用快速迭代和升级的 IT 系统的运维。

- 缺乏流程化和标准化的运维机制。传统的运维方式是零散的、碎片化的，缺乏流程化和标准
化的运维机制。例如，问题发生后很难快速、准确地查找原因，或者找到原因后缺乏流程化的故障
处理机制，在处理问题时又缺乏全面的跟踪记录。

解决这些问题的关键是实施系统自动化运维，将系统日常的、大量的重复性工作自动化，将基
于人工的手动运维操作转换为基于软件的自动化运维操作，继而实现运维的流程化、标准化、自动
化，以提高工作效率，解放人力资源，降低运维成本，提升服务质量。

系统自动化运维主要的工作内容如下。

- 系统预备，包括安装操作系统、初始化系统、安装软件包等。

- 配置管理，包括部署应用并完成配置、远程管理服务器、定制配置文件、持续集成和持续交
付等。

- 监控报警，包括服务器可用性监控、性能监控、安全监控、自动报警等。

实现自动化运维，可以直接采用通用的自动化运维工具和平台。例如，使用 Kickstart、Cobbler
等工具快速批量安装操作系统；使用 Ansible、SaltStack 等工具实现系统自动化配置和应用自动化
部署；使用 Zabbix、Prometheus 等工具自动监控系统，及时响应故障并报警；使用 OpenStack
构建企业云计算平台；使用 Kubernetes 部署和运维云原生应用。

运维工程师还需要通过编程来定制自己的运维程序。例如，要开发运维工具，或者定制规范的
操作流程，一般需要掌握 Shell 或 Python 脚本的编写技能。要打造自己的自动化运维平台，还要
开发 C/S 或 B/S 架构的程序。

> **提 示**　网络强国和数字中国的建设需要 IPv6、5G、物联网、大数据、云计算、区块链和人工智
> 能等新一代信息技术赋能，也需要利用这些技术打造安全、可信的基础设施与应用系统。
> 具体实施过程离不开各类信息系统的支撑，也离不开信息系统的自动化运维。

1.1.2　Linux 系统自动化运维的基本工具——Shell 脚本

开源的 Linux 系统在全球范围内得到大规模应用，这催生了对 Linux 系统运维工程师的需求。本书主要讲解 Linux 系统自动化运维，首先讲解 Shell 脚本。Shell 是 Linux 系统的一种编程语言，Shell 脚本可以在许多场景下执行自动化操作，完成重复性操作。

1.　什么是 Shell

在 Linux 系统中，Shell 提供了用户和系统交互的接口。如图 1-1 所示，Shell 提供了用户与 Linux 内核进行交互操作的接口。Shell 是一种命令行方式的交互接口，接收用户输入的命令，并将其送到 Linux 内核执行。

Shell 是一个命令解释器，拥有内建的 Shell 命令集。用户在命令提示符下输入的命令都由 Shell 先接收并进行分析，然后传给 Linux 内核执行。Linux 内核将结果返回给 Shell，由 Shell 在屏幕上显示。不管命令执行成功与否，Shell 总是再次给出命令提示符，等待用户输入下一条命令。

Shell 同时是一种编程语言。Shell 会一次性执行用户编写的由 Shell 命令组成的程序，其中包含若干条命令，这种程序通常称为 Shell 脚本或命令文件。编写 Shell 脚本的过程就是 Shell 编程。

图 1-1　Linux 与 Shell 关系示意

Shell 最基本的功能之一是解释用户在命令提示符下输入的命令。它还支持个性化的用户环境设置，这通常由 Shell 初始化配置文件实现。Shell 更高级的功能是使用脚本实现系统管理和运维功能。

2.　Shell 脚本的特点

Shell 具有很多类似 C 语言和其他编程语言的特征，但是又没有其他编程语言那样复杂。Shell 脚本可以进行调试和排错。Shell 支持绝大多数高级语言的基本要素，如函数、变量、数组和程序控制结构。

Shell 脚本与批处理文件很相似，可以包含任意输入的 Linux 命令，包括命令行工具。Shell 脚本是解释执行的，不需要编译。Shell 解释器从脚本中一行一行读取并执行命令，相当于用户将脚本中的命令一行一行输入到 Shell 命令提示符下执行。

Shell 编程最基本的功能之一就是汇集一些在命令行中输入的连续指令，将它们写入脚本中，通过直接执行脚本来执行一系列命令，例如使用脚本定义防火墙规则或者执行批处理任务。如果经常用到相同执行顺序的操作命令，就可以将这些命令写成脚本文件，以后要进行同样的操作时，只需在命令行中输入其文件名即可。

3.　Shell 脚本与 Linux 系统运维

使用 Shell 脚本有助于提高运维工程师的工作效率。对 Linux 系统本身来说，上千条 Linux 系统命令为系统管理和运维提供了强有力的支持。Linux 系统的底层以及基础应用软件的核心大都涉及 Shell 命令或语句。Shell 脚本结合其他命令行工具可以达到高效运维的目的。如果 Shell 脚本与 Cron 服务或 Systemd 定时器结合，则可以定时执行具有特定功能的运维任务。

Linux 系统提供了功能强大的文本处理命令行工具，如 grep、sed、awk 等。而系统的配置和管理涉及的配置文件、日志文件、命令输出的内容等都是文本文件，因此可以利用 Shell 编程整合各种命令，再结合正则表达式，高效地处理这些文本文件来实现系统自动化运维。

Shell 编程具有简单、便捷的优势，特别适合用来开发一些常见的系统脚本，如一键安装软件、优化配置、监控报警、自动启动、日志分析等脚本。

4.　Shell 编程的步骤

Shell 编程包括以下两个基本步骤。

第一步，编写 Shell 脚本。Shell 脚本本身就是一个文本文件，通常将其扩展名设置为.sh，当然也可以不带任何扩展名。与其他编程语言编程一样，Shell 编程不需要编译器，也不需要集成开发环境，一般使用文本编辑器即可。推荐初学者使用 Nano 编辑器。

第二步，执行 Shell 脚本。Shell 脚本是解释执行的，需要 Shell 解释器的支持。执行 Shell 脚本主要有以下几种方式。

- 在命令提示符下直接执行。直接编辑生成的脚本文件没有执行权限，需要将其权限设置为可执行，才能在命令提示符下作为命令直接执行。
- 使用指定的 Shell 解释器执行脚本，以脚本文件为参数。
- 使用 source 命令执行脚本。

另外，可以像其他编程语言一样，对 Shell 脚本进行调试，以便查找和消除错误。在 Bash 中，Shell 脚本的调试主要利用 bash 命令（Shell 解释器）的选项来实现。

任务实现

任务 1.1.1　准备实验环境

准备实验环境

本书的基本实验环境如图 1-2 所示，以一台 Ubuntu 计算机作为运维工作站，也就是控制节点；再部署几台服务器作为

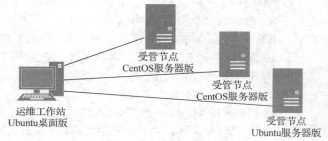

图 1-2　本书的基本实验环境

受管节点，在服务器上分别安装 CentOS 和 Ubuntu 服务器版，以兼顾不同的 Linux 发行版。

为便于实验操作，建议读者使用虚拟机来部署实验环境。

本书项目 1 至项目 5 中的任务都是在运维工作站上完成的。本任务主要完成运维工作站的部署（受管节点的部署在项目 6 中讲解），主要步骤如下。

（1）创建一台运行 Ubuntu 64 位操作系统的 VMware Workstation 虚拟机，要求内存不低于 4GB，磁盘空间不低于 40GB，网络适配器选择 NAT（Network Address Translation，网络地址转换）或桥接模式。

（2）在虚拟机上安装 Ubuntu 20.04 LTS 桌面版操作系统。

（3）调整系统配置。本任务中将主机名改为 autowks，IP 地址设置为 192.168.10.20/24。

Ubuntu 系统默认禁用 root 账户，许多系统配置和管理操作需要 root 特权，我们通常使用 sudo 命令临时使用 root 账户执行操作，执行完毕后自动返回普通用户账户状态。为简化实验操作，建议直接启用 root 账户。为此，需要在 Ubuntu 系统中执行以下操作。

（1）执行以下命令为 root 账户设置密码。

```
gly@linuxpc1:~$ sudo passwd root
新的 密码：
重新输入新的 密码：
passwd：已成功更新密码
```

（2）编辑/usr/share/lightdm/lightdm.conf.d/50-ubuntu.conf 配置文件，添加以下定义。

```
greeter-show-manual-login=true
```

（3）编辑/etc/pam.d/gdm-autologin 文件，注释掉其中的 "auth required pam_succeed_if. so user != root quiet_success" 行（前面加上 "#"）。

（4）编辑/etc/pam.d/gdm-password 文件，注释掉其中的 "auth required pam_succeed_if. so user != root quiet_success" 行（前面加上 "#"）。

（5）编辑/root/.profile 文件，将其中最后一行内容替换为以下两行内容。

```
tty -s && mesg n || true
mesg n || true
```

上述几个配置文件的编辑都需要 root 特权，建议使用 sudo nano 命令打开进行修改。

（6）重启系统就能够以 root 账户登录 Ubuntu 系统。

在使用图形用户界面登录时，需要单击用户列表中的 "未列出？"，根据提示输入 root 账户名称及其密码进行登录，登录成功之后可以看到桌面上有 root 文件夹，并提示是以特权用户身份登录的。以 root 账户登录可以执行任何操作，无须再使用 sudo 命令。

任务 1.1.2　编写 Shell 脚本批量创建 Linux 用户账户

批量创建 Linux 用户账户

Linux 系统是多用户、多任务操作系统，用户账户管理是其最基本的系统管理功能之一。遇到批量创建用户账户的情形，如果使用命令逐一操作，则费时费力。例如，一台 Linux 计算机要为一个 10 人小组的所有成员按照编号创建不同的实验用户账户，这些用户账户要加入同一个组，并且每个用户账户要设定不同的初始密码。下面针对这个需求，编写文件名为 user_batchAdd.sh 的 Shell 脚本，实现批量添加用户账户，程序如下。

```bash
#!/bin/bash
# 添加一个名为 testers 的用户组
groupadd testers
if [ $? -eq 0 ]; then
  echo "添加用户组 testers 成功！"
fi
# 创建 10 个用户账户，命名为 tester01 至 tester10，并将其加入 testers 组
for i in `seq -w 1 10`
do
 useradd -m -G testers tester$i
 if [ $? -eq 0 ]; then
  echo "添加用户账户 tester$i 成功！"
 fi
# 将每个用户账户的初始密码设置为其用户名，这是一种修改密码的非交互方式
 echo tester$i:tester$i | chpasswd
 if [ $? -eq 0 ]; then
  echo "用户账户 tester$i 的初始密码：tester$i "
 fi
done
```

上述代码中使用 seq 命令产生一个序号数列，-w 选项表示在每一个数字前加 0 进行补齐。使用 bash 命令执行该脚本，结果如下。

```
root@autowks:/autom/01start/shell# bash user_batchAdd.sh
添加用户组 testers 成功！
添加用户账户 tester01 成功！
```

```
用户账户 tester01 的初始密码: tester01
添加用户账户 tester02 成功!
用户账户 tester02 的初始密码: tester02
…
添加用户账户 tester10 成功!
用户账户 tester10 的初始密码: tester10
```

结果显示批量创建用户账户成功。打开用户管理界面进行验证，如图 1-3 所示，可以看到新创建的用户账户。再尝试以其中一个用户账户（如 tester01）登录（本例切换到文本模式进行登录）以进一步验证，如图 1-4 所示，该用户账户可以成功登录。

图 1-3　查看新创建的用户账户　　　　　　　　图 1-4　以新创建的用户账户登录

我们可以根据需求批量删除上述用户账户，编写文件名为 user_batchDel.sh 的脚本，程序如下。

```bash
#!/bin/bash
for i in `seq -w 1 10`
do
  userdel -r tester$i
  if [ $? -eq 0 ]; then
    echo "删除用户账户 tester$i 成功!"
  fi
done
groupdel testers
if [ $? -eq 0 ]; then
  echo "删除用户组 testers 成功!"
fi
```

执行 userdel 命令时使用-r 选项，在删除用户账户的同时，会一并删除该用户账户对应的主目录和邮件目录。执行该脚本，结果如下。

```
root@autowks:/autom/01start/shell# bash user_batchDel.sh
userdel: user tester01 is currently used by process 14497
userdel: tester02 邮件池 (/var/mail/tester02) 未找到
删除用户账户 tester02 成功!
…
userdel: tester10 邮件池 (/var/mail/tester10) 未找到
```

删除用户账户 tester10 成功！
删除用户组 testers 成功！

注意 userdel 命令不允许删除正在使用（已经登录）的用户账户，正在使用的用户账户可以手动删除。

> **提 示** 本书的项目文件统一存放在/autoom 目录中，每个项目的程序文件存放在该目录下相应的子目录中。例如，项目 1 的程序文件位于/autoom/01start 目录下，其中 shell 子目录存放 Shell 脚本文件。

任务 1.1.3 编写 Shell 脚本批量检测主机在线状态

ping 命令可以用来检测某主机的在线（存活）状态。下面编写一个脚本文件（命名为 host_batchPing.sh）来批量检测主机的在线状态，程序如下。

```bash
#!/usr/bin/bash
#定义 3 种颜色来区分主机在线状态
redFont=""\033[1;31m"
greenFont="\e[32m"
whiteFont="\e[0m"
while read host
do
  for count in {1..3}
  do
   ping -c1 -W1 $host &>/dev/null
   if [ $? -eq 0 ];then
   # echo 命令以不同颜色显示内容需要使用-e 选项
    echo -e "${greenFont}"${host}主机 ${whiteFont}" 正在运行"
    break
   else
    fail_count[$count]=$host
   fi
  done
  if [ ${#fail_count[*]} -eq 3  ] ;then
   echo -e "${redFont}"${host}主机 ${whiteFont}" 停止运行"
   unset fail_count[*]
  fi
done <host_list
echo -e "${whiteFont}"
```

此脚本中使用了循环嵌套。通过 while 循环语句从主机列表文件中逐行读取主机地址（域名或 IP），对于读取的每个主机地址使用 for 循环执行 ping 命令测试 3 次（ping 命令中的 "&>/dev/null" 表示将产生的输出信息丢弃），一旦 ping 通，则该地址的主机被视为正在运行，退出 for 循环，再处理下一个主机地址；若连续 3 次都无法 ping 通，则将配置该主机地址的主机视为已停机。

本任务对给定范围的主机地址进行主机在线检测。再准备一个主机地址列表文件（命名为 host_list），将要检测的主机地址加入其中，一行一个主机地址。本例添加的主机地址如下。

```
www.baidu.com
www.163.com
192.168.10.2
192.168.1.1
```

执行该脚本，结果如图 1-5 所示。

```
root@autowks:/autoom/01start/shell# bash host_batchPing.sh
www.baidu.com主机  正在运行
www.163.com主机  正在运行
192.168.10.2主机  正在运行
192.168.1.1主机  停止运行
```

图1-5　批量检测主机在线状态

任务 1.1.4　编写 Shell 脚本一键安装 JDK

运维工作中常常需要编写 Shell 脚本一键安装软件包，将手动安装软件包的全过程转换为自动化的脚本。Java 开发工具包（Java Development Kit，JDK）包括 Java 运行环境（Java Runtime Environment，JRE）、Java 工具和 Java 基础类库，是完整的 Java 环境。这里以新版的 Oracle Java 17 为例示范 JDK 安装脚本的编写。为便于实验，笔者提供了 JDK 压缩包，请读者将其复制到当前脚本目录下。脚本文件命名为 jdk_install.sh，完整的程序如下。

```
#!/bin/bash
# JDK 压缩包文件
jdk_tar="jdk-17_linux-x64_bin.tar.gz"

# 定义函数检查已配置的 Java 环境变量并进行处理
function checkJavaEnv (){
  java_env1=$(grep -n "export JAVA_HOME=.*" /etc/profile | cut -f1 -d':')
  if [ -n "$java_env1" ];then
   echo "删除已配置的 JAVA_HOME 环境变量"
   sed -i "${java_env1}d" /etc/profile
  fi
  java_env2=$(grep -n "export JRE_HOME=.*" /etc/profile | cut -f1 -d':')
  if [ -n "$java_env2" ];then
      echo "删除已配置的 JRE_HOME 环境变量"
      sed -i "${java_env2}d" /etc/profile
  fi
  java_env3=$(grep -n "export CLASSPATH=.*" /etc/profile | cut -f1 -d':')
  if [ -n "$java_env3" ];then
      echo "删除已配置的 CLASSPATH 环境变量"
      sed -i "${java_env3}d" /etc/profile
  fi
  java_env4=$(grep -n "export PATH=.*\${JAVA_HOME}.*" /etc/profile | cut -f1
                                                                       -d':')
  if [ -n "$java_env4" ];then
      echo "删除已配置的 Java 路径"
      sed -i "${java_env4}d" /etc/profile
  fi
}
# 创建 Java 安装目录
mkdir -p /usr/lib/jvm
echo "正在解压 JDK 压缩包……"
tar -zxvf ${jdk_tar} -C /usr/lib/jvm
if [ -e "/usr/lib/jvm/jdk-17-oracle" ];then
  echo "存在该文件夹，删除……"
```

```
    rm -rf /usr/lib/jvm/jdk-17-oracle
fi

# 修改 JDK 版本的目录名
mv /usr/lib/jvm/jdk-17.0.2 /usr/lib/jvm/jdk-17-oracle
# 执行函数检查环境变量配置并进行处理
checkJavaEnv
echo "正在配置 Java 环境变量……"
sed -i '$a export JAVA_HOME=/usr/lib/jvm/jdk-17-oracle' /etc/profile
sed -i '$a export JRE_HOME=${JAVA_HOME}/jre' /etc/profile
sed -i '$a export CLASSPATH=.:${JAVA_HOME}/lib:${JRE_HOME}/lib' /etc/profile
sed -i '$a export PATH=${JAVA_HOME}/bin:$PATH' /etc/profile
echo "重新加载配置文件使环境变量生效"
source /etc/profile
echo "--------------------------------"
echo "检查当前的 Java 版本以测试安装: "
java -version
```

其中使用 sed 命令修改配置文件。该脚本实现的主要步骤如下。

（1）创建安装目录。

（2）将 JDK 压缩包解压缩到安装目录。

（3）修改 JDK 版本的目录名。

（4）检查/etc/profile 文件中是否已有相应的环境变量，以解决脚本重复执行问题。

（5）向/etc/profile 文件中添加 Java 环境变量设置。

（6）加载/etc/profile 文件使环境变量生效。

（7）检查安装是否成功。

使用 bash 命令执行该脚本，结果如下，表明 JDK 已经成功安装。

```
root@autowks:/autoom/01start/shell# bash jdk_install.sh
正在解压 JDK 压缩包……
jdk-17.0.2/LICENSE
…
jdk-17.0.2/release
正在配置 Java 环境变量……
重新加载配置文件使环境变量生效
--------------------------------
检查当前的 Java 版本以测试安装:
java version "17.0.2" 2022-01-18 LTS
Java(TM) SE Runtime Environment (build 17.0.2+8-LTS-86)
Java HotSpot(TM) 64-Bit Server VM (build 17.0.2+8-LTS-86, mixed mode, sharing)
```

任务 1.1.5　编写 Shell 脚本监控 Linux 系统性能

编写 Shell 脚本监控
Linux 系统性能

性能监控属于基本的系统运维工作内容，主要获取 CPU、内存、磁盘、网络、服务和进程等指标，并判断各指标是否正常，以便及时处理，从而保证系统正常运行。最简单的性能监控方法之一就是使用 Linux 系统本身的命令，如使用 top 命令动态显示基本的系统性能参数。我们还可以使用第三方工具，如具有强大的系统监控功能的 Zabbix，这需要部署应用软件。而自己开发监控程序可以更具针对性地完成监控任务，解决系统运行的问题。本任务要求编写监控 Linux 系统性能的 Shell 脚本。

1. 了解 Linux 系统性能数据的获取方法

多数情况下，我们可以通过 Linux 系统的命令获取性能数据，如通过 top 命令获取 CPU 和进程数据，通过 free 命令获取内存数据，通过 df 命令获取磁盘空间使用数据。

通过 Linux 系统的/proc 伪文件系统来监控系统可以兼顾不同 Linux 发行版。与其他文件系统不同，/proc 是内存中的一个特殊目录。/proc 是一种内核和内核模块向进程发送信息的机制，允许与内核内部数据结构交互，获取有关进程的有用信息，通过在运行中改变内核参数来改变设置。我们可以通过该目录下的特定文件获取系统的各类性能数据。下面以获取 CPU 和内存的性能数据为例进行讲解。

/proc/stat 文件提供系统进程整体的统计信息，包含所有 CPU 活动的信息。例如，在笔者的计算机环境中查看该文件的内容如下。

```
root@autowks:~# cat /proc/stat
cpu  1414 7 2846 444112 219 0 422 0 0 0
cpu0 448 1 789 110799 57 0 106 0 0 0
cpu1 370 2 766 110925 23 0 34 0 0 0
cpu2 293 0 656 111170 81 0 196 0 0 0
cpu3 302 3 633 111218 57 0 85 0 0 0
# 以下省略
```

我们仅关心 CPU 活动，可以省略其他信息。由上述内容可以得知 CPU 是 4 核的，第 1 行的第 1 个字段值为"cpu"，没有指定 CPU 编号，表示是其他各个 CPU 活动时间的汇总；其他几行的第 1 个字段有 CPU 编号，表示特定编号的 CPU 活动时间。各行有关 CPU 活动的数据共有 10 项，计算 CPU 的使用率只需关心前 7 项（第 2 个字段至第 8 个字段，表 1-1 按顺序给出各项数据的含义），其他几项都是关于虚拟机的。注意所有的值都是从系统启动开始累积到当前时刻的。

表 1-1　/proc/stat 文件中主要的 CPU 数据项

数据项	含义
user	用户态的 CPU 时间
nice	低优先级程序所占用的用户态的 CPU 时间
system	系统态的 CPU 时间
idle	CPU 空闲的时间（不包含 I/O 等待）
iowait	等待 I/O 响应的时间
irq	处理硬件中断的时间
softirq	处理软中断的时间

其中的时间单位都是 jiffies，1jiffies 等于 0.01 秒（10 毫秒）。
CPU 时间的计算公式如下。

```
CPU 时间 = user + nice + system + idle + iowait + irq + softirq
```

计算 CPU 使用率常用的方法是先取两个采样点的 CPU 空闲时间和 CPU 时间，然后分别计算两个采样点的 CPU 空闲时间差值和 CPU 时间差值，最后算出两个差值的比值。

```
CPU 使用率 = (idle2-idle1)/(cpu2-cpu1)
```

/proc/meminfo 文件提供系统内存的使用信息，free 命令就是通过它来报告内存使用情况的。该文件中常用的字段如下。

- MemTotal：系统所有可用的内存。
- MemFree：系统尚未使用的内存。

- MemAvailable：系统真正可用的内存。
- Active：经常使用的高速缓冲存储器文件大小。
- Inactive：不常使用的高速缓冲存储器文件大小。
- SwapTotal：交换空间总内存。
- SwapFree：交换空间空闲内存。

这些都是当前值，单位为 KB。计算内存使用率的公式如下。

```
内存使用率 = (MemTotal - MemFree - Inactive)/ MemTotal
```

2. 编写系统性能监控脚本

根据以上思路，我们编写文件名为 sys_mon.sh 的 Shell 脚本来实现 CPU 和内存使用率的监控，完整的程序如下。

```bash
#!/bin/bash
# 定义获取 CPU 使用率的函数
function getCpu {
#使用 grep 'cpu '过滤 CPU 总的使用情况，输出第 2 个～第 8 个字段对应的时间
cpu_time1=$(cat /proc/stat | grep 'cpu ' | awk '{print "$2" "$3" "$4" "$5" "$6"
                                                  "$7" "$8"}')

# 获取 CPU 空闲的时间（不包含 I/O 等待）
cpu_idle1=$(echo $cpu_time1 | awk '{print $4}')
# 合计 cpu_time1 中各列的值
cpu_total1=$(echo $cpu_time1 | awk '{print $1+$2+$3+$4+$5+$6+$7}')
# 等 5 秒之后再测下一次 CPU 时间
sleep 5
cpu_time2=$(cat /proc/stat | grep 'cpu ' | awk '{print "$2" "$3" "$4" "$5" "$6"
                                                  "$7" "$8"}')
cpu_idle2=$(echo $cpu_time2 | awk '{print $4}')
cpu_total2=$(echo $cpu_time2 | awk '{print $1+$2+$3+$4+$5+$6+$7}')
# 计算 CPU 总的空闲时间
cpu_idle=$(expr $cpu_idle2 - $cpu_idle1)
# 计算 CPU 总的使用时间
cpu_total=$(expr $cpu_total2 - $cpu_total1)
# 计算 CPU 使用率
cpu_usage=`echo "scale=4;($cpu_total-$cpu_idle)/$cpu_total*100" | bc | awk
                                                  '{printf "%.2f",$1}'`
}
# 定义获取内存使用率的函数
function getMem {
mem_info=$(cat /proc/meminfo)
mem_total=$(echo "$mem_info" | grep "MemTotal" | awk '{print $2}' )
mem_free=$(echo "$mem_info" | grep "MemFree" | awk '{print $2}' )
mem_inactive=$(echo "$mem_info" | grep "Inactive:" | awk '{print $2}' )
mem_used=$(echo "$mem_total - $mem_free - $mem_inactive "|bc)
mem_usage=$(echo "scale=4;$mem_used/$mem_total*100"|bc | awk '{printf "%.2f",$1}')
}
# 依次执行以上两个函数
getCpu;getMem
# 获取当前时间并采用特定格式表示
```

11

```
cur_time=$(date "+%Y-%m-%d %H:%M:%S")
# 将获取的 CPU 和内存使用率记录到 sysinfo.txt 文件
echo "$cur_time CPU 使用率: $cpu_usage%  内存使用率: $mem_usage%" >> sysinfo.txt
# 取百分比整数部分
cpu_usage=$(echo $cpu_usage | cut -d. -f1)
mem_usage=$(echo $mem_usage | cut -d. -f1)
# 设置百分比限额（实际应用中通常取 80%，这里取的值较小以方便测试）
limit_value=10
# CPU 或内存使用率超出限制报警
if  [ $cpu_usage -ge $limit_value ];  then
  echo "$cur_time CPU 超限" >> warning.txt
fi
if  [ $mem_usage -ge $limit_value ];  then
  echo "$cur_time 内存超限"  >> warning.txt
fi
```

为简化实验，本任务的报警方式是将信息记录到 warning.txt 文件，而实际应用中多采用邮件报警、短信报警等方式。

使用 bash 命令执行该脚本，然后查看 sysinfo.txt 和 warning.txt 文件的内容并进行验证。

```
root@autowks:/autoom/01start/shell# bash sys_mon.sh
root@autowks:/autoom/01start/shell# cat sysinfo.txt
2022-07-11 17:32:54 CPU 使用率: 0.25%  内存使用率: 12.35%
root@autowks:/autoom/01start# cat warning.txt
2022-07-11 17:32:54 内存超限
```

3. 使用 Cron 服务定时运行监控任务

在 Linux 系统中，Cron 服务用来管理周期性重复执行的任务计划，下面使用该服务定时运行上述 Shell 脚本，以定期监控系统性能。

（1）为上述 Shell 脚本文件赋予执行权限。

```
root@autowks:/autoom/01start/shell# chmod +x sys_mon.sh
```

（2）执行 crontab -e 命令，进入 Cron 服务配置文件编辑界面。如果首次执行该命令，则需要选择编辑器，这里选择第 1 个编辑器 nano。

```
root@autowks:/autoom/01start/shell# crontab -e
no crontab for root - using an empty one
Select an editor.  To change later, run 'select-editor'.
  1. /bin/nano        <---- easiest
  2. /usr/bin/vim.tiny
  3. /usr/bin/emacs
  4. /bin/ed
Choose 1-4 [1]: 1
```

（3）在 Cron 服务配置文件编辑界面最后一行输入以下代码，然后保存并关闭该文件。

```
*/2 * * * * /autoom/01start/shell/sys_mon.sh
```

其中前 5 列分别表示分、时、日、月、周，这里第 1 列"*/2"表示每 2 分钟执行一次，最后一列是要执行的任务。

（4）执行 crontab -l 命令检查 Cron 服务配置文件的内容。

（5）验证监控任务的定时运行，监控任务应每 2 分钟运行一次。Cron 服务在后台运行，监控的结果无法在前台显示。检查 sysinfo.txt 和 warning.txt 文件的内容，发现始终没有更新。

经排查，原来此任务由 root 账户运行，sys_mon.sh 脚本中所用到的 sysinfo.txt 和 warning.txt 文件采用的当前目录会指向 root 账户的主目录/root，这两个文件可以在主目录中找到。

（6）修改 sys_mon.sh 脚本，在其中添加获取脚本文件所在的目录的语句，并修改 sysinfo.txt 和 warning.txt 文件的路径到该目录下。

```
# 获取脚本文件所在的目录
cur_dir=$(cd $(dirname $0); pwd)
echo "$cur_time CPU 使用率: $cpu_usage%  内存使用率: $mem_usage%" >> $cur_dir/sysinfo.txt
echo "$cur_time CPU 超限" >> $cur_dir/warning.txt
echo "$cur_time 内存超限" >> $cur_dir/warning.txt
```

修改后，sysinfo.txt 和 warning.txt 文件就会出现在 sys_mon.sh 脚本所目录中。

任务1.2　使用 Python 提升系统自动化运维技能

任务要求

Shell具有简单、易用、高效的特点，但是其编程能力有限，程序的可读性和可维护性差，仅适用于非常简单的Linux系统运维业务。Python是一种面向对象的解释型编程语言，与Shell相比，Python不仅具有语法清晰、简单易懂的优点，而且具有更丰富的数据结构和更强的表达能力。Python最初就是被设计用于编写自动化脚本的，编写程序和运行程序都很简单，现已成为系统管理和运维领域的主流编程语言，越来越多的企业要求运维工程师掌握Python自动化运维编程。运维工程师熟悉Shell之后，还应该学习Python。本任务的基本要求如下。

（1）了解系统自动化运维与Python编程。
（2）了解Python的模块、包和库的概念。
（3）学会搭建Python开发环境。
（4）掌握使用Python编写系统运维程序的流程。

相关知识

1.2.1　Python 简介

Python 是一种可与 Perl、Ruby、Scheme 和 Java 媲美的清晰而强大的编程语言，语法简洁、清晰，具有丰富和强大的库。Python 最初被设计用于编写自动化脚本，随着版本的不断更新和新功能的增加，Python 越来越多地被用于独立的大型项目的开发。

Python 使用优雅的语法，让编写的程序易于阅读，让开发人员能够专注于解决问题而不是语言本身。作为一种易于使用的语言，Python 使编写程序和运行程序变得简单。

Python 是一种解释型的编程语言。Python 程序易于移植。Python 解释器可以交互使用。

Python 是一种面向对象的语言。它既支持面向过程的编程也支持面向对象的编程。Python 通过类和多重继承支持面向对象的编程。

Python 易于扩展。使用 C 或 C++编程便可以轻易地为 Python 解释器添加内置函数或模块。为了优化性能，或者希望某些算法不公开，都可以使用 C 或 C++开发二进制程序，然后在 Python 程序中使用它们。当然也可以将 Python 嵌入 C 或 C++程序，从而向用户提供脚本功能。Python 能够很轻松地将用其他语言开发的各种模块连接在一起，因而常被昵称为"胶水语言"。

Python 是高级编程语言。用 Python 来编写程序时，无须考虑内存等底层细节。Python 程序非常紧凑，其程序通常比功能相同的 C、C++或 Java 程序的更短小，这是因为它支持高级的数据结构类型，而且变量或参数无须声明。

Python 适用面广，尤其适合开发运维、数据科学（大数据）、人工智能、网站开发和安全等领域的软件开发。

1.2.2 Python 的模块、包与库

Python 程序的代码以模块、包和库的形式进行组织。

1. 模块

模块（Module）用来从逻辑上组织 Python 代码，将相关的代码归到一个模块能让代码更好用、更易读。模块的本质就是.py 文件，包含对象定义，能够定义变量、函数和类，也可以包含可执行的代码。

使用模块有助于提高代码的可维护性。Python 将程序划分为不同的模块，以便在其他的 Python 程序中重用。我们编写程序时可引用其他自定义模块，也可以引用 Python 内置的模块和来自第三方的模块。使用模块可以避免函数名和变量名冲突，相同名称的函数和变量可以分别存放在不同的模块中。

Python 内置大量的标准模块，这些模块提供诸如文件 I/O、系统调用、Socket 支持等功能。

Python 程序中可导入模块，以使用该模块中的函数。导入某模块时，Python 首先寻找具有该名称的内置模块。如果没有找到，则从 sys.path 变量给出的目录列表中查找模块文件。sys.path 变量用于指定模块搜索路径的字符串列表，其值由环境变量 PYTHONPATH 初始化，再加上 Python 安装时的路径默认值组成。

2. 包

为了更好地组织模块，可以将多个模块归到一个包（Package）。包的本质就是一个分层次的文件目录，包定义了一个由模块和子包组成的 Python 程序执行环境。图 1-6 展示了一个简单的包结构，其中包括若干模块，还包括若干子包。

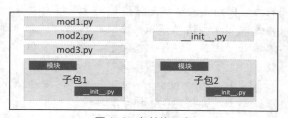

图 1-6　包结构示意

子包下可再包括子包。包中必须带有一个 __init__.py 文件，用于标识当前目录是一个包，该文件的内容可以为空。

导入一个包时，Python 会根据 sys.path 变量指定的目录来查找这个包中包含的子包。用户可以每次只导入一个包中的特定模块或子包。

采用以下导入语法时，package 是包名，item 既可以是包中的模块或子包，又可以是包中定义的其他对象，如函数、类或者变量。

```
from package import item
```

如果改用以下导入语法，则除了最末一项 subsubitem，其他各项都必须是包名，而最末一项 subsubitem 可以是模块或者包的名称，但不能是函数、类或者变量。

```
import item.subitem.subsubitem
```

3. 库

Python 中的库（Library）是借用自其他编程语言的概念，通常是指具有相关功能模块的集合。在 Python 中，库可以是模块的形式，也可以是包的形式，实际是一个具有特定功能的代码组合，库中可以包含包、模块和函数。

除了标准库以外，Python 还提供许多高质量的第三方库。

> **提 示**　本书会用到 Python 标准库的模块和第三方库，一般依据官方文档来决定是称呼模块、包还是库，其名称的大小写也取决于官方文档，而代码中则统一使用小写形式。涉及模块或库中的类时，类中的方法（Method）有时也称函数（Function），具体取决于官方文档。

1.2.3　Python 与系统自动化运维

Python 具有简单易学、开发效率高、功能强大、适合脚本处理、跨平台运行等优势，尤其是具有大量第三方库的支持，学习资源丰富，社区非常活跃，特别适合运维工程师用来编程。

Python 已经成为目前系统运维领域最流行的编程语言之一。其优势在于不但可以用于脚本编写，而且可以用来开发复杂的运维软件、基于 Web 的管理工具和自动化运维平台等。

Python 的标准库对操作系统的接口进行了封装，内置对 POSIX 以及其他常规操作工具的支持。一方面，我们可以非常便捷地使用 Python 标准库对 Linux 系统进行管理和运维操作；另一方面，Python 程序相对于 Shell 脚本具有跨平台的优势。例如，subprocess 模块可用于执行几乎任何 Linux 命令，logging 模块提供日志功能。

Python 拥有大量的用于自动化运维的第三方库。例如，psutil 库可用于系统监控；APScheduler 库可用于任务调度；Paramiko 库支持 SSH（Secure Shell，安全外壳）连接，可用于对服务器执行远程操作；python-nmap 库可用于网络探测和安全扫描。

运维工程师可以通过 Python 编程系统地整合多种运维工具和软件，还可以使用 Python 对运维常用的工具或平台进行二次开发，打造满足自己需求的运维工具或平台。

Python 具有程序开发效率高的优势，但是具有程序运行效率低的劣势。系统管理和运维程序对执行速度要求不高，运维工程师使用 Python 正好可以扬长避短，可以快速开发所需的运维程序。

任务实现

任务 1.2.1　搭建 Python 开发环境

Python 程序是脚本文件，可以使用任意文本编辑器来编写。要提升开发效率，选择 IDE（Integrated Development Environment，集成开发环境）集中进行编码、运行和调试就显得非常必要。PyCharm 是由 JetBrains 公司提供的 Python 专用集成开发环境。它具备调试、语法高亮、项目管理、代码跳转、智能提示、自动完成、单元测试、版本控制等基本功能，还提供许多框架。另外，Sublime Text、Eclipse + PyDev、PyScripter，以及 Visual Studio Code 通过安装 Python 扩展都可以作为 Python 集成开发环境。

搭建 Python 开发环境

1. 安装 Python

安装 Python（也就是 Python 解释器）通常很容易，现在许多 Linux 发行版预装了较新版本的 Python。Ubuntu 20.04 LTS 桌面版预装了 Python 3.8，不再预装 Python 2.7。可以通过以下命令进行查验预装的版本。

```
root@autowks:~# python3
Python 3.8.10 (default, Mar 15 2022, 12:22:08)
[GCC 9.4.0] on linux
Type "help", "copyright", "credits" or "license" for more information.
>>> exit()
```

执行上述命令进入 Python 交互模式，可以看到直接执行 python3 命令，运行的结果是 Python 3.8.10。输入 exit() 并按 <Enter> 键，或者按 <Ctrl>+<D> 组合键可以退出 Python 交互模式。Python 交互模式对于简单的 Python 代码测试很实用。

可以执行以下命令创建一个 python 符号链接，使其指向 python3 文件。

```
root@autowks:~# ln -s /usr/bin/python3 /usr/bin/python
```

这样就可以直接使用 python 命令来调用 Python 3.8.10。

如果需要安装 Python 最新版本，则需要通过源代码安装。

2. 安装和配置 Python 包管理器

Ubuntu 20.04 LTS 桌面版没有预装 Python 包管理器 pip（Python3 对应的是 pip3），可以执行以下命令安装。

```
root@ autowks:~# apt install python3-pip
```

安装完毕，可以检查 pip 和 pip3 的版本。

```
root@autowks:~# pip --version
pip 20.0.2 from /usr/lib/python3/dist-packages/pip (python 3.8)
root@autowks:~# pip3 --version
pip 20.0.2 from /usr/lib/python3/dist-packages/pip (python 3.8)
```

可以发现，pip 和 pip3 命令调用的是相同的包管理器，在仅安装 Python3 的环境下，两者等价。

使用 pip 安装软件包时，默认使用国外的安装源，下载速度会比较慢。国内一些机构提供 pip 安装源的镜像，将 pip 安装源替换成国内镜像，可以大幅提升下载速度，而且还能够提高安装成功率。

pip 安装源可以在命令中临时使用，使用 pip 时通过 –i 选项提供镜像源即可，代码如下。

```
pip install -i https://pypi.tuna.tsinghua.edu.cn/simple pyspider
```

执行上述命令就会从清华大学的 pip 安装源镜像去安装 pyspider 库。

可以更改配置来统一指定 pip 安装源。例如，执行以下命令将默认的 pip 安装源设置为阿里云镜像源。

```
root@autowks:~# pip config set global.index-url http://mirrors.aliyun.
                                                  com/pypi/simple/
Writing to /root/.config/pip/pip.conf
```

还可以设置附加的 pip 安装源。例如，执行以下命令将附加的 pip 安装源设置为清华大学的镜像源。

```
root@autowks:~# pip config set global.extra-index-url https://pypi.tuna.
                                                  tsinghua.edu.cn/simple/
Writing to /root/.config/pip/pip.conf
```

这样，执行 pip 命令安装软件包时，默认从阿里云镜像源下载，如果没有找到则改从清华大学的镜像源尝试下载。

为避免出现 pip 安装源信任问题，将上述两个镜像源添加为信任源。

```
root@autowks:~# pip config set install.trusted-host mirrors.aliyun.com,pypi.
                                                  tuna.tsinghua.edu.cn
```

3. 创建和管理 Python 虚拟环境

Python 虚拟环境旨在为不同的项目创建彼此独立的运行环境。在虚拟环境下，每一个项目都有自己的依赖包，与其他项目无关。不同的虚拟环境中同一个包可以有不同的版本，并且虚拟环境的数量没有限制。

不同的程序可以使用不同的虚拟环境，这样就能避免不同程序之间的冲突，即使某个程序的特定模块升级版本，也不会影响其他程序。

早期版本的 Python 使用 virtualenv 工具创建虚拟环境。新版本的 Python 则使用 venv 模块（原名 pyvenv，从 Python 3.6 开始弃用 pyvenv）来创建和管理虚拟环境。venv 模块通常会安装可获得的 Python 最新版本。如果在系统中有多个版本的 Python，则可以通过执行 python3 命令（或要使用的其他版本的 python 命令）来选择一个指定版本的 Python。

（1）默认没有安装匹配 Python 版本的 venv 模块，执行以下命令进行安装。

```
root@autowks:~# apt install python3.8-venv
```

（2）执行以下命令在当前目录下创建一个虚拟环境。

```
root@autowks:~# python3 -m venv test-venv
```

要创建虚拟环境，需要确定存放该虚拟环境的目录，接着以脚本方式运行 venv 模块，后接目录路径参数。这里是在当前目录下创建虚拟环境的目录，如果目录路径不存在，则会创建该目录，并且在该目录中创建一个包含 Python 解释器、标准库，以及各种支持文件的 Python 副本。可以执行以下命令进行验证。

```
root@autowks:~# ls -l test-venv
总用量 20
drwxr-xr-x 2 root root 4096 4月   7 15:39 bin
drwxr-xr-x 2 root root 4096 4月   7 15:39 include
drwxr-xr-x 3 root root 4096 4月   7 15:39 lib
lrwxrwxrwx 1 root root    3 4月   7 15:39 lib64 -> lib
-rw-r--r-- 1 root root   70 4月   7 15:39 pyvenv.cfg
drwxr-xr-x 3 root root 4096 4月   7 15:39 share
```

（3）虚拟环境创建完毕必须激活它，执行以下命令进行激活。

```
root@autowks:~# source test-venv/bin/activate
(test-venv) root@autowks:~#
```

注意这个脚本是用 Bash 编写的。如果使用 csh 或 fish，应该使用 activate.csh 或 activate.fish 来替代 activate。

（4）试用虚拟环境。激活虚拟环境会改变 Shell 命令提示符（原命令提示符前增加虚拟环境目录名称并用括号括起来）以显示当前正在使用的虚拟环境，并且修改环境，此时运行 python 命令将会得到特定的 Python 版本。例如，在虚拟环境中执行命令进入 Python 交互模式，执行交互命令。

```
(test-venv) root@autowks:~# python
Python 3.8.10 (default, Mar 15 2022, 12:22:08)
[GCC 9.4.0] on linux
Type "help", "copyright", "credits" or "license" for more information.
>>> import sys
>>> sys.path
['', '/usr/lib/python38.zip', '/usr/lib/python3.8', '/usr/lib/python3.8/
              lib-dynload', '/root/test-venv/lib/python3.8/site-packages']
>>> exit()
```

最后输入 exit()并按<Enter>键，或者按<Ctrl>+<D>组合键退出 Python 交互模式。

（5）关闭虚拟环境。在指定虚拟环境下完成任务后，可以执行以下命令关闭虚拟环境。

```
(test-venv) root@autowks:~# deactivate
root@autowks:~#
```

关闭虚拟环境之后，回到全局 Python 环境，再次运行 python 命令就会在全局 Python 环境中进入 Python 交互模式。

如果需要再次进入 Python 虚拟环境，则需要再次执行 source 命令以激活它。

4. 在 Ubuntu 系统中安装 PyCharm

推荐使用 PyCharm 开发 Python 程序，PyCharm 提供一整套帮助用户提高 Python 程序开发效率的工具，比较适合初学者。

PyCharm 主要分为两个版本，一个是商用的专业版即 PyCharm Professional，另一个是免费、开源的社区版即 PyCharm Community Edition（简称 PyCharm CE）。专业版提供完整的开发工具，可用于科学计算和 Web 开发，能与 Django、Flask 等框架深度集成，并提供对 HTML（Hypertext Markup Language，超文本标记语言）、JavaScript 和 SQL（Structure Query Language，结构查询语言）的支持，并提供 30 天的免费试用。社区版缺乏一些专业工具，只能创建纯 PyCharm 项目。另外，PyCharm 还针对教师和学生提供教育版 PyCharm Edu，这个版本集成 Python 课程学习平台，并完整地引用了社区版的所有功能。这里以社区版为例进行介绍。

PyCharm 现在可以通过 Snap 方式安装，这里使用 Snap 安装 PyCharm 社区版。

```
root@autowks:~# snap install pycharm-community --classic
确保 "pycharm-community" 的先决条件可用
下载 snap "pycharm-community" (267)，来自频道 "stable"
#此处省略
获取并检查 snap "pycharm-community" (274) 的断言  获取并检查 snap "pycharm-
        community" (274) 的断言  pycharm-community 2021.3.3 已从 jetbrains✓ 安装
如果要安装专业版，将包名改为 pycharm-professional 即可
```

也可以从 JetBrains 官网下载二进制包进行安装。

5. PyCharm 初始化设置

这里在使用 Snap 安装的 PyCharm 的基础上进行示范。

（1）从 Ubuntu 系统的程序列表中找到"PyCharm Community"图标 🅿️ 并通过它启动 PyCharm。

（2）首次启动会出现"PyCharm User Agreement"窗口，提示用户阅读和确认用户协议，勾选其中的复选框，单击"Continue"按钮。

（3）出现"Welcome to PyCharm"窗口，默认位于"Projects"界面，单击"Start Tour"按钮可以快速了解 PyCharm 用户界面和如何编写 Python 程序。

（4）单击"Customize"定制 PyCharm。如图 1-7 所示，默认的颜色主题是"Darcula"，这里改用"InteliJ Light"主题。

（5）单击"Plugins"出现图 1-8 所示的界面，可以根据需要选择安装功能性插件。

（6）单击"Learn PyCharm"则可以观看 PyCharm 教程。

图 1-7　定制 PyCharm

图 1-8　选装功能性插件

监控 Linux 系统性能
的 Python 程序

任务 1.2.2　编写 Python 程序监控 Linux 系统性能

前面我们使用 Shell 编程实现了简单的系统性能监控功能，这里改用 Python 编程来实现类似的功能，对 Linux 系统的 CPU、内存和网络等性能进行监控。本任务将介绍 Python 程序编写和运行测试的基本过程。

1. 实现思路

借鉴前面通过 Shell 脚本监控系统性能的方法，我们使用 Python 脚本从

/proc 伪文件系统读取性能数据。关于 CPU 活动信息和内存使用信息前面已经介绍过，这里补充网络信息的获取。通过/proc/net/dev 我们可以实时获取网络接口及统计信息，如图 1-9 所示。

```
root@autowks:~# cat /proc/net/dev
Inter-|   Receive                                                |  Transmit
 face |bytes    packets errs drop fifo frame compressed multicast|bytes    packets errs drop fifo colls carrier compressed
    lo:  61870      773    0    0    0     0          0         0   61870      773    0    0    0     0       0          0
 ens33: 4482634     4012    0    0    0     0          0         0  276957     2709    0    0    0     0       0          0
```

图 1-9　网络接口及统计信息

Inter-部分的 face 字段为网络接口名称；Receive 部分为接收的信息，其中 bytes 字段为接口接收数据的总字节数，packets 字段为接口接收的数据包总数；Transmit 部分为发送的信息，其中 bytes 字段为接口发送数据的总字节数，packets 字段为接口发送的数据包总数。

为简化实验，我们编写 Python 脚本从/proc 伪文件系统获取 CPU 使用率、内存使用率和网络接口收发数据量。

2. 创建 Python 项目

进入 PyCharm 开发环境，选择"File"→"New Project"命令，弹出新建项目对话框，如图 1-10 所示，设置新建项目的相关选项。

在"Location"文本框中设置新建项目的路径，也可以单击右侧的浏览图标打开目录选择对话框进行选择。这个路径也决定了项目名称。

最好为每个项目创建一个虚拟环境。展开"Python Interpreter:New Virtualenv environment"，然后设置虚拟环境。默认选中"New environment using"以创建新的虚拟环境。选择用于创建新虚拟环境的工具，通常选择"Virtualenv"；在"Location"文本框中设置虚拟环境的路径（存放一个虚拟的 Python 环境），一般保持默认值；在"Base interpreter"下拉列表框中选择 Python 版本，这里选择默认安装的 Python 版本。

不要勾选"Create a main.py welcome script"复选框。

完成上述设置后，单击"Create"按钮完成项目的创建，新创建的 Python 项目如图 1-11 所示。

图 1-10　项目创建

图 1-11　新创建的 Python 项目

3. 编写 Python 程序

选中该项目的根节点，选择"File"→"New"命令，选择"Python File"，弹出"New Python file"对话框，选中"Python File"并在相应文本框中输入文件名（不用加文件扩展名），本任务中为 sys_mon，按<Enter>键。这样就创建了一个名为 sys_mon.py 的 Python 脚本文件。按照前面的思路，编写的程序如下。

```python
import re
import time
'''菜单函数 '''
def menu():
```

```python
    print('''
┌──────────────系统监控功能菜单──────────────┐
|    1   查看 CPU 使用率                        |
|    2   查看内存使用率                         |
|    3   查看网络接口收发数据量                 |
|    0   退出系统                               |
└────────────────────────────────────────────┘

    ''')
'''主函数 '''
def main():
    ctrl = True   # 标记是否退出系统
    while (ctrl):
        menu()   # 显示菜单
        option = input("请选择菜单项: ")   # 选择菜单项
        option_str = re.sub("\D", "", option)   # 提取数字
        if option_str in ['0', '1', '2', '3']:
            option_int = int(option_str)
            if option_int == 0:  # 退出系统
                ctrl = False
            elif option_int == 1:  # CPU 使用率
                cpu_usage = get_cpu_usage()
                print(f"CPU 使用率: {cpu_usage}%")
            elif option_int == 2:  # 内存使用率
                mem_usage= get_mem_usage()
                print(f"内存使用率: {mem_usage}%")
            elif option_int == 3:  # 网络接口收发数据量
                net_data = get_net_data()
                for iface in net_data.keys():
                    print(f"网络接口: {iface} 接收数据: { net_data[iface][0]}M 发送数据:
                                                {net_data[iface][1]}M")
'''获取 CPU 使用率的函数'''
def get_cpu_usage():
    with open("/proc/stat", "r") as f:
        line1 = f.readline()
    cpu_time1 = line1.split()
    cpu_time1 = cpu_time1[1:8]
    # 将列表中的元素从字符串转换为整数
    cpu_time1 = [int(x) for x in cpu_time1]
    # 获取 CPU 空闲的时间（不包含 I/O 等待）
    cpu_idle1 =int(cpu_time1[3])
    # 汇总 CPU 使用时间
    cpu_total1 = sum(cpu_time1)
    # 等 5 秒之后再测下一次 CPU 时间
    time.sleep(5)
    with open("/proc/stat", "r") as f:
```

```python
        line1 = f.readline()
    cpu_time2 = line1.split()
    cpu_time2 = cpu_time2[1:8]
    cpu_time2 = [int(x) for x in cpu_time2]
    cpu_idle2 = cpu_time2[3]
    cpu_total2 = sum(cpu_time2)
    # 计算 CPU 总的空闲时间
    cpu_idle = cpu_idle2 - cpu_idle1
    # 计算 CPU 总的使用时间
    cpu_total = cpu_total2 - cpu_total1
    # 计算 CPU 使用率，使用 round 函数将结果四舍五入并保留两位小数
    cpu_usage = round( (cpu_total - cpu_idle)/cpu_total*100,2)
    return cpu_usage
'''获取内存使用率的函数'''
def get_mem_usage():
    meminfo = {}
    with open("/proc/meminfo","r") as f:
        for line in f:
            meminfo[line.split(':')[0]] = line.split(':')[1].strip()
    # 获取内存总量
    mem_total = int(meminfo["MemTotal"][0:-3])
    # 空闲内存的数据已失效，可以随时被程序使用
    mem_free = int(meminfo["MemFree"][0:-3])
    # Inactive 内存中的数据是有效的，但是最近未被使用
    mem_inactive = int(meminfo["Inactive"][0:-3])
    # 计算已经使用的内存量
    mem_used = mem_total - mem_free - mem_inactive
    # 计算内存使用率
    mem_usage = round((mem_used / mem_total * 100),2)
    return mem_usage
'''获取网络接口收发数据量的函数'''
def get_net_data():
    net_data = {}
    ifstat = open("/proc/net/dev").readlines()
    i = 0
    for line in ifstat:
        i += 1
        # 从第 3 行开始处理
        if i > 2 :
            # 获取网络接口名称
            iface = line.split()[0][0:-1]
            if iface == "lo":
                continue
            # 接收数据量
            rxdata = round((int(line.split()[1])/1024/1024),2)
            # 发送数据量
            txdata = round((int(line.split()[9])/1024/1024),2)
```

```
        net_data[iface] = (rxdata,txdata)
    return net_data

if __name__ == "__main__":
    main()
```

为便于逐项监控系统性能，上述程序中使用系统监控功能菜单让用户选择功能。

Python 脚本文件通常有两种执行方法，一种是作为脚本直接执行；另一种是作为模块被导入其他 Python 脚本中，被调用（模块重用）执行。倒数第 2 行代码（if __name__ == "__main__"）的作用是控制这两种情况执行程序的过程，该语句下面的代码只有在第一种情况下（作为脚本直接执行）才会被执行。

4. 运行测试

运行 Python 脚本进行测试。当前打开的是 sys_mon.py 文件，选择"Run"→"Run"命令运行脚本，首次运行会弹出图 1-12 所示的"Run"对话框，此时可以先单击"Edit Configurations…"打开图 1-13 所示的对话框，对运行环境等进行配置，其中"Script path"文本框用于指定脚本路径。

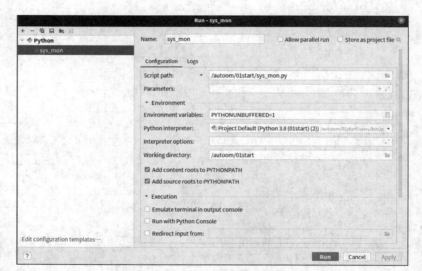

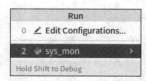

图 1-12 "Run"对话框　　　　　图 1-13 Python 程序运行配置

设置完毕，单击"Apply"按钮使之生效。单击"Run"按钮即可运行该脚本，如图 1-14 所示，底部"Run"面板显示运行过程和结果。

选择不同的菜单项进行实际测试，如图 1-15 所示，最后选择菜单项 0 退出系统。

也可从运行 Python 脚本对话框中选择要运行的脚本文件，或者按<Shift> + <F10>组合键来运行脚本文件。

如果在 PyCharm 环境之外运行 Python 脚本，可以在命令行中使用 python 命令，例如：

```
(venv) root@autowks:/autoom/01start# python sys_mon.py
```

如果当前环境中 python 命令指向的是 Python 2.7 版本，则运行 Python 脚本时可能会出现"Non-ASCII character '\xe8'"错误，这是因为 Python 默认编码方式（ASCII 编码）无法处理文件中出现的非 ASCII 字符（如中文），必须在源文件的第一行或第二行输入"# -*- coding: utf-8 -*-"，显式声明编码方式为 UTF-8。本书的例子要求使用 Python 3 运行，若计算机中同时安装有 Python 2.7 版本，可以显式执行 python3 命令。

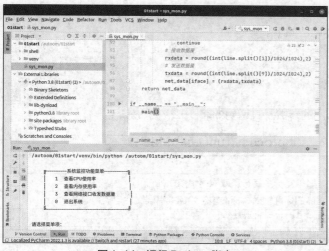

图 1-14　运行 Python 脚本

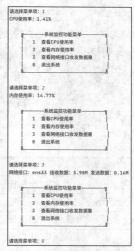

图 1-15　实际测试脚本

任务 1.3　使用 Python 执行外部命令

任务要求

使用 Python 进行 Linux 系统管理与运维时，也需要执行 Linux 命令，例如在程序中直接执行外部命令，或者运行其他程序。在 Python 的早期版本中，我们主要通过 os.system()、os.popen() 等函数来执行外部命令，新版本中应使用内置的 subprocess 模块。本任务的具体要求如下。

（1）了解 subprocess 模块的基本用法。

（2）掌握使用 subprocess 模块编程执行外部命令的方法。

相关知识

1.3.1　subprocess 模块简介

在几乎任何操作系统上都可以通过命令行与操作系统进行交互，如 Linux 系统下的 Shell、Windows 系统下的命令提示符窗口。管理员可能需要自动执行某些操作系统任务，或者在自己的 Python 脚本中执行一些外部命令，这需要像 Linux 进程那样，创建一个子进程，并让这个子进程执行另外一个程序。

Python 内置的 OS 模块提供了一些调用外部进程的函数，如 os.system()、os.spwan() 和 os.popen()，但这些函数缺乏一些基本功能。为此，Python 提供 subprocess 模块，其具有更强的灵活性，可以替代这些函数来运行和创建新的系统进程。

subprocess 模块定义了多个创建子进程的函数，可以用于执行外部命令，快速获取执行的结果；还可以创建一个新的进程让其去执行其他程序。

subprocess 模块提供一些管理标准流和管道的工具，从而实现进程间的通信。我们可以与它创建的子进程（用于执行外部命令）进行通信，获取命令执行的结果，包括标准输入、标准输出、标准错误及返回码等。

1.3.2　subprocess 模块的便利函数

调用 subprocess 模块推荐的方法是使用便利函数 subprocess.run()，使用该函数基本可以处理所有的用例。对于更高级的用例，可以直接使用底层接口的 Popen 类。

subprocess.run()函数的基本用法如下。

```
subprocess.run(args, *, stdin=None, input=None, stdout=None, stderr=None,
    capture_output=False,shell=False, cwd=None, timeout=None, check=False,
  encoding=None, errors=None, text=None, env=None, universal_newlines=None,
                                                  **other_popen_kwargs)
```

该函数的参数非常多，其中常用的参数及其说明如表 1-2 所示。

表 1-2　subprocess.run()函数常用参数

参数	含义
args	要执行的命令，必须是一个字符串或程序参数序列
stdin、stdout、stderr	分别指定执行程序的标准输入、标准输出和标准错误文件句柄
capture_output	设置是否捕获输出，默认不捕获输出
shell	如果该参数值为 True，则将通过操作系统的 Shell 执行指定的命令
timeout	设置命令超时时间。如果命令执行时间超时，子进程将被终止，并触发 TimeoutExpired 异常
check	如果该参数设置为 True，并且进程退出状态码不是 0，则触发 CalledProcessError 异常
encoding	如果指定了该参数，则 stdin、stdout 和 stderr 可以接收字符串数据，并以该编码方式编码；否则 stdin、stdout 和 stderr 只接收二进制类型的数据
cwd	设置子进程的当前目录
env	指定子进程的环境变量，默认情况下子进程的环境变量将从父进程中继承

该函数运行由 args 参数指定的外部命令。args 参数首选序列形式，因为它允许模块处理几乎任何所需的参数转义和引用（如允许文件名中使用空格）。如果传递的是单个字符串，则 shell 参数值必须是 True，否则字符串必须表示不带任何参数的执行程序名。

该函数执行后会生成新进程，我们可以连接到新进程的输入、输出和错误处理管道上，发送和接收数据以及处理错误代码，获取进程的返回值。输入、输出和错误处理管道分别是由 stdin、stdout、stderr 参数指定的。它们的有效值可以是 subprocess.PIPE（表示子进程创建的新管道）、subprocess.DEVNULL（表示使用特殊文件 os.devnull）、现有文件描述符（正整数）、现有文件对象和 None。默认值为 None，表示不会发生重定向，且子文件句柄将从父文件继承。此外，stderr 参数可以设置为 subprocess.STDOUT，表示来自子进程的 stderr 数据应该被捕获到与 stdout 相同的文件。

执行该函数，待命令执行完成后返回 CompletedProcess 对象，其中可以包括以下属性。

- args：表示用于启动进程的参数值。
- returncode：表示子进程的退出状态码，通常 0 值表示运行成功。如果 returncode 非 0 值，则会触发 CalledProcessError 异常。
- stdout：表示从子进程捕获的标准输出。
- stderr：表示从子进程中捕获的标准错误。

下面给出几个 subprocess.run()函数的简单示例，在使用 subprocess 模块之前需要将其导入。

```
>>>import subprocess
>>>subprocess.run(["ls", "-l"])    # 默认不捕获输出
总用量 100
drwxr-xr-x 2 root root 4096 3月  31 17:25 公共的
drwxr-xr-x 2 root root 4096 3月  31 17:25 模板
```

```
#此处省略
CompletedProcess(args=['ls', '-l'], returncode=0)  #返回的 CompletedProcess 对象
>>> subprocess.run("exit 1", shell=True, check=True)
Traceback (most recent call last):                      # 触发异常
  File "<stdin>", line 1, in <module>
  File "/usr/lib/python3.8/subprocess.py", line 516, in run
    raise CalledProcessError(retcode, process.args,
subprocess.CalledProcessError: Command 'exit 1' returned non-zero exit status 1.
>>> subprocess.run(["ls", "-l", "/dev/null"], capture_output=True) #捕获输出
CompletedProcess(args=['ls', '-l', '/dev/null'], returncode=0, stdout=
b'crw-rw-rw- 1 root root 1, 3 4\xe6\x9c\x88  10 10:56 /dev/null\n', stderr=b'')
```

1.3.3 subprocess 模块的 Popen 类

subprocess 模块的便利函数都是对 Popen 类的封装，当便利函数无法满足需求时，就可以考虑直接使用 Popen 类。Popen 类更具灵活性，适用于更复杂的情形。

1. 构造函数

Popen 类的构造函数如下。

```
class subprocess.Popen(args, bufsize=-1, executable=None, stdin=None, stdout=
None, stderr=None, preexec_fn=None, close_fds=True, shell=False, cwd=None, env=
  None, universal_newlines=None, startupinfo=None, creationflags=0, restore_
signals=True, start_new_session=False, pass_fds=(), *, encoding=None, errors=
                                               None, text=None)
```

该函数的功能是在新进程中执行子程序。在 POSIX 系统上，该类使用类似 os.execvp()的方法执行子程序，而在 Windows 系统上，该类使用 WindowsCreateProcess()函数。其大部分参数同上述 subprocess.run()函数。

2. Popen 对象的方法

Popen 对象是 Popen 类的实例，其主要方法如下。

- Popen.poll( )：检查子进程是否已终止。设置并返回 returncode 属性，否则返回 None。
- Popen.wait(timeout=None)：等待子进程终止，设置并返回 returncode 属性。
- Popen.communicate(input=None, timeout=None)：与进程进行交互，将数据发送到标准输入。它从标准输出和标准错误中读取数据，直到到达文件结尾。该方法返回一个包括标准输出和标准错误的元组。
- Popen.send_signal(signal)：向子进程发送信号。
- Popen.terminate( )：停止子进程。
- Popen.kill( )：终止子进程。

> **提示** wait()和 communicate()方法都用来等待外部程序执行结束并获取返回值，这也意味着调用它们就开始执行外部命令了。如果 stdout 或 stderr 参数都是 PIPE，并且程序输出超过操作系统的管道长度时，使用 wait()方法等待程序结束并获取返回值会导致死锁。因此，官方建议尽可能使用 communicate()方法。

3. Popen 对象的主要属性

- Popen.args：args 参数值。
- Popen.stdin：标准输入。
- Popen.stdout：标准输出。

- Popen.stderr：标准错误。
- Popen.pid：子进程的进程 ID。
- Popen.returncode：子进程的返回码，由 poll()和 wait()方法设置。该属性为 None 表示该进程尚未终止。

4. Popen 类的用法示例

创建一个子进程，然后执行一个简单的命令，程序如下。

```
>>> import subprocess
>>> p = subprocess.Popen("df -H | grep -v tmpfs | grep -v /dev/loop",
          stdout=subprocess.PIPE, shell=True,encoding="utf-8")    # 创建子进程
>>> p.returncode                                    # 目前子进程未执行，不能获取返回码
>>> p.wait()                                        # 等待子进程结束
0
>>> p.returncode                                    # 正常获取返回码
0
>>> print(p.stdout.read())                          # 输出子进程的输出内容
文件系统          容量     已用    可用   已用% 挂载点
udev            4.2G      0    4.2G    0% /dev
/dev/sda5        63G     12G     49G   19% /
/dev/sda1       536M    4.1k    536M    1% /boot/efi
/dev/sr0        3.4G    3.4G      0   100% /media/root/Ubuntu 20.04.4 LTS amd64
```

再来看一个例子，将第一次执行命令获取的结果提供给第二次执行的命令。

```
>>> # 第 1 个子进程读取某文件的内容
>>> p1 = subprocess.Popen(["cat","sys_mon.py"], stdout=subprocess.PIPE)
>>> # 将第 1 个子进程的输出作为第 2 个子进程的输入
>>> p2 = subprocess.Popen(["wc","-l"],stdin=p1.stdout, stdout=subprocess.PIPE)
>>> out = p2.stdout.read()               # 获取第 2 个子进程的输出内容
>>> out = str(out,encoding="utf-8")      # 将获取的结果进行编码
>>> print(out)                           # 输出最终结果（统计的字数）
100
```

任务实现

任务 1.3.1　使用 subprocess 模块编程批量检测主机在线状态

批量检测主机在线
状态的 Python 程序

任务 1.1.3 中我们编写 Shell 脚本来批量检测主机在线状态，这里改用 Python 脚本实现同样的功能，具体方案是使用 subprocess 模块调用 ping 命令，通过返回码来判定主机状态。Python 脚本文件命名为 host_batchPing.py，程序如下。

```
import subprocess
# 定义颜色来区分主机在线状态，颜色格式：\033[显示方式;前景色;背景色 m
redFont="\033[1;31m"               # 红色
greenFont="\033[1;32m"             # 绿色
defaultFont="\033[0m"               # 结束颜色格式的输出
with open("host_list", "r") as f:
 for host in f:                     # 逐行读取文本文件中的主机
  host=host.strip()                 # 每行末尾有隐藏的换行符\n，使用 strip()函数清除
```

```
for i in range(3):
  result = subprocess.run(['ping', '-c1', '-W1', str(host)],stdout=
                                    subprocess.PIPE, check=False)
  if result.returncode == 0:    # 判断返回码
     print(greenFont+host+' 主机'+ defaultFont +' 正在运行')
     break
  else:
     if i==2:                   # 连续 3 次无法通信，则判定为停止状态
        print(redFont+host + ' 主机'+ defaultFont +' 停止运行')
```

其中 subprocess.run()函数的 args 参数首选程序参数序列，可以发现，实现同样的功能时，Python 编程比 Shell 编程更简单、更灵活。运行该程序，结果如图 1-16 所示。

```
/autoom/01start/venv/bin/python /autoom/01start/host_batchPing.py
www.baidu.com 主机 正在运行
www.163.com 主机 正在运行
192.168.10.2 主机 正在运行
192.168.1.1 主机 停止运行
```

图 1-16 批量检测主机在线状态

任务 1.3.2　编写通用的外部命令执行函数

在 Python 中执行外部命令时，我们比较关注的是两项执行结果，一项是命令执行的返回码（状态码），用于判定命令执行是否成功；另一项是命令执行的输出结果，用于提取命令执行成功后的输出信息。下面编写一个通用的命令外部执行函数来获取这两项执行结果，然后执行该函数测试外部命令的执行。程序文件命名为 run_cmd.py，程序如下。

```
import subprocess

'''定义执行外部命令的函数'''
def run_cmd(cmd):
  p = subprocess.Popen(cmd,
                 shell=True,
                 stdin=subprocess.PIPE,
                 stdout=subprocess.PIPE,
                 stderr=subprocess.PIPE)
  stdout, stderr = p.communicate()  # 执行命令并返回结果
  if p.returncode != 0:       # 执行失败，以元组形式返回返回码和错误信息
     return p.returncode, stderr
  return p.returncode, stdout    # 执行成功，以元组形式返回返回码和输出结果


if __name__ == "__main__":
  # 测试上述函数
  res = run_cmd(['pip list'])
  # 获取的信息需要解码
  if res[0] != 0:
    print('未成功执行！')
    print(res[1].decode())
  else:
    print('执行结果：')
    print(res[1].decode())
```

可以在其他 Python 文件中导入该脚本文件，调用此函数来执行任意外部命令。

项目小结

自动化运维是由自动化的运维软件代替手动操作的运维，目的是提升运维工作效率，将大量重复性运维工作自动化，节省运维人力成本。自动化运维是系统运维工作的升级，是高层次的系统运维，也是未来的发展趋势。

我们在开发自动化运维程序时，应该根据业务需求选择合适的编程语言。Shell 是 Linux 系统最基本的编程语言之一，运维工程师应当掌握基本的 Shell 编程。但是 Shell 编程功能有限，只有简单的运维业务才适合使用 Shell 编程。对于更专业、更复杂的部署和运维业务，Python 是更好的选择。Python 也是目前系统运维工程师必须掌握的编程语言。

Python 的标准库提供了许多与系统管理和运维相关的模块，但是并不能兼顾所有的需求。有时我们需要在程序中执行外部命令，运行其他任务程序，subprocess 模块可以用来满足这种需求。

通过本项目的实施，读者应当在了解并掌握 Shell 编程的基础上，快速过渡到使用 Python 编程来实现系统自动化运维。项目 2 将介绍基本的运维业务系统监控。

课后练习

1. 以下不属于系统自动化运维工作内容的是（　　）。

    A. 系统预备   B. 配置管理

    C. 监控报警   D. 软件调试

2. 以下关于 Shell 的说法中，不正确的是（　　）。

    A. Shell 是一个命令解释器   B. Shell 是一种编程语言

    C. Shell 编程需要编译器   D. Shell 适合开发常见的系统脚本

3. 以下关于 Linux 系统中/proc 的说法中，不正确的是（　　）。

    A. /proc 是内存中的一个特殊目录

    B. /proc 目录的内容都是只读的

    C. /proc 可以用来实时获取系统信息

    D. /proc/stat 文件提供系统进程整体的统计信息

4. 以下关于 Python 虚拟环境的说法中，不正确的是（　　）。

    A. 不同的虚拟环境中同一个包可以有不同的版本

    B. 可以为不同的项目创建彼此独立的虚拟环境

    C. 在 PyCharm 中可以设置和管理虚拟环境

    D. 虚拟环境的数量非常有限

5. 使用 import item.subitem.subsubitem 语法导入模块时，以下说法中正确的是（　　）。

    A. subsubitem 可以是函数名   B. item 必须是包名

    C. subitem 可以是模块名   D. subsubitem 可以是类名

6. subprocess 模块的 subprocess.run()函数返回的 CompletedProcess 对象中，returncode 属性的含义是（　　）。

    A. 子进程的退出状态码   B. 输出结果

    C. 返回的错误   D. 非 0 值表示运行成功

项目实训

实训 1　编写 Shell 脚本监控系统性能

实训目的

（1）了解 Shell 编程流程。

（2）学会编写用于系统运维的 Shell 脚本。

实训内容

将任务 1.1.5 中系统性能数据的获取方式由从/proc 文件系统读取改为使用 Linux 命令获取，如通过 top 命令获取 CPU 和进程数据，通过 free 命令获取内存数据。

（1）新建 Shell 脚本文件。

（2）通过 top 命令获取 CPU 空闲率。

（3）计算 CPU 使用率。

（4）通过 free 命令获取内存信息。

（5）计算内存使用率。

（6）判断 CPU、内存使用率是否超出限值，超出则报警。

（7）配置 Cron 服务每 5 分钟检查一次 CPU、内存使用率。

（8）运行该脚本进行实际测试。

实训 2　编写 Python 脚本监控系统负载

实训目的

（1）了解 Python 编程流程。

（2）掌握使用 Python 编写简单的系统运维程序的方法。

实训内容

（1）了解 Linux 系统的/proc 文件系统。

（2）了解/proc/loadavg 文件所包含的系统负载信息。

（3）编写 Python 脚本，从/proc/loadavg 文件中读取系统负载信息。

（4）显示系统负载信息。

（5）测试该脚本。

实训 3　使用 subprocess 模块编程创建 Linux 用户账户

实训目的

（1）了解 subprocess 模块的基本用法。

（2）掌握使用 subprocess 模块编程执行外部命令的方法。

实训内容

将任务 1.1.2 的 Shell 脚本改为 Python 脚本，其中使用 subprocess 模块执行相应的外部命令。

（1）新建批量添加用户账户的 Python 脚本。

（2）获取外部命令执行的返回码来判断添加用户或组是否成功。

（3）使用 chpasswd 命令修改密码。应注意用户名和密码格式。

（4）运行程序后进行用户登录验证。

（5）编写批量删除上述用户账户的 Python 脚本。

项目2
监控系统与调度运维任务

02

新时代十年以来，我国信息基础设施建设取得了重大成就，信息系统的正常运行需要自动化运维。系统监控是最基本的系统运维业务之一，有助于运维工程师了解当前系统的健康程度，衡量服务质量，这可以通过使用Python第三方库编写监控程序轻松实现。本项目将通过4个典型任务，引导读者编写运维程序，重点实现Linux系统的系统信息采集、文件系统更改监控、Web服务监控，以及运维任务调度功能。考虑监控程序通常用到任务调度，我们将日常系统运维中常用的任务调度程序放在本项目中讲解。

课堂学习目标

知识目标
- 了解系统信息监测功能，熟悉psutil库的用法。
- 了解Linux文件系统更改监控机制，熟悉相关的Python第三方库。
- 了解Web服务的响应指标，熟悉PycURL库的用法。
- 了解任务调度的概念，熟悉APScheduler库的用法。

技能目标
- 学会使用psutil库编程实现系统信息采集。
- 学会使用watchdog库编程实现文件系统更改监控。
- 学会使用PycURL库编程实现Web服务监控。
- 学会使用APScheduler库编程实现运维任务调度。

素养目标
- 培养自主学习的能力。
- 培养运用编程逻辑分析和解决问题的能力。
- 增强主动监控意识。

任务 2.1 采集系统信息和管理进程

任务要求

系统信息采集是系统监控程序的重要功能，可以让运维工程师全方位了解系统运行的状态。在Python程序中可以使用psutil库采集CPU、内存、磁盘、网络、传感器等系统信息，以及正在运行的进程的信息。该库主要用于系统监控、性能分析、进程资源限制和进程管理。与传统的Shell脚本相比，编写Python程序时使用psutil库可以更方便地获取和处理系统信息。本任务的基本要求如下。

（1）了解psutil库有关系统信息的便利函数。

（2）了解psutil库有关进程的便利函数和类。

（3）编写基于psutil库采集系统信息的Python程序。

（4）编写基于psutil库管理进程的Python程序。

相关知识

2.1.1 了解 psutil 库

psutil（process and system utilities）实现了等同 UNIX 命令行工具（如 ps、top、lsof、netstat、ifconfig、who、df、kill、free、nice、ionice、iostat、iotop、uptime、pidof、tty、taskset、pmap 等）提供的许多功能。psutil 库是一个开源且跨平台的 Python 库，目前支持 Linux、Windows、macOS、FreeBSD、OpenBSD、NetBSD、AIX 等操作系统。

作为第三方库，需要先安装才能使用。在 Linux、Windows、macOS 等系统上可以执行以下命令安装 psutil 库。

```
pip install psutil
```

psutil 库包含若干便利函数、常量和类。其中便利函数主要用来获取系统信息，类主要用来管理进程。

 提示 Python 大量的第三方库大大方便了编程，同时要求运维工程师加强学习、研究，充分利用第三方库提高运维程序编写效率和质量。在使用第三方库时，要认真阅读官方文档，了解其 API（Application Program Interface，应用程序接口）用法。

2.1.2 系统信息相关函数

psutil 库提供了许多函数，可以用来收集 CPU、内存、磁盘、网络、传感器等系统基本信息，以便运维工程师分析当前系统的运行状态和质量。运维工程师可以根据需要调用相应的函数来实现所需的功能。

1. CPU 信息

用来获取 CPU 信息的主要函数如表 2-1 所示。

表 2-1 获取 CPU 信息的主要函数

函数	含义
psutil.cpu_times(percpu=False)	以命名元组的形式返回系统 CPU 时间（花费的秒数）。percpu 参数的默认值为 False，如果设置为 True，则将为系统上的每个逻辑 CPU 返回命名元组的列表
psutil.cpu_percent(interval=None, percpu=False)	返回当前系统范围的 CPU 使用率（百分数）。interval 参数用于指定时间间隔（单位为秒），如果设置该参数，则返回指定间隔的 CPU 使用率；如果不设置该参数，则返回自上一次调用 psutil.cpu_percent()函数以来的这段时间的 CPU 使用率
psutil.cpu_times_percent(interval=None, percpu=False)	返回系统 CPU 时间的百分比
psutil.cpu_count(logical=True)	返回 CPU 数量。logical 参数的默认值为 True，返回逻辑 CPU 的数量；如果设置为 False，则仅返回物理核心的数量
psutil.cpu_stats( )	以命名元组的形式返回各种 CPU 统计信息，包括上下文切换、硬中断、软中断和系统调用次数

下面给出上述函数的交互式操作示例。

```
>>> import psutil
>>> psutil.cpu_times()
scputimes(user=240.51, nice=2.22, system=164.31, idle=102420.74, iowait=4.69,
             irq=0.0, softirq=22.27, steal=0.0, guest=0.0, guest_nice=0.0)
>>> psutil.cpu_percent(interval=5)
0.3
>>> psutil.cpu_times_percent(interval=5)
scputimes(user=0.2, nice=0.0, system=0.2, idle=99.6, iowait=0.0, irq=0.0,
                    softirq=0.1, steal=0.0, guest=0.0, guest_nice=0.0)
>>> psutil.cpu_count()
4
>>> psutil.cpu_stats( )
scpustats(ctx_switches=6463249, interrupts=3560982, soft_interrupts=1541156,
                    syscalls=0)
```

2. 内存信息

Linux 系统的内存信息涉及内存总数、已用内存、空闲内存、缓存、交换分区等，可以使用 psutil.virtual_memory()和 psutil.swap_memory()这两个函数获取内存信息，具体见下面的操作示例。

```
>>> psutil.virtual_memory()
 svmem(total=8299802624, available=5822672896, percent=29.8, used=2205442048,
   free=4170534912, active=603828224, inactive=2791661568, buffers=64622592,
                    cached=1859203072, shared=3198976, slab=187944960)
>>> psutil.virtual_memory().used      # 可以仅查看已用内存
2205126656
>>> psutil.swap_memory()
sswap(total=2147479552, used=0, free=2147479552, percent=0.0, sin=0, sout=0)
```

3. 磁盘信息

用来获取磁盘信息的主要函数列举如下。

* psutil.disk_partitions(all=False)：以命名元组的列表形式返回所有挂载的磁盘分区，包括设备、挂载点和文件系统类型，与 Linux 系统的 df 命令功能类似。all 参数的默认值为 False，表示返回物理设备的数据。

* psutil.disk_usage(path)：返回指定路径的磁盘使用统计信息，包括以字节数表示的总空间、已用空间和可用空间，以及使用百分比。

* psutil.disk_io_counters(perdisk=False, nowrap=True)：返回系统范围的磁盘 I/O 统计信息，包括读取次数、写入次数、读取的字节数和写入的字节数。如果 perdisk 参数值设置为 True，则返回每块磁盘的信息。nowrap 参数表示显示结果是否自动换行，默认值 True 表示不换行。

就磁盘信息来说，磁盘的使用信息和 I/O 统计信息尤为重要，下面给出相应的交互式操作示例。

```
>>> psutil.disk_usage('/')
sdiskusage(total=62613434368, used=11209814016, free=48192618496,
                    percent=18.9)
>>> psutil.disk_io_counters()
  sdiskio(read_count=31425, write_count=22136, read_bytes=1405328896, write_
  bytes=565756928, read_time=9966, write_time=10930, read_merged_count=7429,
                    write_merged_count=24601, busy_time=47560)
```

4. 网络信息

用来获取网络信息的函数列举如下。

- psutil.net_io_counters(pernic=False, nowrap=True)：返回系统范围的网络 I/O 统计信息，包括发送的字节数、接收的字节数、发送的数据包数、接收到的数据包数等。如果将 pernic 参数设置为 True，则返回每个网络接口的信息。
- psutil.net_connections(kind='inet')：返回系统范围的套接字连接。kind 参数是一个字符串，用于过滤符合条件的连接。
- psutil.net_if_addrs()：返回与系统上安装的每个网络接口关联的地址。
- psutil.net_if_stats()：返回系统上安装的每个网络接口的状态信息。

就网络信息来说，I/O 统计信息尤为重要，下面给出一个操作示例。

```
>>> psutil.net_io_counters(pernic=True)
{'lo': snetio(bytes_sent=145272, bytes_recv=145272, packets_sent=2534,
 packets_recv=2534, errin=0, errout=0, dropin=0, dropout=0), 'ens33': snetio
 (bytes_sent=2709354, bytes_recv=72409042, packets_sent=44092, packets_recv=
                          68248, errin=0, errout=0, dropin=0, dropout=0)}
```

5. 其他系统信息

psutil 提供几个传感器类函数来获取硬件信息，如 psutil.sensors_temperatures(fahrenheit=False)函数返回硬件温度（默认单位为摄氏度），psutil.sensors_fans()函数返回硬件风扇转速，psutil.sensors_battery()函数返回电池状态信息。

另外，psutil.boot_time()函数返回系统启动时间；psutil.users()函数返回当前登录系统的用户。

注意，psutil.boot_time()函数返回的是当前时间的时间戳，即自 1970 年 1 月 1 日 0 时 0 分 0 秒以来的秒数。通常要将时间戳转换为可读的时间格式，代码如下。

```
>>> import psutil, datetime
>>> psutil.boot_time()
1649647375.0
>>> datetime.datetime.fromtimestamp(psutil.boot_time()).strftime("%Y-%m-%d
                                                      %H:%M:%S")
'2022-04-11 11:22:55'
```

2.1.3 进程管理功能

我们进行自动化测试，或者监测应用性能时，不可避免地要与进程管理打交道。psutil 库支持进程处理和管理，可以让运维工程师获取当前系统的进程信息，掌握程序的运行状态，操控具体的进程。

1. 进程相关的便利函数

用来获取进程信息的主要函数列举如下。

- psutil.pids()：返回当前运行的 PID 的有序列表。
- psutil.pid_exists(PID)：检查指定的 PID 是否存在于当前进程列表中。
- psutil.wait_procs(procs, timeout=None, callback=None)：返回进程列表，指示哪些进程已消失，哪些进程仍处于活动状态。
- psutil.process_iter(attrs=None, ad_value=None)：返回一个包含 Process 对象的迭代器。每一个 Process 对象只创建一次，创建后缓存。当一个进程更新时，会更新缓存。

下面的程序演示遍历当前进程的 PID、名称和用户名。

```
>>> for proc in psutil.process_iter(['pid', 'name', 'username']):
...     print(proc.info)
...
{'pid': 1, 'name': 'systemd', 'username': 'root'}
{'pid': 2, 'name': 'kthreadd', 'username': 'root'}
{'pid': 3, 'name': 'rcu_gp', 'username': 'root'}
…
```

2. 进程相关的类

Process 类是 psutil 对进程的封装。使用 psutil.Process(pid=None)方法可以基于指定 PID 创建 Process 对象，即一个通过 PID 绑定的进程。如果没有指定 pid 参数，则基于当前进程创建 Process 对象，可以通过以下代码进行验证。

```
>>> p = psutil.Process()
>>> p.name()
'python'
```

Process 类提供很多方法和属性来获取进程信息和操控进程。例如 pid 表示进程的 PID，ppid() 函数用于获取进程的父 PID，name()函数用于获取进程名称，exe()函数用于返回可执行进程的路径，create_time()函数用于获取进程创建时间，kill()函数用于终止进程。下面给出操作示例。

```
>>> psutil.pids()
[1, 2, 3, 4, 6, 9, 10, 11, 12, 13, 14, 15, 16, 17, 18, 19, 20, 22, 23, … 6426, 6433]
>>> p = psutil.Process(20)
>>> print(p)
psutil.Process(pid=20, name='ksoftirqd/1', status='sleeping', started='11:22:55')
>>> p.name()
'ksoftirqd/1'
>>> p.create_time()
1649647375.1
```

前文介绍的与系统相关的便利函数 Process 类都支持，只不过是基于特定进程的。

还有一个 Popen 类，其功能与 subprocess.Popen 类相同，但它在单个类中提供所有的 psutil.Process()方法。实例化对象要使用 psutil.Popen(*args , **kwargs)方法。下面给出操作示例。

```
>>> import subprocess,psutil
>>> p = psutil.Popen(["/usr/bin/python3", "-c", "print('hello')"], stdout=
                                                        subprocess.PIPE)
>>> print(p)
psutil.Popen(pid=6759, name='python3', status='zombie', started='15:15:22')
>>> p.name()
'python3'
>>> p.cpu_times()
pcputimes(user=0.0, system=0.0, children_user=0.0, children_system=0.0,
                                                        iowait=0.0)
```

使用 psutil 库采集
系统信息

任务实现

任务 2.1.1　使用 psutil 库采集系统信息

了解 psutil 库的基本用法之后，我们就可以在程序中使用它采集系统信息。下面编写一个 Python 程序（文件命名为 sysinfo_bypsutil.py），其实现的功能是采集系统当前的 CPU 使用、内存使用、磁盘空间使用与 I/O、网络接口 I/O 等信息，并在控制台上集中显示。完整的程序如下。

```python
import psutil
import socket

'''通用的字节转换函数'''
def bytes2human(n):
    symbols = ('K', 'M', 'G', 'T', 'P', 'E', 'Z', 'Y')
    prefix = {}
    for i, s in enumerate(symbols):
        prefix[s] = 1 << (i + 1) * 10
    for s in reversed(symbols):
        if n >= prefix[s]:
            value = float(n) / prefix[s]
            return '%.1f%s' % (value, s)
    return "%sB" % n

'''获取 CPU 信息'''
def get_cpu_info():
    cpu_count = psutil.cpu_count()
    cpu_percent = psutil.cpu_percent(interval=2)
    return dict(cpu_count=cpu_count, cpu_percent=cpu_percent)

'''获取内存信息'''
def get_memory_info():
    virtual_mem = psutil.virtual_memory()
    mem_total = bytes2human(virtual_mem.total)
    mem_used = bytes2human(virtual_mem.total * virtual_mem.percent)
    mem_free = bytes2human(virtual_mem.free + virtual_mem.buffers +
                                            virtual_mem.cached)
    mem_percent = virtual_mem.percent
    return dict(mem_total=mem_total, mem_used=mem_used,mem_free=mem_free,
                                        mem_percent=mem_percent)

'''获取磁盘信息'''
def get_disk_info():
    disk_usage = psutil.disk_usage('/')
    disk_total = bytes2human(disk_usage.total)
    disk_used = bytes2human(disk_usage.used)
    disk_free = bytes2human(disk_usage.free)
    disk_percent = disk_usage.percent
    disk_io = psutil.disk_io_counters()
    disk_read = bytes2human(disk_io.read_bytes)
    disk_write = bytes2human(disk_io.write_bytes)
    return dict(disk_total=disk_total,disk_used=disk_used,disk_free=disk_free,
            disk_percent=disk_percent,disk_read=disk_read,disk_write=disk_write)

'''获取网络信息'''
def get_net_info():
    net_io = psutil.net_io_counters()
```

```python
    net_sent = bytes2human(net_io.bytes_sent)
    net_recv = bytes2human(net_io.bytes_recv)
    return dict(net_sent=net_sent,net_recv=net_recv)

'''汇集系统信息'''
def gather_monitor_data():
    data = {}
    data.update(get_cpu_info())
    data.update(get_memory_info())
    data.update(get_disk_info())
    data.update(get_net_info())
    return data

'''报告结果'''
def report():
    # 获取主机名
    hostname = socket.gethostname()
    data = gather_monitor_data()
    data.update(dict(hostname=hostname))
    # 输出系统信息
    print(f"{hostname}主机系统信息")
    print("———————————————————")
    print(f"CPU 数量: {data['cpu_count']}")
    print(f"CPU 使用率: {data['cpu_percent']}%")
    print("———————————————————")
    print(f"内存总量: {data['mem_total']}")
    print(f"已用内存: {data['mem_used']}")
    print(f"空闲内存: {data['mem_free']}")
    print(f"内存使用率: {data['mem_percent']}%")
    print("———————————————————")
    print(f"磁盘空间总量: {data['disk_total']}")
    print(f"磁盘已用空间: {data['disk_used']}")
    print(f"磁盘剩余空间: {data['disk_free']}")
    print(f"磁盘空间使用率: {data['disk_percent']}%")
    print(f"磁盘读取数据: {data['disk_read']}")
    print(f"磁盘写入数据: {data['disk_write']}")
    print("———————————————————")
    print(f"网卡发送数据: {data['net_sent']}")
    print(f"网卡接收数据: {data['net_recv']}")

if __name__ == '__main__':
    report()
```

为方便维护，对程序进行模块化处理，程序中使用不同的函数来分类采集系统信息，最后汇总到一个字典类型的变量中。psutil 库中函数返回的内存容量、磁盘空间容量、网络流量的单位是字节，为增加可读性，程序中提供一个通用的字节转换函数 bytes2human(n)，可以根据字节

数大小将字节单位转换成更合适的单位，如 MB、GB 等。读
者可以在此基础上进一步完善系统监控功能，如记录监控日志、
超限报警等。

本程序的运行结果如图 2-1 所示。

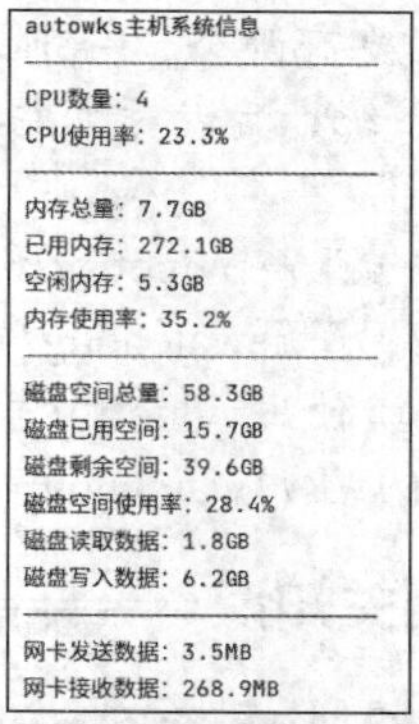

任务 2.1.2　使用 psutil 库实现进程管理

使用 psutil 库提供的 Process 类和便利函数可以帮助运
维工程师管理进程。下面编写一个 Python 程序（文件命名为
killproc_bypsutil.py），其实现的功能是根据进程名终止进
程，可以一次性终止多个进程，进程名由命令行参数提供。程
序如下。

图 2-1　Python 程序采集的系统信息

```
import psutil
import sys
'''定义按进程名终止进程的函数'''
def kill_proc_byname(proc_names):
  proc_list = psutil.pids()
  try:
      for pid in proc_list:
          # 循环读取进程名，符合条件即终止相应的进程
          for proc_name in proc_names:
              # 基于 PID 创建 Process 对象
              p = psutil.Process(pid)
              # 判断该 Process 对象的进程名是否为要终止的进程名
              if p.name() == proc_name:
                  p.kill()
                  print(f"已终止名称为{proc_name}，PID 为{pid}的进程!")
      except Exception as e:
        print(str(e))

if __name__ == '__main__':
      # 从命令行参数列表中读取进程名
      kill_proc_byname(sys.argv[1:])
```

完成上述程序编写后即可进行测试。首先在 Ubuntu 系统中打开两个终端窗口，分别执行 top
和 wc 命令，此时启动的进程都处于运行状态，然后运行该 Python 程序并提供 top 和 wc 两个参数，
结果如下。

```
(venv) root@autowks:/autoom/02sysmon# python killpro_bypsutil.py top wc
已终止名称为 top，PID 为 10102 的进程!
已终止名称为 wc，PID 为 10110 的进程!
```

任务 2.2　监控文件系统更改

任务要求

有时需要及时检测某目录中是否有文件的新增、删除，或者文件内容是否发生更改，这
就涉及文件系统更改的监控。使用 Python 程序利用第三方库可以便捷地实现此功能。此类库

目前主要有两个，分别是pyinotify和watchdog。前者依赖于Linux内核的inotify功能，仅适合Linux系统；后者对主要操作系统的事件都进行了封装，适合跨平台使用。本任务的基本要求如下。

（1）了解pyinotify库和文件系统更改监控的实现机制。

（2）了解watchdog库及其基本用法。

（3）使用pyinotify库编写文件系统更改监控程序。

（4）使用watchdog库编写文件系统更改监控程序。

相关知识

2.2.1　了解 pyinotify 库

pyinotify 库是一个 Python 第三方库，可用于监控文件系统的更改。pyinotify 库依赖于 Linux 内核的 inotify 功能。inotify 实现的是一种文件系统更改通知机制，可以高效地实时跟踪 Linux 文件系统的更改，既可以监视文件，又可以监视目录。Linux 内核从 2.6.13 版本开始引入 inotify，现在 inotify 已成为一种跨平台的机制，在 Linux、Windows 和 macOS 等系统中各有支持 inotify 功能的组件。pyinotify 库就是通过调用系统的 inotify 实现事件通知的，不过目前仅支持 Linux 系统。

1. 安装和测试 pyinotify 库

作为一个第三方库，需要先安装才能使用，可以使用以下命令安装 pyinotify 库。

```
pip install pyinotify
```

安装完成后即可测试其文件系统监控功能是否能正常使用。下面给出一个操作示例。

（1）创建/test 目录，在终端窗口中执行以下命令进行该目录更改的监控。

```
(venv) root@autowks:/autoom/02sysmon# python -m pyinotify  /test
```

此时进入/tmp 目录的监控状态。

（2）打开另一个终端窗口，在其中执行以下命令，在/test 目录中创建一个名为 newfile 的文件。

```
root@autowks:~# touch /test/newfile
```

（3）切换回原终端窗口，发现其中显示以下信息。

```
<Event dir=False mask=0x100 maskname=IN_CREAT name=newfile path=/test pathname=
                                                       /test/newfile wd=1>
<Event dir=False mask=0x20 maskname=IN_OPEN name=newfile path=/test pathname=
                                                       /test/newfile wd=1>
<Event dir=False mask=0x4 maskname=IN_ATTRIB name=newfile path=/test pathname=
                                                       /test/newfile wd=1>
<Event dir=False mask=0x8 maskname=IN_CLOSE_WRITE name=newfile path=/test
                                            pathname=/test/newfile wd=1>
```

本例中发生了 4 个与 newfile 文件有关的事件，输出的信息包括事件的各种属性，其中 dir 表示触发事件的是否为目录，mask 表示事件的二进制形式，maskname 表示事件的名称，pathname 表示触发事件的文件路径。

（4）测试完毕按<Ctrl>+<C>组合键退出监控状态。

2. pyinotify 库的文件系统事件

inotify 是一个事件驱动的通知器，pyinotify 库本身是对 inotify 的 Python 封装，直接使用 inotify 提供的事件来监控文件系统的更改。表 2-2 列出了 pyinotify 库可以监视的文件系统事件。

表 2-2　pyinotify 库可以监视的文件系统事件

事件标志	含义
IN_ACCESS	文件被访问
IN_ATTRIB	文件的元数据（属性）被修改，如文件的权限被修改
IN_CLOSE	文件被关闭，等同于 IN_CLOSE_WRITE | IN_CLOSE_NOWRITE
IN_CLOSE_WRITE	可写文件被关闭
IN_CLOSE_NOWRITE	不可写文件被关闭
IN_CREATE	文件或目录在被监控目录中被创建
IN_DELETE	文件或目录在被监控目录中被删除
IN_DELETE_SELF	自删除，即一个可执行文件在执行时删除自己
IN_MODIFY	文件被修改
IN_MOVE_SELF	自移动，即一个可执行文件在执行时移动自己
IN_MOVE	文件被移动，等同于 IN_MOVED_FROM | IN_MOVED_TO
IN_MOVED_FROM	文件或目录被移出被监控目录
IN_MOVED_TO	文件或目录被移入被监控目录
IN_OPEN	文件被打开
IN_Q_OVERFLOW	事件队列溢出。此事件不属于任何特定的监控项目
IN_UNMOUNT	宿主文件系统被卸载

在 Python 程序中直接调用这些事件时需加上 "pyinotify." 前缀，如 pyinotify.IN_OPEN。事件仅是一个标志位，可以通过 "按位或" 操作（操作符为 "|"）来合并多个事件，如 pyinotify.IN_CLOSE_WRITE | pyinotify.IN_MOVED_TO。pyinotify.ALL_EVENTS 则表示所有的事件。

3. pyinotify 库的基本用法

pyinotify 库提供多个类来实现文件系统监控。例如，WatchManager 类用来创建监控管理器，提供文件和目录的操作，其内部字典保存要监控的项目。又如，Notifier 类用来创建事件通知器，读取通知和处理事件。Notifier 类在初始化时接收多个参数，但是只有 WatchManager 对象是必须传递的参数，以便建立 WatchManager 对象与 Notifier 对象之间的关联。Notifier 对象根据 WatchManager 对象中的配置来决定如何处理事件。

使用 pyinotify 库编程实现文件系统更改监控的基本步骤如下。

（1）创建一个监控管理器，也就是 WatchManager 对象。

（2）添加需要监控的对象。可使用 WatchManager 对象的 add_watch(path,mask,rec=True) 方法构建监控对象并将其插入 WatchManager 对象的字典中。该方法可使用多个参数，如使用 path 参数指定要监控的文件和目录（可以用列表的形式同时指定多个监控对象），使用 mask 参数指定要监控的文件系统事件，使用 rec 参数遍历被监控目录下的子目录。

（3）创建一个事件通知器，也就是 Notifier 对象。Notifier 类实例化时可以传入一个 WatchManager 对象和一个 ProcessEvent 对象（自定义事件）。

（4）持续监听事件并进行处理。

下面给出一个简单使用 pyinotify 库监控/test 目录更改的示例程序。该程序所实现的功能等同于执行 python -m pyinotify/test 命令。

```
import pyinotify
# 创建 WatchManager 对象（用于存储监控项目）
wm = pyinotify.WatchManager()
# 添加要监控的对象
```

```
wm.add_watch('/test',pyinotify.ALL_EVENTS)
# 将 WatchManager 对象与 Notifier 对象（用于报告和处理事件）关联起来
notifier = pyinotify.Notifier(wm)
# 循环监听并处理事件
notifier.loop()
```

运行该程序后即进入监听状态，除非强制终止，否则程序会一直运行。

示例程序中使用的是默认的事件处理方式，即将事件信息输出到屏幕上。而在实际应用中，用户往往需要定制事件的处理方式来实现特定的功能，具体方法是创建一个 pyinotify.ProcessEvent 类的子类（事件处理器），在其中实现"process_事件名称()"方法，实现针对特定的文件系统事件的业务处理功能。

2.2.2　了解 watchdog 库

watchdog 库是一个用于监视文件系统事件的跨平台 Python API 库。与 pyinotify 库仅支持 Linux 系统不同，watchdog 库针对不同的平台都进行了封装，目前可以支持 Windows、Linux、macOS、Darwin 和 BSD 平台。

1. watchdog 库的 API

watchdog 库采用观察者（监控器）模型，主要有 3 个角色，分别是观察者（Observer）、事件处理器（Event Handler）和被监控对象。这 3 个角色通过 observer.schedule()调度函数关联起来，观察者不断检测、调用平台依赖代码对被监控对象进行更改监控，当发现文件系统更改时，通知事件处理器去处理。

（1）定义文件系统事件的类

文件系统事件基类 watchdog.events.FileSystemMovedEvent(FileSystemEvent)表示被监控对象发生更改时触发的文件系统事件。

由该基类派生若干子类，表示特定类型的文件系统更改的文件系统事件。与 pyinotify 库不同的是，watchdog 库的文件系统事件明确区分目录和文件，共有 9 个事件，包括目录和文件的创建、删除、修改和移动，以及文件关闭。例如，FileDeletedEvent 表示文件删除事件，DirDeletedEvent 表示目录删除事件，FileClosedEvent 表示文件关闭事件。

（2）文件系统事件处理的类

watchdog.events.FileSystemEventHandler 是事件处理器的基类，用于处理事件。在该类的定义中，除了 dispatch(self, event)方法之外，其他方法都没有要执行的程序，目的就是让开发人员继承该类，并在子类中重写对应方法，以便定义要执行的程序。

其中 on_any_event(event)方法可以处理任意事件；dispatch(self,event)方法会先执行该方法，然后将事件分派给其他方法进行处理。其他方法列举如下。

- on_moved(self,event)：处理 DirMovedEvent 和 FileMovedEvent。
- on_created(self,event)：处理 DirCreatedEvent 和 FileCreatedEvent。
- on_deleted(self,event)：处理 DirDeletedEvent 和 FileDeletedEvent。
- on_modified(self,event)：处理 DirModifiedEvent 和 FileModifiedEvent。
- on_closed(self,event)：处理 FileClosedEvent。

这些方法可以使用 event 的属性，其中 event.is_directory 属性表示触发事件的是否为目录，event.src_path 属性指定触发事件的源路径，event.dest_path 属性指定目标路径。

（3）观察者的类

watchdog.observers.Observer 类用于定义观察者线程。其中，schedule(event_handler, path, recursive=False)方法非常重要，该方法用于安排要监控的目录，并指定事件处理器以响应文件系统事件。event_handler 参数表示事件处理器程序实例，观察者将调用该参数指定的事件处理程序实例以响应文件系统事件；path 参数表示将监控目录的路径；recursive 参数指定是否遍历子目录。默认情况下，Observer 对象不会监控指定目录的子目录，可以在 schedule()方法中传递 recursive=True 参数来确保监控整个目录树。调用 schedule()方法进行监控处理就是一个 watch，此方法返回一个表示该 watch 的 ObservedWatch 对象，可以用来对该 watch 执行其他操作，如为该 watch 增加多个事件处理器。

> **提 示** 一个观察者（Observer 对象）可以多次使用 schedule()方法来监控文件系统，这样我们就可以一次监控多个目录，对每个目录使用不同的监控策略。watchdog.observers.
> Observer 类基于 threading.Thread 类，其继承了 threading.Thread 类的很多属性，可以直接使用其线程管理功能。

2. watchdog 库的基本用法

作为一个第三方库，需要先安装才能使用，可以使用以下命令安装 watchdog 库。

```
pip install watchdog
```

使用 watchdog 库的 API 实现文件系统更改监控的基本步骤如下。

（1）编写 FileSystemEventHandler 类的子类，重写相关的方法来定制事件处理器，以对发生的文件系统事件做出响应。

（2）创建一个 Observer 对象作为观察者，来负责启动监控任务。

（3）将事件处理器关联到被监控目录，这需要使用 Observer 对象的 schedule()方法，将被监控目录和事件处理器作为参数传入该方法。

（4）启动 Observer 线程，在不阻塞主线程的前提下等待事件生成，以便持续监控文件系统更改，并做出相应的响应。

下面给出一个简单的示例，其功能是监控指定目录（不指定则监控当前目录）的更改，并将事件简单地输出到控制台。具体程序如下。

```python
import sys
import time
import logging
from watchdog.observers import Observer
from watchdog.events import LoggingEventHandler
if __name__ == "__main__":
    logging.basicConfig(level=logging.INFO,
                        format='%(asctime)s - %(message)s',
                        datefmt='%Y-%m-%d %H:%M:%S')
    # 被监控目录可以由命令行参数指定，如果不指定则监控当前目录
    path = sys.argv[1] if len(sys.argv) > 1 else '.'
    # 基于内置的事件处理器创建事件处理器对象
    event_handler = LoggingEventHandler()
    # 创建 Observer 对象
    observer = Observer()
    # 注册事件处理器
    observer.schedule(event_handler, path, recursive=True)
    # 启动线程
    observer.start()
    # 维持主线程运行直至强制中断程序
```

```
    try:
        while True:
            time.sleep(1)
    except KeyboardInterrupt:
        observer.stop()
    # 主线程任务结束后，进入阻塞状态，一直等待其他子线程执行结束后再终止
    observer.join()
```

示例程序中没有专门定制事件处理器，而是直接使用内置的 watchdog.events.LoggingEvent-Handler。

observer.start()启动之后一直处于监听状态，除非强制退出程序。示例程序使用 time.sleep(1)语句保证暂停 1 秒（监听频率），之后发生 KeyboardInterrupt（键盘中断）异常，才会停止监听。使用多线程时，一般都先让子线程调用 start()函数，然后再去调用 join()函数，让主线程等待子线程结束后才继续后续的操作。

任务实现

任务 2.2.1　基于 pyinotify 库编写文件系统更改监控程序

了解 pyinotify 库之后，就可以使用它来编写 Python 程序。下面编写一个通用的文件系统监控程序，将其命名为 fsmon_bypyinotify.py，其功能是监控指定目录（不指定则监控当前目录）中的目录和文件的创建、删除和修改，并将事件信息以易读的形式输出到控制台，能够区分目录和文件的更改。这里的关键是修改默认的事件处理方法，创建一个 pyinotify.ProcessEvent 类的子类来定制事件处理器，在其中针对需要处理的事件编写"process_事件名称(self,event)"函数。这类函数的 event 参数表示事件对象，在程序中可以读取事件的属性，如 dir、mask、maskname、pathname 等。在创建 Notifier 对象时，将定制的事件处理器传递给该对象，以便其在处理事件时调用，程序如下。

```python
import sys
import pyinotify
'''定制事件处理类'''
class EventHandler(pyinotify.ProcessEvent):
    # 定制所需的事件处理函数
    def process_IN_CREATE(self, event):
        #event.pathname 表示触发事件的文件路径
        if event.dir:
            print("创建目录: ",format(event.pathname))
        else:
            print("创建文件: ",format(event.pathname))
    def process_IN_DELETE(self, event):
        if event.dir:
            print("删除目录: ",format(event.pathname))
        else:
            print("删除文件: ",format(event.pathname))
    def process_IN_MODIFY(self, event):
        if event.dir:
            print("修改目录: ", format(event.pathname))
        else:
            print("修改文件: ",format(event.pathname))
```

```
'''文件系统更改监控函数，参数 path 为要监控的文件或目录路径'''
def fs_monitor(path):
  wm = pyinotify.WatchManager()
  # 指定要监控的事件
  mask = pyinotify.IN_DELETE | pyinotify.IN_CREATE | pyinotify.IN_MODIFY
  wm.add_watch(path, mask, rec=True)
  print('开始监控%s…' % path)
  # 创建事件处理器（event handler）
  handler = EventHandler()
  # 创建 Notifier 对象时传入该事件处理器
  notifier = pyinotify.Notifier(wm, handler)
  notifier.loop()
if __name__ == '__main__':
  # 被监控目录可以由命令行参数指定，如果不指定则监控当前目录
  path = sys.argv[1] if len(sys.argv) > 1 else '.'
  fs_monitor(path)
```

读者可以根据需要进一步定制事件处理器，比如当目录下的文件发生更改时发送报警邮件。

任务 2.2.2　基于 watchdog 库编写文件系统更改监控程序

使用 watchdog 库编写 Python 程序非常方便，下面介绍 3 个示例。

1. 通用的文件系统更改监控程序

在前面 watchdog 示例程序的基础上编写一个 Python 程序文件（命名为 fsmon_bywatchdog01.
py），定制事件处理器，对目录和文件的更改分别进行响应，将发生的更改信息输出到控制台。完整的程序如下。

基于 watchdog 库
编写文件系统更改
监控程序

```
from watchdog.observers import Observer
from watchdog.events import FileSystemEventHandler
import sys
import time
'''定制事件处理器'''
class FSEventHandler(FileSystemEventHandler):
  def __init__(self):
    FileSystemEventHandler.__init__(self)
  def on_moved(self, event):
    if event.is_directory:
        print("目录{0}移动到{1}".format(event.src_path, event.dest_path))
    else:
        print("文件{0}移动到{1}".format(event.src_path, event.dest_path))
  def on_created(self, event):
    if event.is_directory:
        print("创建目录: {0}".format(event.src_path))
    else:
        print("创建文件: {0}".format(event.src_path))
  def on_deleted(self, event):
    if event.is_directory:
        print("删除目录: {0}".format(event.src_path))
```

```
        else:
            print("删除文件: {0}".format(event.src_path))
    def on_modified(self, event):
        if event.is_directory:
            print("修改目录: {0}".format(event.src_path))
        else:
            print("修改文件: {0}".format(event.src_path))
if __name__ == "__main__":
    path = sys.argv[1] if len(sys.argv) > 1 else '.'
    observer = Observer()
    event_handler = FSEventHandler()
    observer.schedule(event_handler, path, True)
    observer.start()
    try:
        while True:
            time.sleep(1)
    except KeyboardInterrupt:
        observer.stop()
    observer.join()
```

2. 监控特定文件类型的文件系统更改

watchdog.events.PatternMatchingEventHandler 类通过将指定的模式与发生的事件关联的文件路径进行匹配，来限定被监控目录中被监控的文件，watchdog.events.RegexMatchingEventHandler 类与它类似，只是基于正则表达式来匹配监控文件。这两个类都是 watchdog.events.FileSystem-EventHandler 的子类。这里对 fsmon_bywatchdog01.py 程序进行修改，将其命名为 fsmon_bywatchdog02.py。在新的程序中定制事件处理器时继承 PatternMatchingEventHandler 类，指定一个模式表达式来限定要监控的文件类型，本例中仅监控扩展名为.txt、.py、.html 的文件的更改。下面的代码仅列出与 fsmon_bywatchdog01.py 文件中不同的部分。

```
from watchdog.events import PatternMatchingEventHandler
…
class FSEventHandler(PatternMatchingEventHandler):
    # 定义初始化方法，需要兼顾其父类 FileSystemEventHandler
    def __init__(self, patterns=None, ignore_patterns=None,
                 ignore_directories=False, case_sensitive=False):
        super().__init__()
        self._patterns = patterns
        self._ignore_patterns = ignore_patterns
        self._ignore_directories = ignore_directories
        self._case_sensitive = case_sensitive
…
if __name__ == "__main__":
…
# patterns 参数指定匹配的模式，ignore_directories 参数用于忽略目录
    event_handler = FSEventHandler(patterns=["*.txt","*.py","*.html"],
                                             ignore_directories=True)
…
```

3. 自动备份新上传的文件

对于监控到的文件系统事件，除了在控制台显示，记录到日志外，还可以进一步处理。这里编写一个程序，将其命名为 baknewfile_bywatchdog.py。该程序监控指定目录中的创建和修改事件，以判断是否有新的文件上传，一旦有新的文件，则将其复制到另一个目录中进行备份。文件复制操作是使用 subprocess 模块执行 cp 命令来实现的。主要程序如下。

```
'''自定义事件处理器'''
class FSEventHandler(FileSystemEventHandler):
```

```
    def __init__(self):
        FileSystemEventHandler.__init__(self)
    def on_created(self, event):
      if not event.is_directory:
          bak_file(event.src_path)
    def on_modified(self, event):
      if not event.is_directory:
          bak_file(event.src_path)
'''备份文件的函数'''
def bak_file(src):
  p = subprocess.Popen("cp " + src + "/bak/", shell=True, stdout=subprocess.PIPE)
  p.communicate()
  if p.returncode==0:
      print("备份上传文件: ",src)  # returncode ==0 表示运行成功
```

注意，测试本例时应先创建备份文件的目标目录/bak。

任务 2.3　监控 Web 服务

任务要求

在实际工作中，运维工程师不仅要监控系统本身，往往还要监控程序。我们可以使用PycURL库编写Python程序来获取Web服务的响应指标，从而实现对Web服务的监控。本任务的基本要求如下。

（1）了解PycURL库及其用途。

（2）掌握PycURL库的基本用法。

（3）使用PycURL库编写Web服务监控程序。

相关知识

2.3.1　PycURL 库简介

PycURL 库是用 C 语言编写的 Python 第三方库，是多协议文件传输库 libcurl 的 Python 接口。libcurl 库是一个免费且易于使用的客户端 URL（Uniform Resource Locator，统一资源定位符）传输库，支持 FTP（File Transfer Protocol，文件传送协议）、HTTP（Hypertext Transfer Protocol，超文本传送协议）、HTTPS（Hypertext Transfer Protocol Secure，超文本传输安全协议）、LDAP（Lightweight Directory Access Protocol，轻量目录访问协议）、IMAP（Internet Message Access Protocol，互联网邮件访问协议）、SMTP（Simple Mail Transfer Protocol，简单邮件传送协议）等多种网络协议，支持 SSL（Secure Socket Layer，安全套接字层）、身份验证和代理，可以在多种操作系统上构建和运行。

PycURL 库可用于从 Python 程序中获取指定 URL 的响应对象，除了简单的提取操作之外，还实现了 libcurl 库的大部分功能。由于基于 libcurl 库实现，因此 PycURL 库的运行速度非常快。当在 Python 程序中对 Web 网页发起 GET、POST 等请求，需要考虑高性能和多并发请求时，可以考虑选用 PycURL 库。

对 Web 运维工作来说，我们可以利用 PycURL 库对网站进行抓包分析，监测 Web 服务质量。比如，可以对 URL 网页进行详细检测，包括阻塞时间、域名解析时间、建立连接时间、SSL 握手时间、发出请求时间、首包发送时间等。

2.3.2 PycURL 库的基本用法

作为一个 Python 接口，PycURL 库可以用来从 Python 程序获取 URL 所标识的对象。

1. 安装 PycURL 库

要先安装 libcurl 库相关的库，再使用 pip 命令安装 PycURL 库。在 Ubuntu 20.04 LTS 桌面版系统上可以依次执行以下命令完成 PycURL 库的安装。

```
sudo apt install libcurl4-gnutls-dev
sudo apt install libghc-gnutls-dev
pip install pycurl
```

2. 使用 PycURL 库的 API

PycURL 库的 API 比较复杂。不过，我们多数时候使用的都是其基本功能，可以将 PycURL 库看作 Linux 系统下 Curl 命令功能的 Python 封装。Curl 命令是一个利用 URL 规则在命令行下工作的文件传输工具，其模拟浏览器向服务器传输数据，获取来自服务器的数据。使用 Curl 命令的基本步骤是初始化 URL，设置请求参数，执行请求和关闭资源。PycURL 库的使用也有类似的步骤，下面介绍获取 URL 的响应对象的基本步骤和调用的方法。

（1）创建 Curl 对象

使用 PycURL 库首先要创建 Curl 对象，可以直接实例化 pycurl.Curl()类来创建 Curl 对象，代码如下。

```
c = pycurl.Curl()
```

（2）设置 Curl 会话选项

使用 Curl 对象的 setopt(option,value)方法来设置 Curl 会话选项。option 参数指定要设置的选项，具体是通过常量来指定的；value 参数指定选项值，不同的选项接收不同类型的值。value 参数的值可以是一个字符串、整型数据、长整型数据、文件对象、列表或函数等。可设置的选项非常多，部分常用的 Curl 会话选项如表 2-3 所示。

表 2-3　常用的 Curl 会话选项

选项	含义
pycurl.URL	要请求访问的 URL
pycurl.CONNECTTIMEOUT	在发起连接前等待的时间，单位为秒，0 值表示不等待
pycurl.TIMEOUT	连接超时时间，单位为秒
pycurl.MAXREDIRS	HTTP 重定向最大深度，0 值表示不允许重定向
pycurl.NOPROGRESS	是否屏蔽下载进度条，非 0 值表示屏蔽
pycurl.FORBID_REUSE	完成交互后是否强制断开连接，禁止重用，非 0 值表示禁止
pycurl.FRESH_CONNECT	是否强制刷新连接，非 0 值表示强制刷新
pycurl.DNS_CACHE_TIMEOUT	DNS（Domain Name System，域名系统）缓存过期的时间，单位为秒，默认值为 120
pycurl.USERAGENT	HTTP 请求头部包含的 User-Agent 字符串
pycurl.WRITEHEADER	返回的 HTTP 响应头要定向的文件对象
pycurl.WRITEDATA	返回的 HTML 响应体要定向的文件对象

程序中常量可以使用模块级的（带 pycurl.前缀），也可以使用 Curl 对象级的，两者效果相同。代码如下。

```
c.setopt(pycurl.URL, "http://www.python.org/")        #模块级
c.setopt(c.URL, "http://www.python.org/")             #对象级
```

（3）执行请求任务

完成设置 Curl 会话选项，就可以使用 perform()方法发起会话，即提交 Curl 对象的请求，成功执行后自动返回响应信息。执行该方法失败时会触发 pycurl.error 异常。

（4）获取返回的信息

使用 perform()方法发起会话后，服务器端就会返回信息，此时可以使用 getinfo(option)方法从 Curl 会话中提取并返回信息，采用调用该方法时 Python 的默认编码来对返回的字符串数据进行解码。除非 perform()方法已被调用并完成，否则不会调用 getinfo(option)方法。其中 option 参数指定返回的信息，其值使用常量表示。返回值的类型取决于具体的选项。可读取的选项常量非常多，常用的选项常量如表 2-4 所示。

表 2-4　常用的选项常量

常量	含义
pycurl.HTTP_CODE	HTTP 状态码
pycurl.RESPONSE_CODE	响应代码
pycurl.NAMELOOKUP_TIME	域名解析的时间，单位为秒
pycurl.CONNECT_TIME	从发起请求到建立连接所消耗的时间，单位为秒
pycurl.PRETRANSFER_TIME	从建立连接到准备传输所消耗的时间，单位为秒
pycurl.STARTTRANSFER_TIME	从建立连接到开始传输（接收首包）的时间，单位为秒
pycurl.TOTAL_TIME	传输所消耗的总时间，单位为秒
pycurl.REDIRECT_TIME	从发起请求到重定向所消耗的时间，单位为秒
pycurl.SIZE_UPLOAD	上传数据包的大小
pycurl.SPEED_UPLOAD	平均上传速度
pycurl.SIZE_DOWNLOAD	下载数据包的大小
pycurl.CONTENT_LENGTH_DOWNLOAD	下载内容的长度
pycurl.SPEED_DOWNLOAD	平均下载速度
pycurl.HEADER_SIZE	HTTP 头部大小
pycurl.REQUEST_SIZE	HTTP 请求大小
pycurl.CONTENT_TYPE	HTTP 响应的内容类型

（5）结束 Curl 会话

执行 close()方法关闭、回收 Curl 对象，并结束 Curl 会话。实际上，当不再有任何对 Curl 对象的引用时，PycURL 库会自动调用此方法，但也可以显式调用。

3. 使用 PycURL 库的示例

这里给出一个使用 PycURL 库的示例，通过 URL 获取资源，程序如下。

```
import pycurl
from io import BytesIO
```

```
# 在内存创建一个二进制模式的 buffer，可以像文件对象一样操作
buffer = BytesIO()
# 创建一个 pycurl.Curl 对象
c = pycurl.Curl()
# 设置选项
c.setopt(c.URL, 'https://www.baidu.com')
c.setopt(c.WRITEDATA, buffer)     # 将返回的内容重定向到缓存
# 调用 perform()方法以执行操作
c.perform()
c.close()
# 从缓存中读取数据，解码后输出
body = buffer.getvalue()
print(body.decode('utf-8'))
```

任务实现

基于 PycURL 库编写 Web 服务监控程序

基于 PycURL 库
编写 Web 服务监控
程序

Web 服务是 Internet 服务之一，网站的性能关系到用户体验以及网站的服务水平。运维工程师可以编写 Python 程序来获取网站的性能指标，以衡量服务质量。其中，响应速度是重要的性能指标，下面基于 PycURL 库编写一个程序来监测网站响应速度，将文件命名为 webmon_bypycurl.py。该程序主要获取域名解析、建立连接、准备传输、开始传输、结束传输等过程中所耗费的时间，以及平均下载速度等具体指标。默认情况下，执行 perform()方法之后，服务器端返回的数据会输出到控制台，我们可以通过设置 pycurl.WRITEHEADER、pycurl.WRITEDATA 选项，将目标 URL 的 HTTP 响应头及页面内容重定向到

其他文件中，本任务中将返回的头部保存到 head.txt 文件，而将页面内容输出到空设备文件中，以免它们输出到控制台干扰监控指标的查看。另外，通过返回的 HTTP 状态码可以判断服务的可用性，比如是否处于正常提供服务状态，而不是出现 404、500 错误。完整的程序如下。

```
import os
import sys
import pycurl

Web_URL = "https://www.baidu.com"
c = pycurl.Curl()
c.setopt(pycurl.URL, Web_URL)      # 设置要连接的 URL
c.setopt(pycurl.CONNECTTIMEOUT, 5)  # 连接前等待时间
c.setopt(pycurl.TIMEOUT, 5)  # 连接超时时间
c.setopt(pycurl.FORBID_REUSE, 1)  # 禁止重用
c.setopt(pycurl.MAXREDIRS, 5)  # 允许 5 级重定向
c.setopt(pycurl.NOPROGRESS, 1)  # 屏蔽下载进度条
c.setopt(pycurl.DNS_CACHE_TIMEOUT, 30)  # DNS 缓存过期事件
# 打开一个文件用来存储返回的网页头部
head_file = open(os.path.dirname(os.path.realpath(__file__)) + "/head.txt",
                                                                "wb")
```

```
c.setopt(pycurl.WRITEHEADER, head_file)
# 将返回的网页内容输出到空设备文件，以免其输出到控制台
fnull = open('/dev/null', 'wb')
c.setopt(pycurl.WRITEDATA, fnull)
# 发起会话以执行传输任务
try:
    c.perform()
except Exception as e:
    print("链接错误 connecion error:" + str(e))
    head_file.close()
    fnull.close()
    c.close()
    sys.exit()


'''汇集返回的信息'''
def gather_data():
    effective_url = c.getinfo(pycurl.EFFECTIVE_URL)
    http_code = c.getinfo(c.HTTP_CODE)
    content_type = c.getinfo(c.CONTENT_TYPE)
    namelookup_time = c.getinfo(c.NAMELOOKUP_TIME)
    connect_time = c.getinfo(c.CONNECT_TIME)
    pretransfer_time = c.getinfo(c.PRETRANSFER_TIME)
    starttransfer_time = c.getinfo(c.STARTTRANSFER_TIME)
    total_time = c.getinfo(c.TOTAL_TIME)
    size_download = c.getinfo(c.SIZE_DOWNLOAD)
    header_size = c.getinfo(c.HEADER_SIZE)
    content_length_download = c.getinfo(c.CONTENT_LENGTH_DOWNLOAD)
    speed_download = c.getinfo(c.SPEED_DOWNLOAD)
    c.close()
    head_file.close()
    return dict(effective_url=effective_url, http_code=http_code,
                                        content_type=content_type,
             namelookup_time=namelookup_time,
             connect_time=connect_time, pretransfer_time=pretransfer_time,
                                 starttransfer_time=starttransfer_time,
             total_time=total_time, size_download=size_download,
                                        header_size=header_size,
             content_length_download=content_length_download,
             speed_download=speed_download)
'''输出报告'''
def report():
    data = gather_data()
    print("网页地址: %s" % (data["effective_url"]))
    print("HTTP 状态码: %s" % (data["http_code"]))
    print("请求内容类型: %s" % (data["content_type"]))
    print("域名解析时间: %.2f ms" % (data["namelookup_time"] * 1000))
    print("连接建立时间: %.2f ms" % (data["connect_time"] * 1000))
    print("准备传输时间: %.2f ms" % (data["pretransfer_time"] * 1000))
```

```
    print("传输开始时间: %.2f ms" % (data["starttransfer_time"] * 1000))
    print("请求总时间: %.2f ms" % (data["total_time"] * 1000))
    print("下载数据包大小: %.2f MB" % (data["size_download"] / 1024))
    print("HTTP 头部大小: %.2f MB" % (data["header_size"] / 1204))
    print("下载内容长度: %.2f MB" % (data["content_length_download"] / 1204))
    print("平均下载速度: %.2f MB/s" % (data["speed_download"] / 1024))

if __name__ == '__main__':
    report()
```

本程序的运行结果如图 2-2 所示。

```
网页地址: https://www.baidu.com/
HTTP状态码: 200
请求内容类型: text/html
域名解析时间: 8.71 ms
连接建立时间: 25.31 ms
准备传输时间: 101.22 ms
传输开始时间: 119.18 ms
请求总时间: 119.22 ms
下载数据包大小: 0.22 MB
HTTP头部大小: 0.75 MB
下载内容长度: 0.19 MB
平均下载速度: 1.86 MB/s
```

图 2-2 Web 服务监测结果

在实际应用中，可以在本任务的基础上增加功能，如将收集的数据写入数据库、将数据分析结果通过可视化界面展现出来。

任务 2.4 调度运维任务

任务要求

许多运维任务需要调度(计划安排)，最常见的场景之一就是定期运行任务，操作系统本身通常提供任务调度功能。Linux系统的Cron服务和Windows系统的任务计划程序可以直接用来调度Python程序，但是不够灵活，也不支持多台服务器的批量运维任务。如果要更加精细地控制任务的调度，或者支持跨平台运维，则应考虑在Python程序中实现任务的调度。APScheduler库是一个用于任务调度的Python第三方库，提供了丰富易用的接口。本任务的具体要求如下。

(1)了解APScheduler库的组件。

(2)掌握APScheduler库的基本用法。

(3)使用Cron服务调度运维任务。

(4)使用APScheduler库编写程序调度运维任务。

相关知识

2.4.1 APScheduler 库的组件

APScheduler 库主要用于调度 Python 程序定期执行或一次性执行。它可以用于实现替代 Linux 系统的 Cron 服务或 Windows 系统的任务计划程序的跨平台应用。APScheduler 库包括以下 4 个组件。

1. 触发器

使用 APScheduler 库调度的程序就是一个任务（Job，或译为作业）。触发器（Trigger）描述任务被触发的条件，即用于确定任务运行时计算日期或时间的逻辑。每个任务都有自己的触发器，用于确定下一次运行任务的时间。除了初始配置之外，触发器是完全无状态的。

APScheduler 库内置以下 3 种类型的触发器来调度任务的运行。

• 日期（Date）：在具体的时刻触发任务运行，适合在设定的日期和时间运行一次性任务。

• 时间间隔（Interval）：按指定的时间间隔触发任务运行，以一定的时间间隔运行任务。这种类型的触发器可以设置开始时间和结束时间。

• Cron 方式：按特定时间周期性触发，适合周期性重复执行任务，比如在一天中的特定时间运行任务。这种类型与 Linux 系统的 Cron 服务兼容，功能最强。

这 3 种触发器类型决定了调度方式。

2. 任务存储器

任务存储器（Job Store）存储要调度的任务，默认将任务简单地保存在内存中。也可以选择将任务存储在数据库中，这样能够持续保持任务的状态，调度器重新启动后，不必重新添加任务，任务会自动恢复原状态并继续运行。例如，程序崩溃后，任务可以从中断位置恢复正常运行。数据库的选择取决于开发或运行环境，最简单的是 SQLite，官方推荐 PostgreSQL，因为它提供强大的数据完整性保护功能。

3. 执行器

执行器（Executor）负责处理任务的运行。执行器一般通过将任务中指定的可调用对象提交到线程或进程池来执行。任务运行完成后，执行器会通知调度器，然后调度器会触发相应的事件。默认的 ThreadPoolExecutor 足以满足大多数用途。如果用户的工作负载涉及 CPU 密集型操作，应考虑改用 ProcessPoolExecutor。

4. 调度器

调度器（Scheduler）属于控制器，负责任务的整个生命周期，包括任务的创建、启动、暂停等。开发人员通常并不直接操作任务存储器、执行器或触发器，而是通过调度器提供的接口来操作这些组件。例如，我们可以通过调度器完成在任务存储器中添加、修改和移除任务。

APScheduler 库支持 7 种调度器，其中比较常用的是 BlockingScheduler 和 Background-Scheduler。BlockingScheduler 在启动调度程序后会阻塞主线程的运行，即启动调度程序后会阻塞当前线程，不能立即返回，适用于调度程序是进程中唯一运行的进程的情形。BackgroundScheduler 不会阻塞主线程，即启动调度程序后仍可以运行其他进程，适用于在不运行任何其他框架时，让调度程序在程序的后台执行。

>
> **注意** APScheduler 库本身不是服务，也没有附带任何命令行工具。它主要在现有程序中运行。也就是说，APScheduler 库为我们提供了构建专用调度器或调度服务的基础模块。APScheduler 库可以持久化任务，并以守护进程（Daemon）的方式也就是服务形式运行程序。同时，它支持异步执行、后台执行调度任务。

2.4.2 APScheduler 库的基本用法

在使用 APScheduler 库之前，需要安装它。可以执行以下命令进行安装。

```
pip install apscheduler
```

1. 使用 APScheduler 库编写调度程序的基本步骤

（1）根据应用场景选择合适的调度器、任务存储器、执行器和触发器。

（2）准备要调度的任务程序，通常需编写一个函数。可以在另一个文件中编写任务程序函数，然后将其导入调度程序文件。

（3）创建一个调度器。根据需要选择不同的调度器类进行实例化。例如，实例化一个BlockingScheduler 类，不带任何参数表明使用默认的任务存储器和执行器。

（4）添加一个调度任务。添加任务的方式有两种，一种是使用 add_job()方法，另一种是使用scheduled_job()装饰器方法。通常使用第一种方式，调用调度器的 add_job()方法会返回一个apscheduler.job.Job 类的对象，便于进一步修改或者移除任务。该方法可用的参数包括 id（任务的 ID，字符串）、name（任务名称，字符串）、func（要执行的任务函数）、args（func 的位置参数，元组或列表）、kwargs（func 的关键字参数，字典）、coalesce（是否合并为一次，多个运行时间同时到期时是否仅运行一次）、trigger（触发器对象）、executor（执行器名称）、max_instances（允许同时运行的最大对象数）、next_run_time（下一次任务运行的时间）等。另外，不同的触发器有不同的参数。

（5）运行调度任务。启用调度器只需要调用调度器的 start()方法。用户可以随时在调度器上调度任务。添加任务时如果调度器还没有启动，则任务将不会运行，并且第一次运行的时间在调度器启动时开始计算。

2. 简单的 APScheduler 库使用示例

这里给出一个简单的 APScheduler 库使用示例，程序如下。

```
from apscheduler.schedulers.blocking import BlockingScheduler
from datetime import datetime
# 定义要调度的任务程序
def myjob1():
  print("当前时间: %s" % datetime.now())
def myjob2():
  print("Hello!")
# 创建调度器
scheduler = BlockingScheduler()
# 添加任务，每隔 10 秒执行一次 myjob1()函数
scheduler.add_job(myjob1, 'interval', seconds=10)
# 添加任务，每分钟执行一次 myjob2()函数
scheduler.add_job(myjob2, 'cron', minute='*')
scheduler.start()
```

上述程序中有两个调度任务，分别使用时间间隔和 Cron 方式这两种触发器。调度器类型是BlockingScheduler，调用 start()方法后会阻塞当前进程，但调度器一直运行。

可以将调度器改为 BackgroundScheduler 类型进行测试，下面列出与上述程序不同的部分代码。

```
from apscheduler.schedulers.background import BackgroundScheduler
…
scheduler = BackgroundScheduler()
…
scheduler.start()
while(True):
  pass
```

将调度器改为 BackgroundScheduler 类型，调用 start()方法后不会阻塞当前进程，可以继续执行主程序中的代码。如果调用 start()方法后没有其他代码，则程序会结束运行，导致无法调度任务。要保持调度程序的持续运行，可以添加循环语句，上述程序中 pass 语句表示什么也不做。

3. 配置调度器

APScheduler 库提供了不同的方式来配置调度器，用户可以使用配置字典；也可以将选项作为关键字参数传递；还可以先实例化调度程序，然后添加任务并配置调度器。下面的代码配置调度器使用 SQLite 数据库存储任务，使用两个执行器，并设置新任务的默认规则（不合并，最大对象数为 3）。

```python
from apscheduler.schedulers.blocking import BlockingScheduler
import datetime
from apscheduler.executors.pool import ThreadPoolExecutor, ProcessPoolExecutor
from apscheduler.jobstores.sqlalchemy import SQLAlchemyJobStore
def myjob(id='myjob'):
  print (id,'-->',datetime.datetime.now())
# 自定义任务存储器
jobstores = {
    'default': SQLAlchemyJobStore(url='sqlite:///jobs.sqlite')
}
# 自定义执行器
executors = {
    'default': ThreadPoolExecutor(20),   # 最大线程数为 20（默认为 10）
    'processpool': ProcessPoolExecutor(10)  # 进程池中最多有 10 个进程
}
# 指定新任务默认规则
job_defaults = {
    'coalesce': False,
    'max_instances': 3
}
# 创建自定义的调度器
scheduler = BlockingScheduler(jobstores=jobstores, executors=executors,
                                      job_defaults=job_defaults)
scheduler.add_job(myjob, args=['job_interval',],id='job_interval',trigger=
                          'interval', seconds=5,replace_existing=True)
try:
  scheduler.start()
except (KeyboardInterrupt, SystemExit):
  exit()
```

4. 调度程序事件

任务的运行时间一到，调度器就将任务交给执行器执行返回结果，同时启用事件监听，监控任务事件。利用 APscheduler 库提供的这种监听器（Listener）机制，我们可以监控任务执行的异常情况，并进行必要的处理，如发出报警通知。下面给出一个示例。

```python
# 定义事件监听器
def my_listener(event):
  if event.exception:
     print('任务运行出错:')
  else:
     print('任务正常运行:')
# 将事件监听器附加到调度器，监听任务执行完毕和任务出错事件
scheduler.add_listener(my_listener, EVENT_JOB_EXECUTED | EVENT_JOB_ERROR)
```

特定类型的事件使用常量表示，可以组合多个常量来监听多种事件。

任务实现

任务 2.4.1　使用 Cron 服务调度运维任务

在 Linux 系统中，Cron 服务用来管理周期性重复执行的任务，非常适合日常系统维护工作。用户一般使用 crontab 命令创建和维护用户级 Cron 配置文件来调度任务。下面使用 Cron 服务调度由 Python 程序实现的运维任务。

（1）准备要执行的 Python 程序，本任务中采用前面编写的 webmon_bypycurl.py 文件（用于监测 Web 服务）。

（2）执行 crontab -e 命令，进入 Cron 配置文件编辑界面，在最后一行输入以下代码，然后保存并关闭该文件。

```
*/5 * * * * /autom/02sysmon/venv/bin/python /autom/02sysmon/webmon_bypycurl.py
                                                          >> /test/test.log 2>&1
```

其中前 5 列分别表示分、时、日、月、周，第 1 列"*/5"表示每 5 分钟执行一次；第 6 列是要执行的任务，这里通过 python 命令执行脚本，采用的是 Python 虚拟环境。">> /test/test.log"表示将标准输出（输出到屏幕）的内容以追加方式写入/test/test.log 文件中。"2>&1"表示将标准错误输出重定向到标准输出。

（3）执行 crontab -l 命令检查 Cron 配置文件的内容。

（4）打开/test/test.log 文件，查看内容以验证运维任务的调度。

本任务中监测 Web 服务的任务每 5 分钟运行一次，并将结果输出到/test/test.log 文件。Cron 服务在后台运行，监控的结果无法在前台显示，只能输出到文件或数据库中。

任务 2.4.2　基于 APScheduler 库编程调度运维任务

基于 APScheduler 库编程调度运维任务

与使用 Cron 服务相比，使用 APScheduler 库调度运维任务更为灵活。前面编写的 sysinfo_bypsutil.py 文件用于采集系统信息，下面使用 APScheduler 库编写一个调度程序（将其命名为 sysinfo_byapscheduer.py）来采集获取系统信息的任务。具体实现思路是，导入 sysinfo_bypsutil.py 文件，在定义的任务中调用其中的 report()函数来获取系统信息，创建一个 BlockingScheduler 类型的调度器，添加一个按时间间隔触发的任务，每 5 分钟触发一次。为让该程序开始运行时就执行要调度的任务，在调度器启动之前，先运行一次定义的任务 monjob()。完整的程序如下。

```
from datetime import datetime
import os
from apscheduler.schedulers.blocking import BlockingScheduler
# 从 sysinfo_bypsutil.py 文件导入 report()函数
from sysinfo_bypsutil import report
'''定义要执行的任务'''
def monjob():
  print('监测时间: %s' % datetime.now())
  report()
if __name__ == '__main__':
    scheduler = BlockingScheduler()
    scheduler.add_job(monjob, 'interval', minutes=5)
```

```
# 给出强制退出的组合键，兼顾 Linux 和 Windows 平台
print('按 Ctrl+{0} 组合键退出'.format('Break' if os.name == 'nt' else 'C'))
# 先运行一次定义的任务，再启动调度器
monjob()
try:
    scheduler.start()
except (KeyboardInterrupt, SystemExit):
    print('已退出！')
    exit()
```

上述调度程序运行后，将定期显示所获取的系统信息。如果要将这些信息写入文件以便统计、分析，则可以修改 monjob()函数的定义，下面给出主要代码。

```
file = sys.stdout  # 存储控制台输出对象
sys.stdout = open('sysinfo.txt', 'a')  # 将屏幕输出的内容写入文件
print('监测时间：%s' % datetime.now()) # 写入文件
print(report())  # 继续写入文件
sys.stdout.close()  # 关闭重定向
sys.stdout = file  # 将 print()的输出结果返回给控制台
```

项目小结

本项目正式开始利用 Python 第三方库编写运维程序。完成本项目的各项任务之后，读者就会发现，使用这些库可以大大提高开发效率。

在 Python 程序中，psutil 库既可以用来采集系统信息、监控系统运行状态，又可以用来获取系统的进程信息、管控具体的进程。

文件系统的更改包括目录和文件的创建、删除、修改和移动，以及文件关闭等，此类监控程序的编写可以使用 Python 第三方库。pyinotify 库仅适用于 Linux 系统。watchdog 库能够跨平台使用，而且功能更为强大。

PycURL 库是多协议文件传输库 libcurl 的 Python 接口，具有高性能，适用于多并发请求，可以用于抓包分析、监控 Web 服务。

日常的运维任务还有一个调度问题，通常需要定期运行，这可以使用 APScheduler 库编写调度程序来解决。

无论是系统信息采集，还是文件系统更改监控、Web 服务监控，都是让我们获取相关信息，帮助我们了解系统和服务的状态。在后续的项目中，我们还可以结合报警机制，在第一时间对出现的问题或异常情况进行处理。项目 3 将介绍文件内容与配置文件的处理。

课后练习

1. 以下关于 psutil 库的说法中，不正确的是（　　　）。
   A. psutil 库的便利函数主要用来获取系统信息
   B. psutil 库的类主要用来实现进程管理
   C. psutil.Process 类可以用来获取进程信息和操控进程
   D. psutil 库只能用于 Linux 系统

2. 在 pyinotify 库中，文件被移动事件 IN_MOVE 等同于（   ）。

    A. IN_MOVED_FROM | IN_MOVED_TO   B. IN_CREATE | IN_MODIFY

    C. IN_ACCESS | IN_MODIFY   D. IN_OPEN | IN_MOVED_TO

3. watchdog 库采用观察者模型，3 个主要角色是（   ）。

    A. 文件系统、事件处理器、API

    B. 观察者、事件处理器、被监控对象

    C. 观察者、事件处理器、API

    D. 文件系统事件、事件处理器、被监控对象

4. 在 PycURL 库中，表示接收首包的时间的常量是（   ）。

    A. pycurl.PRETRANSFER_TIME   B. pycurl.TOTAL_TIME

    C. pycurl.STARTTRANSFER_TIME   D. pycurl.CONNECT_TIME

5. 以下关于 APScheduler 库的说法中，不正确的是（   ）。

    A. APScheduler 库可以以服务的形式运行程序

    B. APScheduler 库不适用于一次性执行的任务调度

    C. 将任务存储在数据库中能够持续保持任务的状态

    D. 调度的任务第一次运行的时间在调度器启动时开始计算

6. APScheduler 库的 4 个组件是（   ）。

    A. 触发器、任务存储器、执行器、调度器   B. 监控器、任务存储器、执行器、调度器

    C. 触发器、任务存储器、执行器、监控器   D. 触发器、任务存储器、调度器、处理器

项目实训

实训 1　使用 psutil 库编程获取系统启动时间和登录信息

实训目的

（1）了解 psutil 库的基本用法。

（2）学会编写系统信息采集程序。

实训内容

（1）安装 psutil 库。

（2）了解 psutil 库的便利函数。

（3）使用 psutil 库的便利函数获取系统启动时间和当前登录信息。

（4）以可读日期格式显示系统启动时间。

（5）以列表形式显示登录信息，包括用户名、登录终端和开始登录时间。

实训 2　使用 watchdog 库编程监控文件的移动

实训目的

（1）了解文件系统事件与 watchdog 库的用法。

（2）学会编写文件系统更改监控程序。

实训内容

（1）安装 watchdog 库。

（2）了解 watchdog 库的使用方法。

（3）定制事件处理器，专门处理文件移动事件，显示移动的源和目的。

（4）创建一个 Observer 对象。

（5）将事件处理器关联到要监控的文件。

（6）启动 Observer 线程。

实训 3　使用 PycURL 库编程判断 Web 服务的可用性

实训目的

（1）了解 PycURL 库的用法。

（2）学会编写 Web 服务监控程序。

实训内容

（1）安装 PycURL 库。

（2）了解 PycURL 库的使用方法。

（3）创建 Curl 对象。

（4）设置 Curl 会话选项，指定要请求访问的 URL。此 URL 要求以命令行参数形式提供。

（5）执行请求任务。

（6）获取返回的信息，从中提取 HTTP 状态码。

（7）查阅 HTTP 状态码资料，编写代码根据返回的状态码显示服务状态。

实训 4　使用 APScheduler 库编程调度监控任务

实训目的

（1）了解 APScheduler 库的用法。

（2）学会编写任务调度程序。

实训内容

（1）准备要调度的监控程序。编写一个函数用于获取 CPU 使用率和内存使用率，当任意指标超过 80% 时显示警告信息，否则仅显示使用率。

（2）创建一个 BlockingScheduler 类型的调度器。

（3）添加一个调度任务，每 30 分钟运行一次监控程序。

（4）运行调度任务。

（5）执行调度程序进行测试。建议将调度周期缩短以便观察效果。

项目3
处理文件内容与配置文件

文本是编程中处理得最多的数据类型之一。系统运维工程师经常需要与文件内容打交道，如分析日志、整理程序数据、处理配置文件、解析Linux命令输出等。掌握文件内容和文本文件处理的编程是运维工程师的一项基本功。本项目将通过4个典型任务，引导读者编写Python运维程序，来解析和处理文件内容、操作配置文件、使用模板处理文本文件、比对文件和目录内容。

课堂学习目标

知识目标

- 了解文件内容处理的基本知识。
- 了解配置文件的常用格式。
- 了解模板的概念和Jinja2模板的基本用法。
- 了解difflib和filecmp模块的基本用法。

技能目标

- 学会文件内容处理的Python编程。
- 掌握常用格式配置文件的Python编程操作。
- 学会使用Jinja2模板编程处理文本文件。
- 学会使用内置模块编程比对文件和目录内容。

素养目标

- 培养严谨细致的工作作风。
- 掌握举一反三、融会贯通的研习方法。
- 增强文化自信。

任务 3.1　解析和处理文件内容

任务要求

在Linux系统运维工作中，往往要处理配置文件、程序源代码、命令输出及日志文件等大量的文件内容，从中过滤和提取符合要求的特定字符串，或者替换、删除特定的字符串，使用正则表达式可以大大提高此类工作的效率。本任务的基本要求如下。

（1）了解字符串操作方法。

（2）了解文本文件的读写方法。

（3）掌握编码和解码的基本知识和实现方法。

（4）掌握正则表达式的使用方法。

（5）学会编程解析和处理文件内容。

相关知识

3.1.1 字符串及其操作

字符串是 Python 中最常用的数据类型之一。

1. 字符串的形式

字符串既可用单引号括起来，也可用双引号括起来，这两种形式没有区别。还可以使用三引号（'''或"""）将字符串括起来，这种形式的字符串可以跨多行，包含换行符、制表符和其他特殊字符。

字符串几乎可以包含任何字符，Python 3 支持中文字符，但 Python 2 则要求在程序中增加相应的注释语句才能支持中文字符。注意，如果在字符串中需要使用特殊字符，则要用反斜线"\"进行转义，如"\'"表示单引号，"\n"表示换行符，"\r"表示回车符。

Python 支持原始字符串，即所有的字符串直接按照字面意思来使用，不会被转义或以特殊方式处理，与普通字符串一样进行操作。具体形式是在字符串前面加上字母 r（R）。注意原始字符串并不完全等同于三引号字符串，例如三引号字符串中的"\n"仍然是换行符，而在原始字符串中就不是。

Python 不支持单字符类型，单字符在 Python 中也作为一个字符串使用。

2. 字符串运算符

Python 中可以使用运算符操作字符串。例如，"+"用于字符串连接（拼接）；"*"用于重复输出字符串；"[n]"用于通过索引从字符串中获取单字符（n 为索引）；"[:]"用于截取字符串中的子字符串，遵循左闭右开原则（如 str[0:3]不包含第 4 个字符）；"in"用于判断字符串成员。

3. 字符串格式化

Python 支持格式化字符串的输出，其最基本的用法之一是将一个值插入一个包含字符串格式符"%"的字符串。字符串格式化使用的语法与 C 语言中 sprintf()函数的相同。代码如下。

```
>>> cpu_str = "%s 主机的 CPU 使用率为%d%%" % ("srv002", 32)
>>> print(cpu_str)
srv002 主机的 CPU 使用率为 32%
```

其中，输出一个"%"，需要使用"%%"，而不能使用转义字符。

字符串格式化也可以采用 str.format()函数，该函数基本用法如下：

```
<模板字符串>.format(<逗号分隔的参数>)
```

它进一步增强了字符串格式化的功能，上例可以修改如下代码。

```
"{}主机的 CPU 使用率为{}%".format("srv002", 32)
```

模板字符串中使用"{}"指定格式，这里的"%"是普通字符。

Python 3.6 开始使用新的字符串格式化方法，f-string 方法，即所谓的字面量格式化字符串，直接在字符串前面加上字母 f，在"{}"中标明要被替换的变量，无须判断变量的类型。下面给出一个简单的例子。

```
>>> hostname="srv002"
>>> usage=32
>>> print(f"{hostname}主机的 CPU 使用率为{usage}%")
srv002 主机的 CPU 使用率为 32%
```

4. Python 内置的字符串函数

Python 内置了多种字符串函数，可以方便地完成字符串操作。例如，len()函数用于返回字符串长度，join()函数用于连接字符串，split()函数用于拆分字符串，startswith()函数和 endswith()函数分别用于判断字符串的前缀和后缀，find()函数用于查找字符串。

3.1.2　文本文件的读写

文本文件与其他类型的文件一样，都需要先打开才能进行相关操作。

1．文件操作的基本流程

（1）打开文件。使用 open()函数打开一个文件，并返回文件对象。该函数的基本用法如下。

```
open(file, mode='r')
```

file 参数是必需的，表示要打开的文件路径（相对路径或者绝对路径）。mode 参数表示文件打开模式，默认以文本模式和只读模式打开。mode 参数的取值中，a 表示打开一个文件用于追加，t 表示文本模式，b 表示二进制模式，r 表示只读模式，x 表示写模式，w 表示只写模式，+表示可读可写模式。可以将多种模式标识符组合起来，如 w+表示打开一个文件用于读写，ab+表示以二进制模式打开一个文件用于追加。

（2）对打开的文件进行操作。打开文件返回的是文件对象，该对象支持以多种方法对文件进行操作，如使用 write()方法将字符串写入文件。

（3）关闭文件。使用 open()函数打开的文件，操作完毕一定要关闭，调用 close()方法即可。关闭后文件不能再进行读写操作。

通常使用 with 语句来简化文件的打开和关闭操作，以这种方式打开的文件会由 Python 自动调用 close()方法关闭。

```
with open( '要打开的文件') as f:
     文件操作语句
```

2．文本文件的读取

打开文本文件之后，可以使用以下方法读取文件对象的内容。

- read()：一次性读取全部文件内容。
- readline()：每次读取一行的内容，包括末尾的换行符（\n）。
- readlines()：一次性读取全部内容，以列表形式返回结果，列表中的元素是每行的内容。

对于配置文件，使用 readlines()方法读取非常方便。下面的代码用于读取全部行内容之后，遍历各行内容并显示。

```
for line in f.readlines():
    print( line.strip() )
```

注意，读取的每行内容末尾会出现换行符（\n），通常使用 strip()函数去除两端的所有空格和换行符。还可以使用 for 循环来逐行读取文本文件的内容，代码如下。

```
with open("文本文件") as file:
  for item in file:
    print(item)
```

3．文本文件的写入

写文件和读文件类似，唯一的区别是调用 open()函数时，需要传入标识符 w 或 a，新的内容将会被写入已有内容之后；如果该文件不存在，则创建新文件进行写入。

Python 的文件对象提供了以下两种写入方法。

- write()：将字符串写入文件中，返回的是写入的字符串长度。
- writelines()：将一个字符串列表写入文件。如果需要换行，则要显示加入每行的换行符。

下面给出一个写入多行文本的简单例子。

```
li=["ABC\n", "DEF\n", "123\n"]
with open("test_write.txt") as file:
  file.writelines(li)
```

3.1.3 编码和解码

我们在编写 Python 脚本时,可能会遇到中文乱码的问题,这涉及 Python 的解码和编码。编码将可读的字符转换为机器可识别的二进制字节码,而解码正好相反,将机器可识别的字节码转换成可读的字符。

1. 编码标准

目前常用的编码标准有 ASCII、UTF-8 和 GBK。ASCII 是最简单的西文编码标准之一,GBK 是常用的中文编码标准,而 UFT-8 则是通用的编码标准。

Unicode 是为解决不同的语言有各自编码格式的问题而推出的,它将所有语言统一到一套编码格式中。Unicode 常用两个字节表示一个字符,如果用到非常偏僻的字符,就需要 4 个字节。而 ASCII 常用一个字节表示一个字符,如果改成 Unicode 编码,就会比 ASCII 编码约多一倍的存储空间。为此,Unicode 编码又演化出"可变长编码"的 UTF-8 编码。UTF-8 编码将一个 Unicode 字符根据不同的数字编码成 1~6 个字节,常用的英文字母被编码成 1 个字节,汉字通常被编码成 3 个字节,只有很生僻的字符才会被编码成 4~6 个字节。

> 提示 我们必须坚定历史自信、文化自信。我国逐步推出的字符编码国家标准为中文信息化提供了坚实的基础,充分体现了中国智慧、民族团结和文化自信。GB2312 是对 ASCII 编码的中文扩充改造,能够表示近 7000 个常用简体汉字。GBK 在 GB2312 的基础上,增加了近两万个汉字(包括繁体字)和符号,已能满足绝大多数场合的汉字需求。考虑到我国多民族的特点,为兼顾各民族的语言系统,GB18030 又在 GBK 的基础上进行扩充,增加了数千个少数民族文字,从而实现了中文字符编码的全覆盖。

2. Python 脚本文件的编码格式

Python 2 中编码默认使用的是 ASCII,因此脚本中的第一行代码应为 "# *-* coding:utf8 *-*" 或 "# coding=utf8",让 Python 解释器以 UTF-8 编码进行处理,否则无法处理中文。

而 Python 3 中编码默认使用的是 UTF-8。Linux 系统中文件的默认编码标准是 UTF-8,中文处理不会存在问题。而 Windows 操作系统中文版的默认编码标准是 GBK,如果 Python 脚本文件以 GBK 格式保存,Python 3 解释器执行该程序文件时试图使用 UTF-8 进行解码操作,则会出现解码失败的问题,尽管 GBK 可以包含中文。当然,像 Python 2 那样将脚本第一行代码设置为 "# *-* coding:utf8 *-*" 或 "# coding=utf8" 即可解决这个问题。

无论在 Linux 系统还是 Windows 系统中,使用 PyCharm 创建脚本文件时,默认采用 UTF-8 格式编码。

3. 读写文本文件的编码格式

使用 open()函数打开文本文件时,如果没有使用 encoding 参数显式声明编码格式,Python 会选取脚本运行的计算机操作系统的默认编码作为其编码格式。

在 Linux 系统中使用 Python 打开文本文件时,默认编码是 UTF-8。要打开非 UTF-8 编码格式的文件时,应设置 encoding 参数。例如,以下语句用于打开 GBK 格式文件。

```
file = open('文本文件', 'r', encoding='gbk')
```

在 Windows 系统中文版中使用 Python 打开文本文件时,默认编码是 GBK。要打开非 GBK 编码格式的文件时,应设置 encoding 参数。例如,以下语句用于打开 UTF-8 格式文件。

```
file = open('文本文件', 'r', encoding='utf-8')
```

4. 字符串编码转换

在 Python 中,字符串是以 Unicode 编码的,支持多语言。要将字符串在网络上传输,或者保存到磁盘上,就需要将以 Unicode 编码的字符串转换为二进制字节码,这个过程就是编码,可以使用字符串对象的 encode()方法实现，其基本用法如下。

```
encode(encoding='UTF-8',errors='strict')
```

encoding 参数指定编码格式，出错时默认触发 ValueError 异常，除非将 errors 参数设置为"ignore"或者"replace"。

反过来，将读取的二进制字节码转换为字符串的过程就是解码，可以使用字节码对象的 decode()方法实现，其基本用法如下。

```
bytes.decode(encoding='utf-8', errors='strict')
```

下面给出字符串编码和解码的例子。

```
>>> str = '系统自动化运维'
>>> code1 = str.encode('utf-8')
>>> print(code1)
b'\xe7\xb3\xbb\xe7\xbb\x9f\xe8\x87\xaa\xe5\x8a\xa8\xe5\x8c\x96\xe8\xbf\x90\
                                                         xe7\xbb\xb4'
>>> code2 = str.encode('gbk')
>>> print(code2)
b'\xcf\xb5\xcd\xb3\xd7\xd4\xb6\xaf\xbb\xaf\xd4\xcb\xce\xac'
>>> str1 = code1.decode('utf-8')
>>> print(str1)
系统自动化运维
>>> str2 = code2.decode('gbk')
>>> print(str2)
系统自动化运维
```

3.1.4　正则表达式

正则表达式（Regular Expression，RE）主要用于检查一个字符串是否符合指定的规则，或者将字符串中符合规则的内容提取出来。编写程序时通常需要处理一些文本，比如要查找符合某些规则比较复杂的字符串，单纯依靠程序语言本身，往往要编写复杂的代码来实现。但是，改用正则表达式，则能够以非常简短的代码来实现。例如，限制由 26 个大写英文字母组成的字符串可以使用正则表达式"^[A-Z]+$"实现。Python 内置的字符串函数具有较强的文本处理能力，再结合正则表达式，可以降低文本处理难度。

1. 正则表达式的构成

一个正则表达式是由一系列字符组成的字符串，其中包括普通字符和元字符。普通字符只表示它们的字面含义，不会对其他字符产生影响。元字符是正则表达式中具有特殊意义的字符，其作用是使正则表达式具有处理能力。一个正则表达式可能包括多个普通字符或元字符，从而形成普通字符集和元字符集。最简单的正则表达式可以不包含任何元字符。

正则表达式主要分为 3 种类型，分别是基本正则表达式（Basic Regular Expression，BRE）、扩展正则表达式（Extended Regular Expression，ERE）和 Perl 正则表达式（Perl Regular Expression，PRE）。扩展正则表达式比基本正则表达式支持更多的元字符，Perl 正则表达式的元字符与扩展正则表达式的元字符大致相同，只增加了少量元字符。常用的元字符如表 3-1 所示。

表 3-1　常用的正则表达式元字符

元字符	说明
^	匹配行首，例如^Python 匹配以 Python 字符串开头的行
$	匹配行尾，例如 Python$匹配以 Python 字符串结尾的行

续表

元字符	说明
^$	匹配空行
*	匹配前面的字符 0 次或多次，例如 133*匹配 113、1133、11131456
.	匹配除换行符（\n）之外的任意单个字符（包括空格），例如 13.匹配 1133、11333，但不匹配 13
+	匹配前面的字符 1 次或多次，作用与*的相似，但它不匹配 0 个字符的情况
?	限定前面的字符最多出现 1 次，即前面的字符可以重复 0 次或者 1 次
\	匹配转义后的字符，用于指定{ }、[ ]、/、\、+、*、.、$、^、|、?等特殊字符
[ ]	匹配字符集合中所包含的任意一个字符。例如[0-9]匹配 0~9 的任意一个数字字符（要写成递增形式）；[A-Za-z]匹配大写字母或者小写字母中的任意一个字符（要写成递增形式）；[abc]匹配 a、b、c 中的任意一个字符；[^abc]不匹配 a、b、c 中的任何一个字符
|	表示多个正则表达式之间"或"的关系，例如 www|ftp 匹配 www 或 ftp
( )	表示一组可选值的集合。|和()经常在一起使用，表示一组可选值。例如，(ssh|at)d 匹配 sshd 或 atd
{n}	n 是一个非负整数，匹配确定的 n 次。例如 e{2}匹配 tee
{n,}	n 是一个非负整数，至少匹配 n 次。例如 10{2,}匹配 100、9000
{n,m}	匹配前一个字符出现 n~m 次。例如[0-9]{0,9}匹配长度为 0~9 的数字字符串
\b	匹配一个单词边界，也就是指单词和空格间的位置。例如\bfoo\b 匹配 foo、foo.、(foo)'、bar foo baz，但不匹配 foobar 或 foo3
\B	匹配非单词边界。例如 py\B 匹配 python、py3，但不匹配 py、py.或 py!
\cx	匹配控制字符，x 必须为英文字母。例如\cM 匹配 Control-M 或回车符
\d	匹配 0~9 的任意一个数字字符，等同于[0-9]
\D	匹配一个非数字字符，等同于[^0-9]
\f	匹配一个换页符，等同于\x0c 或\cL
\n	匹配一个换行符，等同于\x0a 或\cJ
\r	匹配一个回车符，等同于\x0d 或\cM
\s	匹配任意空白字符，包括空格、制表符、换页符等，等同于[\f\n\r\t\v]
\S	匹配任意非空白字符，等同于[^\f\n\r\t\v]
\t	匹配一个制表符，等效于\x09 或\c1
\v	匹配一个垂直制表符，等效于\x0b 或\cK
\w	匹配字母、数字、下画线，等同于[A-Za-z0-9_]
\W	匹配非字母、数字、下画线，等同于 [^A-Za-z0-9_]
\xn	匹配十六进制转义值。例如\x41 匹配字母 A
\num	对所获取的匹配的引用，num 为匹配结果的序号。例如(.)\1 匹配两个连续的相同字符

正则表达式定义的规则，称作模式（Pattern），用于从文本中查找符合模式的文本。

正则表达式中的元字符用到反斜线时，在 Python 中最好使用原始字符串来表示它们，例如 r'\t'
等价于\\t。

2. 使用内置的 re 模块处理正则表达式

Python 提供内置的 re 模块来处理正则表达式，它支持 Perl 正则表达式模式。下面分类介绍该模块的常用方法。

（1）匹配方法

最简单的匹配方法之一是 findall()方法，其用法如下。

```
re.findall(pattern, string, flags=0)
```

pattern 参数指定匹配的正则表达式；string 参数指定要匹配的字符串；flags 参数是标志位，

用于控制正则表达式的匹配方式，如不区分大小写（值为 re.I）、多行匹配（值为 re.M）等。该方法返回与模式匹配的所有字符串，结果为列表形式（没有匹配的字符串则返回空列表）。下面给出一个例子。

```
>>> import re                    # 使用 re 模块时需要先导入它
>>> print(re.findall('man','man:x:6:12:man:/var/cache/man:/usr/sbin/nologin'))
['man', 'man', 'man']  # 结果为列表
```

另一个匹配方法是 match()，其参数与 findall()方法的相同。该方法尝试从字符串的起始位置匹配模式，若匹配成功则返回 Match 类型的对象，该对象包括匹配的起止位置和匹配的字符串，我们可以使用 group(num)或 groups()方法从该对象中获取匹配的字符串。如果不是起始位置匹配，则返回 None。

```
>>> print(re.match('\d+', '163.com'))
<re.Match object; span=(0, 3), match='163'>  # 返回 Match 类型的对象
>>> print(re.match('\d+', '163.com').group())
163                                          # 使用 group()方法获取匹配的字符串
>>> print(re.match('com', 'www.baidu.com'))
None                                         # 不是起始位置匹配
```

search()方法与 match()方法用法基本相同，不同的是 search()方法可在任意位置匹配，匹配成功返回与模式匹配的第一个结果，结果也是 Match 类型的对象。

（2）替换方法

sub()方法与字符串函数 replace()功能类似，用于替换字符串中的匹配项，其用法如下。

```
re.sub(pattern, repl, string, count=0, flags=0)
```

repl 参数指定替换的字符串，也可以是一个函数；count 参数指定模式匹配后替换的最大次数，默认值 0 表示替换所有的匹配项。下面给出一个转换日期格式的例子。

```
>>> date_str="Start 05/09/2022  End 06/26/2022"
>>> re.sub(r"(\d+)/(\d+)/(\d+)",r"\3-\1-\2",date_str)
'Start 2022-05-09  End 2022-06-26'
```

（3）分割方法

split()方法与字符串函数 split()功能类似，按照匹配的子串将字符串分割后返回一个列表，其用法如下。

```
re.split(pattern, string[, maxsplit=0, flags=0])
```

maxsplit 参数指定分割次数，默认值 0 表示不限制次数。该方法特别适用于字符串包含多个不同分隔符的情形，代码如下。

```
>>> str = "Python/is\an easy;; to[ learn, powerful ]programming language"
>>> re.split(r"\W+", str)    # \W+表示匹配一个或多个非字母
['Python', 'is', 'n', 'easy', 'to', 'learn', 'powerful', 'programming', 'language']
```

（4）编译正则表达式的方法

re 模块还提供 compile()方法来编译正则表达式，生成一个正则表达式对象，供 findall()、match()、search()等方法使用。这样，我们就可以实现"一处编译，多处使用"，编译的正则表达式比非编译的正则表达式执行速度快，适合大量文本的处理。下面给出一个使用编译的正则表达式提取 IP 地址的例子。

```
>>> re_obj=re.compile('[0-9]{1,3}\.[0-9]{1,3}\.[0-9]{1,3}\.[0-9]{1,3}')
>>> re_obj.search('inet 192.168.10.20/24 brd 192.168.10.255 scope global
                                        noprefixroute ens33').group()
'192.168.10.20'
```

任务实现

任务 3.1.1 统计用户账户

下面编写 Python 程序（文件命名为 user_sum.py），读取/etc/passwd 文件的内容，统计当前系统下的系统用户数和普通用户数，并给出普通用户列表，程序如下。

```python
with open("/etc/passwd", mode="r") as f:   # 打开/etc/passwd 文件
    counts = {"system":0,"regular":0}       # 计数用字典
    regulars = []                           # 普通用户列表
    for item in f:
        li = item.strip().split(":")        # 将读取的每行数据去除换行符再分割为列表
        user = dict(                        # 使用字典保存用户账户的主要信息
            name = li[0],
            uid = li[2],
            gid = li[3],
            home = li[5],
            shell = li[6]
        )
        uid = int(user["uid"])
        # 通过 UID 判断系统用户和普通用户
        if uid in range(1000) or uid == 65534:
            counts["system"] += 1
        elif uid >= 1000:
            counts["regular"] += 1
            regulars.append(user)
print("系统用户数: ",counts["system"])
print("普通用户数: ",counts["regular"])
print("普通用户列表")
print("-"*80)
# 格式化输出用户列表
print(format("用户名", "<20"), format("UID", "^6"), format("GID", "^6"),
    format("主目录", "<20"), format("Shell", "<30"))
for user in regulars:
    print(format(user["name"], "<20"), format(user["uid"], ">6"),
        format(user["gid"], ">6"),format(user["home"], "<20"),
        format(user["shell"], "<30"))
```

运行该程序，笔者的计算机系统环境中的测试结果如图 3-1 所示。

```
系统用户数:  45
普通用户数:  2
普通用户列表
--------------------------------------------------------------------
用户名                    UID    GID   主目录                    Shell
gly                     1000   1000  /home/gly               /bin/bash
tester01                1001   1002  /home/tester01          /bin/sh
```

图 3-1 Python 程序统计的用户信息

任务 3.1.2　查看配置文件并去除注释和空行

Linux 系统的配置文件中往往包括许多注释和空行，我们在阅读时可以去除它们，以便快速查看主要的配置内容。下面编写 Python 程序（文件命名为 conf_view.py），通过正则表达式处理读取的内容，程序如下。

```python
# 通过脚本参数提供要查看的文件，可一次性查看多个文件
import sys
import os
import re
# 编译正则表达式生成一个正则表达式对象，其模式为匹配以"#"或";"开头的注释，或者空行
re_obj = re.compile('^#|^;|^$')
arg = sys.argv                      # 获取 Python 脚本参数
if len(arg) > 1:
    del(arg[0])                     # 删除第一个参数，即脚本文件本身
else:
    print("请通过参数提供文件！")
    exit()
for file_path in arg:
    if os.path.isfile(file_path):            # 判断由参数提供的文件是否存在
        with open(file_path, mode="r") as f:  # 打开配置文件
            print(file_path,"文件内容: ")
            print("-" * 60)
            for line in f.readlines():
                if len(re.findall(re_obj, line))>0: # 匹配的注释或空行不显示
                    continue
                else:
                    print(line.strip())
                    print("-"*60)
    else:
        print(file_path, "文件不存在！")
```

运行该程序时需要提供参数来指定要查看的文件的路径。在 PyCharm 环境中可以通过编辑运行配置提供参数，例如，右击该脚本文件，选择"Modify Run Configuration"命令，弹出图 3-2 所示的对话框，在"Parameters"文本框中设置参数。设置完毕，运行该程序，即可查看相应配置文件的主要内容。

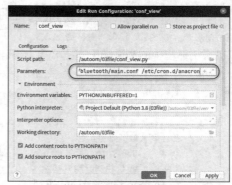

图 3-2　编辑运行配置

也可以在使用 python 命令执行脚本时提供参数，例如：

```
python conf_view.py /etc/bluetooth/main.conf /etc/cron.d/anacron
```

任务 3.2 操作配置文件

任务要求

Linux系统的许多系统功能配置和应用部署都依赖配置文件，运维工程师有必要掌握操作（读取、写入和修改）常用格式的配置文件的方法，能够编写相应的Python实现程序。本任务的基本要求如下。

（1）了解INI文件格式并掌握操作INI文件的编程方法。

（2）了解XML文件格式并掌握操作XML文件的编程方法。

（3）了解JSON文件格式并掌握操作JSON文件的编程方法。

（4）了解YAML文件格式并掌握操作YAML文件的编程方法。

相关知识

3.2.1 INI 文件及其 Python 操作方法

INI 是经典的配置文件格式，这类文件并不总是使用.ini 扩展名，如 MySQL 服务器的配置文件 /etc/my.cnf、pip 工具的配置文件 ~/.pip/pip.conf。

1. INI 文件格式

这里编写一个 INI 文件（命名为 example1.ini）来介绍 INI 格式。

```
[Global]
id=canonical
version=1.0
about=Mozilla Firefox for Ubuntu
[Preferences]
app.distributor="canonical"
app.distributor.channel="ubuntu"
app.partner.ubuntu="ubuntu"
mozilla.partner.id="ubuntu"
```

一个 INI 文件由若干个节（Section，也称分组）组成，节名位于方括号"[ ]"中，节不能重复。节中包括若干由键值对定义的选项，格式为"选项 = 值"。INI 文件中可以添加以"#"或";"开头的注释。

2. configparser 模块

Python 内置的 configparser 模块用于解析和处理 INI 文件。使用该模块需要创建一个 ConfigParser 对象，具体方法如下。

```
import configparser
config = configparser.ConfigParser()
```

操作 INI 文件之前需要读取它。

```
config.read("INI 文件")
```

使用 sections()方法可以获取所有的节。

使用 options("节")方法可以获取指定节下所有的选项。

ConfigParser 对象相当于一个字典。要获取某键的值，需要指定其所属节。config["节"]返回的是节对象，config["节"]["选项"]返回指定选项的值。默认返回的选项值是字符串，可以将获取的值转换为其他数据类型。

使用 items("节")方法获取指定节的所有选项，结果为包含若干元组（每个元组包括选项和值两个元素）的序列，如[('id', 'canonical'), ('version', '1.0')]。

要修改某个选项的值，只需为指定的选项重新赋值，如果该选项不存在，则会自动创建。

使用 remove_section("节")方法可以删除指定的节，使用 remove_section("节","选项")方法可以删除指定的选项。

可以将添加和修改的选项写回 INI 文件中，例如：

```
with open('INI 文件', 'w') as configfile:
  config.write(configfile)
```

3.2.2　XML 文件及其 Python 解析方法

可扩展标记语言（Extensible Markup Language，XML）是一种用于标记文件使其具有结构性的标记语言。XML 数据以纯文本格式存储，适用于不同系统之间交换数据和共享数据。一些系统或程序也使用 XML 格式的配置文件。XML 的文件结构嵌套可以复杂到任意程度，能够表示面向对象的等级层次。Python 对 XML 文件提供了多种解析方法。

1. XML 文件格式

XML 文件格式是纯文本格式，在许多方面类似 HTML 文件格式。这里编写一个 XML 文件（命名为 example1.xml）来介绍 XML 格式，其中第一句是 XML 声明。

```
<?xml version="1.0" encoding="UTF-8"?>
<!--这一个测试文件 -->
<configuration purpose="test">
    <type>Storage</type>
    <ver>1.0</ver>
    <mem>16G</mem>
    <disk>
        <hd no="01">
            <type>ssd</type>
            <capacity>1000M</capacity>
        </hd>
        <hd no="02">
            <type>hhd</type>
            <capacity>2000M</capacity>
        </hd>
    </disk>
</configuration>
```

XML 具有树状结构，基本单元是节点，每个元素就是一个节点。每个 XML 元素包括一个开始标记、一个结束标记以及两个标记之间的内容，标记相当于元素名称。XML 严格区分大小写，前后标记的大小写必须一致。所有的标记必须有相应的结束标记。元素之间可以有父子关系，每个元素最多有一个父元素，而同级元素和子元素可以有多个。每个 XML 文件有且只有一个根元素，其他元素都是根元素的子元素。

每个元素都可以有若干个属性，所有的属性值必须加引号（建议使用双引号）。

每个元素都可以有一个文件内容，它也是一个节点。

XML 的解析方式有以下两种。

- 通过文档模型解析，也就是通过父元素的标记索引出一组标记，这需要在预先知道文档结构的情况下使用，无法进行通用的封装。
- 遍历节点，包括遍历文档和子节点。这可以通过递归来实现，不过解析出来的数据可能并不能完全满足预先的要求。

2. Python 的 XML 解析方法

Python 支持 3 种 XML 解析方法，分别是 SAX（Simple API for XML）、DOM（Document Object Model）和 ElementTree。这里介绍其中比较通用的 DOM 方法。将整个 XML 文件视为一棵节点树，Python 内置的 minidom 模块提供 DOM 解析器，该模块会一次性读取整个 XML 文件，在内存中将其解析成"一棵树"，通过对"树"的操作来操作 XML 文件内容。

使用 minidom 模块需要创建一个 Document 对象，这是 XML 树结构中所有节点的容器，也称作文档根（不同于根元素）。以下代码用于创建一个空的 Document 对象。

```
from xml.dom import minidom
doc = minidom.Document()
```

创建的根元素也可以使用 appendChild()方法添加到树结构中，执行以下代码创建根元素。

```
root = doc.createElement("根元素")
doc.appendChild(root)
```

执行以下代码创建普通元素，普通元素由其父元素调用 appendChild()方法创建。

```
element = doc.createElement("普通元素")
root.appendChild(element)
```

元素的属性值必须是字符串，设置属性的代码如下。

```
element.setAttribute("属性","值")
```

元素的文件内容也是一个节点，设置元素内容的代码如下。

```
node = doc.createTextNode("内容")
element.appendChild(node)
```

可以读取现有 XML 文件创建 Document 对象，该对象包括现有的 XML 节点树。

```
doc = minidom.parse("XML 文件")
```

使用 doc.documentElement 属性获取文档根元素，该属性等同于 doc.firstChild。

一个节点下有若干子节点，使用 node.childNodes 属性获取该节点的子节点列表；使用 node.childNodes[index].nodeValue 属性获取指定子节点（按序号）的值；使用 node.firstChild 属性获取第 1 个节点，该属性等同于 node.childNodes[0]；使用 node.getElementsByTagName ("元素名")属性获取该节点下含有指定元素名的对象集合；使用 node.getAttribute("属性名")属性获取该节点的指定属性的值。

要删除某节点或元素，只需执行 remove()方法。

内存中操作的 XML 节点树，可以使用以下函数写回 XML 文件中。

```
doc.writexml(writer, indent, addindent, newl, encoding)
```

其中，writer 参数表示要写入的文件对象，indent 参数指定每个标记前填充的字符，addindent 参数指定每个子节点的缩进字符，newl 参数表示每个标记后面后填充的字符，encoding 参数表示生成的 XML 声明中的 encoding 属性值。

3.2.3 JSON 文件及其 Python 操作方法

JSON（JavaScript Object Notation，Java 对象表示法）是一种轻量级的数据交换格式。它基于 ECMAScript 的一个子集，采用完全独立于编程语言的文本格式来存储和表示数据。简洁和清晰的层次结构使得 JSON 成为理想的数据交换语言。JSON 格式便于阅读和编写，也便于机器解析和生成，并能有效提升网络传输效率。JSON 简单的语法格式和清晰的层次结构使其明显比 XML 容易阅读，并且可以节约传输数据所占用的带宽。

1. JSON 格式

这里编写一个 JSON 文件（命名为 example1.json）来介绍 JSON 格式。

```
{
  "registry-mirrors": [
   "https://registry.docker-cn.com",
   "https://i4gs4xxq.mirror.aliyuncs.com"
  ],
  "insecure-registries": [
   "172.18.18.34:5000"
  ],
  "max-concurrent-downloads": 10,
  "log-opts": {
   "cache-disabled": false,
   "cache-compress": true,
   "max-file": 5,
   "max-size": "10m"
  }
}
```

几乎任何数据类型都可以通过 JSON 来表示，例如字符串、数字、对象、数组等。其中，对象和数组是比较特殊且常用的两种类型。

对象表示为键值对，这是 JSON 常用的格式之一。JSON 对象位于花括号（{}）中。键值对组合中的键与值使用冒号（:）分隔，键名是字符串（必须加双引号）；值可以使用合法的 JSON 数据类型，如字符串、数字、对象等，如果是字符串类型则必须加双引号。各数据项由逗号分隔。

JSON 数组位于方括号（[]）中。数组的元素必须使用合法的 JSON 数据类型，如字符串。

数组中可以包括对象，对象中可以包括数组。

注意 JSON 本身不支持注释。

2. json 模块

JSON 格式特别适合 Python 处理，JSON 对象对应于 Python 的字典，JSON 数组对应于 Python 的列表。Python 内置的 json 模块用作 JSON 编码器和解码器，主要包括以下 4 个函数。

- dumps()：对数据进行 JSON 编码，将 Python 中的数据转换为 JSON 字符串，例如将字典转换为以字符串表示的 JSON 对象。
- loads()：对数据进行 JSON 解码，将 JSON 字符串转换为 Python 中的数据，例如将以字符串表示的 JSON 对象转换为字典。
- dump()：将 Python 中的数据序列化，主要用于将 Python 的字典写入 JSON 文件。
- load()：将 JSON 字符串反序列化为 Python 对象，主要用于从 JSON 文件中读取数据。

> 提示 在数据转换时，JSON 的 true、false、null 分别对应于 Python 的 True、False 和 None。

3.2.4 YAML 文件及其 Python 操作方法

YAML 是一种数据序列化格式，易于阅读和使用，尤其适用于提供数据。YAML 文件也可用作配置文件，如 Docker 容器编排的 Compose 文件、Ubuntu 服务器的网络配置文件。

1. YAML 文件格式

YAML 文件通常使用.yml 或.yaml 扩展名。这里编写一个 YAML 文件（命名为 example1.yaml）来介绍 YAML 格式。

```
network:
  #  网络配置
  version: 2
  renderer: networkd
  ethernets:
   enp3s0:
    addresses:
     - 10.10.10.2/24
    nameservers:
     search: [mydomain, otherdomain]
     addresses: [10.10.10.1, 1.1.1.1]
    routes:
     - to: default
       via: 10.10.10.1
```

YAML 文件中的大多数内容都是以键值对的形式表示，其中键表示名称，而值表示该名称的数据。键值对是 YAML 构造的基础。

YAML 使用缩进表示层级关系，缩进只能使用空格，不能使用制表符，不要求空格个数，但相同层级应当左对齐（一般使用 2 个或 4 个空格）。每个冒号、逗号与它们后面所接的参数之间都需要有一个空格。YAML 严格区分大小写，字符串可以不用引号标注。YAML 支持行注释（#）。

YAML 表示的数据可分为以下 3 种类型。

（1）标量（Scalar）。标量相当于常量，表示 YAML 中数据的最小单位，不可再分割，YAML 支持整数、浮点数、字符串、NULL、日期、布尔值和时间等多种标量类型。

（2）序列（Sequence）。序列就是列表，相当于数组，使用一个短横线加一个空格表示一个序列项。序列支持流式语法，与 Python 的列表类似，如[10.10.10.1, 1.1.1.1]。

（3）映射（Map）。映射相当于 JSON 对象，也使用键值对表示，只是冒号后面一定要加一个空格，同一缩进层次的所有键值对属于一个映射。映射支持流式语法表示，与 Python 的字典类似，比如{ RACK_ENV: development, SHOW: 'true' }。

YAML 中的数据结构可以相互嵌套，即用缩进格式表示层级关系，嵌套方式有多种。映射可以嵌套其他映射，映射可以嵌套序列，序列可以嵌套其他序列。

> **提 示** **YAML 文件可以由若干个文档组成，并用"---"分隔。每个文档也可以使用"..."作为结束符，这是可选的。如果只有单个文档，分隔符"---"可省略。**

2. PyYAML 库

与 JSON 格式一样，YAML 格式也特别适合 Python 处理，YAML 映射对应于 Python 的字典，YAML 序列对应于 Python 的列表。Python 可以使用第三方库 PyYAML 操作 YAML 文件，使用该库之前执行以下命令进行安装。

```
pip install pyyaml
```

PyYAML 库的用法与 Python 内置的 json 模块的类似。

PyYAML 库允许构建任意类型的Python对象，使用load()函数可以将YAML 文件转换为Python对象，多数情况下转换为字典或列表，非常方便解析。load()函数可用于从 YAML 文件中读取数据，但是用它加载一个不可信任的文件并不安全，因此一般使用 safe_load()函数来代替 load()函数。

可以使用 dump()函数将 Python 对象导出为一个 YAML 文件。该函数通过可选的第 2 个参数来指定要写入的文件，该文件必须是打开的文本文件或二进制文件。如果不指定第 2 个参数，dump()函数将直接返回产生的文档内容。

PyYAML 库支持多文档的 YMAL 文件操作，可使用 load_all()函数生成一个迭代器来解析全部的文档，load_all()函数基本用法如下。

```
for data in yaml.load_all(YAML 文档):
    处理 data 表示的各子文档
```

为安全起见，读取 YAML 文件时建议使用 safe_load_all()函数代替 load_all()函数。

dump_all()函数用于将多个文档输出到一个 YAML 文件中。

任务实现

任务 3.2.1　编程操作 INI 文件

了解 INI 文件格式和 configparser 模块的用法之后，就可以编写 Python 程序来操作 INI 文件。

1. 读取 INI 文件

准备一个 INI 文件（example1.ini），编写一个 Python 程序（文件命名为 ini_read.py），使用 configparser 模块读取该文件，并进行解析，包括读取所有选项值和读取个别指定选项值，完整的程序如下。

```
import configparser
config = configparser.ConfigParser()  # 实例化 ConfigParser 类
config.read("example1.ini")  # 读取配置文件
print("读取所有选项值: ")              # 遍历整个字典
for section in config.sections():  # 首先读取节
    print(f"节: [{section}]")
    for key in config[section]:  # 读取每个节的选项和值
        print(f"选项: {key}, 值: {config[section][key]}")  # 输出选项和值
print("读取个别选项值: ")              # 从字典中读取指定元素
print(f"版本: {config['Global']['version']}")
print(f"发行商: {config['Preferences']['app.distributor']}")
```

2. 修改 INI 文件

使用 configparser 模块实例化 ConfigParser 类，可以将该对象视为一个字典，这样就可以灵活地操作 INI 文件中的节、选项及其值。编写一个程序（命名为 ini_chg.py），将定义的节、选项及其值（操作时位于内存中）写入 INI 文件，具体程序如下。

```
import configparser
config = configparser.ConfigParser()  # 实例化 ConfigParser 类
config["Default"] = {                    # 以字典形式提供一组选项和值
    "OS": "Ubuntu",
    "purpose": "develop",
}
config["res"] = {
    "cpu": "3.2GHz",
    "mem": "16G",
    "disk": "2500G",
```

```
}
config["Net"] = {"Servername": "srv001"}  # 设置个别选项值
config["Net"]["ip"] = "192.168.10.11"
config["Net"]["firewall"] = "no"
with open("example2.ini", "w") as configfile: #将选项和值写入 INI 文件
    config.write(configfile)
with open("example2.ini", "r") as f: # 读取 INI 文件, 验证写入操作是否正确
    print(f.read())
```

查看验证结果就可以发现: 节名区分大小写; 选项名不区分大小写, 写入 INI 文件中会统一转换为小写; 选项值都是字符串, 解析后可转换为其他数据类型。

任务 3.2.2　使用 DOM 方法读写 XML 文件

了解 XML 格式和 minidom 模块的用法之后, 就可以编写 Python 程序来操作 XML 文件。

1. 读取 XML 文件

准备一个 XML 文件 (example1.xml), 编写一个 Python 程序 (文件命名为 xml_read.py), 使用 minidom 模块读取整个 XML 节点树, 并进行解析, 完整的程序如下。

```
from xml.dom import minidom
doc = minidom.parse("example1.xml")               # 读取 XML 文件获取 Document 对象
root = doc.documentElement                        # 获取 DOM 根节点
print("            配置清单")
print("用途:", root.getAttribute("purpose"))      # 获取根节点的属性值
type = root.getElementsByTagName("type")[0]       # 获取根节点下面第 1 个 type 节点
print("类别: ", type.firstChild.data)             # 获取 type 节点的文件内容
ver = root.getElementsByTagName("ver")[0]
print("版本: ", ver.childNodes[0].nodeValue)
mems = root.getElementsByTagName("mem")
print("内存: ", mems[0].childNodes[0].data)
disks = root.getElementsByTagName("disk")         # 获取根节点 disk 的节点集合
hds = disks[0].getElementsByTagName("hd")         # 获取 disk 节点下的 hd 子节点集合
print("硬盘数量: ", len(hds))
for hd in hds:                                    # 遍历 hd 子节点集合
  no = hd.getAttribute("no")                      # 获取 hd 子节点的 no 属性值
  type = hd.getElementsByTagName("type")[0]       # 获取 hd 子节点的 type 节点
  cp = hd.getElementsByTagName("capacity")[0] # 获取 hd 子节点的 capacity 节点
  print("  编号:%s, 类型:%s, 容量:%s" %
      (no, type.firstChild.data, cp.firstChild.data))
```

注意, getElementsByTagName()函数获取的是一个子节点对象集合, 即使只有一个子节点。

2. 修改 XML 文件

编写一个程序 (文件命名为 xml_chg.py), 使用 minidom 模块对 example1.xml 文件进行修改, 涉及在根节点下添加普通子节点和在子节点下再添加子节点的操作, 将修改的结果写入 example2.xml 文件, 完整的程序如下。

```
from xml.dom import minidom
doc = minidom.parse("example1.xml")  # 读取 XML 文件生成 DOM 树
root = doc.documentElement  # 获取根节点
ver = root.getElementsByTagName("ver")[0]  # 获取第 1 个 ver 节点对象
ver.childNodes[0].nodeValue = 2.0  # 获取第 1 个 ver 节点的内容
cd = doc.createElement("cd")  # 创建名称为 cd 的普通节点
cd.appendChild(doc.createTextNode("dvd"))  # 给 cd 节点添加内容
mem = root.getElementsByTagName("mem")[0]
root.insertBefore(cd, mem)  # 将新增的 cd 节点插到 mem 节点之前
# 在 disk 节点下添加一个 hd 子节点
disk = root.getElementsByTagName("disk")[0]
hd = doc.createElement("hd")
hd.setAttribute("no", "004")
type = doc.createElement("type")
type.appendChild(doc.createTextNode("ssd"))
cp = doc.createElement('capacity')
cp.appendChild(doc.createTextNode("500M"))
hd.appendChild(type)
hd.appendChild(cp)
disk.appendChild(hd)
# 使用 writexml()方法将修改后的 DOM 树写入文件
with open('example2.xml', 'w', encoding='utf-8') as f:
    doc.writexml(f, addindent='', encoding='utf-8')
```

注意只有 Document 对象才能创建节点和文件内容。

任务 3.2.3　编程操作 JSON 文件

了解 JSON 文件格式和 json 模块的用法之后，就可以编写 Python 程序来操作 JSON 文件。

1. 读取 JSON 文件并进行解析

准备一个 JSON 文件（example1.json），编写一个 Python 程序（文件命名为 json_read.py），使用 json 模块读取该文件并解析其中的数据，完整的程序如下。

```
import json
with open("example1.json", 'r', encoding='utf-8') as f:
    dic = json.load(f)                          # 将从 JSON 文件中读取的数据传给字典变量
mirror = dic['registry-mirrors']                # 从字典中解析数据
print("镜像加速地址:", ";".join(str(i) for i in mirror))  # 解析 JSON 数组
print("私有注册中心的地址:", ";".join(str(i) for i in dic['insecure-registries']))
print("下载最大并发数:", dic['max-concurrent-downloads'])
subdic = dic['log-opts']                        # 使用字典嵌套解析 JSON 对象嵌套
print("日志选项:")
print("    禁用缓存:", "是" if subdic['cache-disabled'] else "否")
print("    压缩缓存:", "是" if subdic['cache-compress'] else "否")
print("    文件最大数:", subdic['max-file'])
print("    文件最大容量:", subdic['max-size'])
```

上述程序中 JSON 数据是 Docker 配置文件的内容，只有预先知道 JSON 结构的情况下才能顺利解析。JSON 数据的值可以是布尔值。

2. 修改 JSON 文件

编写一个 Python 程序（文件命名为 json_chg.py），使用 json 模块对 example1.json 文件进行修改，涉及列表项的添加、键值直接修改和嵌套对象的修改，将修改的结果写入 example2.json 文件，完整的程序如下。

```
import json
with open("example1.json", 'r', encoding='utf-8') as f:
    dic = json.load(f)                    # 将从 JSON 文件中读取的数据传给字典变量
reg = dic['insecure-registries']          # 解析 insecure-registries 的值得到一个列表
reg.append("192.168.10.12:5000")          # 向该列表中添加数据
dic['insecure-registries'] = reg          # 修改 insecure-registries 的值
dic['max-concurrent-downloads'] = 15      # 值为数值，可直接修改
log_subdic = dic['log-opts']              # 使用字典嵌套解析 JSON 对象嵌套
log_subdic["cache-max-file"] = 5
log_subdic["cache-max-size"] = "20m"
dic['log-opts'] = log_subdic
with open("example2.json", 'w', encoding='utf-8') as f:
    json.dump(dic, f, indent=4, ensure_ascii=False)    # 写入 JSON 文件
with open("example2.json", "r") as f:# 读取新文件验证上述修改是否正确
    print(f.read())
```

任务 3.2.4　编程操作 YAML 文件

了解 YAML 格式和 PyYAML 库的用法之后，就可以编写 Python 程序操作 YAML 文件。

1. 读取 YAML 文件并进行解析

准备一个 YAML 文件（example1.yaml），编写一个 Python 程序（文件命名为 yaml_read.py），使用 PyYAML 库读取该文件并解析其中的数据，完整的程序如下。

```
import yaml
with open("example1.yaml", "r", encoding="utf-8") as f:
    data = yaml.safe_load(f)  # 获取 YAML 文件数据
network = data['network']  # 解析字典中的 network 键值
print("版本:", network["version"])  # 解析 network 键值中嵌套的字典
print("渲染:", network["renderer"])
print("以太网配置:")
ethernets = network["ethernets"]
for nic_name, nic_conf in ethernets.items():  # 遍历 ethernets 字典
    print("网卡:" + nic_name)
    print("IP 地址:", ";".join(str(ip) for ip in nic_conf["addresses"]))  #列表
    print("名称服务器:")
    print("名称搜索:", ";".join(str(s) for s in nic_conf["nameservers"]["search"]))
    print("IP 地址:", ";".join(str(a) for a in nic_conf["nameservers"]["addresses"]))
    print("路由")
    for route in nic_conf["routes"]:                    # 路由列表
```

```
        print("目的:", route["to"])          # 嵌套字典
        print("经由:", route["via"])
```

与 JSON 数据解析一样，只有预先了解 YAML 结构才能顺利解析。由 YAML 数据转换成的 Python 数据一般是字典或列表，可能涉及多级嵌套，通过读取指定键值或元素，必要时使用遍历方法，即可轻松解析 YAML 文件。

2. 修改 YAML 文件

编写一个程序（文件命名为 yaml_chg.py），使用 PyYAML 库对 example1.yaml 文件进行修改，涉及键值直接修改和嵌套对象的修改，将修改的结果写入 example2.yaml 文件，完整的程序如下。

```python
import yaml
with open("example1.yaml", "r", encoding="utf-8") as f:
    data = yaml.safe_load(f)     # 获取 YAML 文件数据
network = data['network']        # 解析字典中的 network 键值
network["version"] = 3           # 修改 network 字典中的 version 键值
ethernets = network["ethernets"]
# 修改嵌套的字典中的键值，在下面添加两个 IP 地址
ethernets["enp3s0"]["addresses"].extend(("10.10.20.2/24","10.10.30.2/24"))
with open("example2.yaml", "w", encoding="utf-8") as f:
    yaml.dump(data,f)            # 写入 YAML 文件
with open("example2.yaml", "r", encoding="utf-8") as f:
    print(yaml.safe_load(f))    # 读取新文件验证上述修改是否正确
```

任务 3.3 使用模板高效处理文本文件

任务要求

使用模板可以编写出可读性更好、更容易维护的代码。模板的使用并不仅限于Web开发，运维工程师也可以使用模板来管理配置文件等文本文件。Python中广泛使用的模板是Jinja2。本任务的基本要求如下。

（1）了解Jinja2模板及其用法。

（2）学会使用Jinja2模板生成HTML文件。

（3）学会使用Jinja2模板生成XML配置文件。

相关知识

3.3.1 什么是模板

模板是一个包含响应文本的文件，其中特殊的占位变量表示动态变换的部分，其实际的值只有在模板文件被处理时才会确定。使用实际值替换占位变量，再返回最终的响应字符串的过程称为渲染。

模板通常在 Web 开发中使用，以便有效地将业务逻辑和页面逻辑分隔。实际上，模板适用于所有基于文本的格式，如 HTML、XML、CSV 等，其使用范围非常广。在实际应用中，我们使用模板完成烦琐的文本替换工作，例如使用模板来管理配置文件。

Python 标准库提供的 Template 模板仅支持简单的模板功能，可用于简单的字符串替换，无法在该模板中使用控制语句和表达式，因此通常要使用第三方模板。Jinja2 是由 Flask（轻量级 Web

开发框架）作者开发的一个模板，为 Flask 提供模板支持。Jinja2 模板具有灵活、快速、安全等特点，其应用早就不限于 Web 开发了，自动化运维工具 Ansible 就使用 Jinja2 模板来管理配置文件。Jinja2 模板是第三方库，在使用前可执行以下命令进行安装。

```
pip install jinja2
```

3.3.2　Jinja2 模板语法

Jinja2 模板适用于几乎所有基于文本的格式，如 HTML、XML。为了在模板文件中区分一段文本是普通文本还是 Jinja2 模板语法块，Jinja2 模板使用花括号（{}）来界定自己的语法块。要将模板中一行的部分注释掉，可以使用以下方式注释语法。

```
{# 注释内容 #}
```

下面介绍 Jinja2 模板的基本语法。

1. 变量

Jinja2 模板使用{{变量}}占位符表示一个变量，该位置的值将在渲染模板时获取。下面是一个简单的例子。

```
{{hostname}} 主机有{{cpu_count}}个 CPU
```

Jinja2 模板解析所有的 Python 数据类型，包括列表、字典、对象等。

2. 过滤器

过滤器可以看作 Jinja2 模板的内置函数和字符串处理函数，用于对变量进行修改。例如，upper 过滤器用于将字符串变量转换为大写，title 过滤器用于将每个单词的首字母转换为大写，trim 过滤器用于去掉首尾的空格，join 过滤器用于拼接字符串。具体用法是将过滤器与变量用管道操作符"|"连接，下面是一个简单的示例。

```
{{hostname | title }} 主机有{{cpu_count}}个 CPU
```

多个过滤器可以链式调用，即将前一个过滤器的输出作为后一个过滤器的输入。

3. 控制结构

控制结构使用{% 控制语句 %}占位符，分为条件语句和循环语句。

最简单的条件语句之一以{% if %}占位符开始，以{% endif %}占位符结束。复杂的条件语句涉及多个分支，用法如下。

```
{% if 条件表达式 1 %}
    内容 1
{% elif 条件表达式 2 %}
    内容 2
{% else %}
    内容 3
{% endif %}
```

Jinja2 模板的循环语句以{% for %}占位符开始，以{% endfor %}占位符结束。循环语句可用于迭代 Python 的列表、元组和字典。下面给出一个迭代列表的简单例子。

```
<h1>用户</h1>
<ul>
    {% for user in users %}
    <li>{{ user.name }} </li>
    {% endfor %}
<ul>
```

Jinja2 模板为 for 循环提供了一些特殊的内置变量，可以直接引用。例如，loop.index 表示当前循环迭代的次数（从 1 开始计数），loop.revindex 表示距离循环结束的次数（到 1 结束），loop.length 表示迭代列表中的元素总数。

4. 宏的定义和调用

宏与编程语言中的函数类似，用于将行为抽象成可重复调用的代码块。宏的定义语句以{% macro %}占位符开始，以{% endmacro %}占位符结束。下面给出一个声明宏的示例。

```
{% macro input(name, type='text', value='') %}
 <input type="{{ type }}" name="{{ name }}" value="{{ value }}">
{% endmacro %}
```

示例中 input 为宏的名称，它有 3 个参数，后两个参数有默认值。该宏的调用示例如下。

```
<p>{{ input('username') }}</p>
<p>{{ input('password', 'password') }}</p>
<p>{{ input('submit', 'submit', 'mia.li') }}</p>
```

3.3.3　Jinja2 模板的渲染

Jinja2 模板最简单的渲染之一是使用字符串作为模板内容创建 Template 对象，然后调用该对象的 render()方法并传入要替换的变量，最后返回渲染过的字符串。实际应用中则使用模板加载器向模板文件中传递变量，这样不但可以支持复杂的应用，而且可以实现模板继承。Environment 是 Jinja2 模板中的一个核心类，可以基于该类创建对象来保存配置和全局对象，从本地文件系统或其他位置加载模板。大多数应用在初始化时创建一个 Environment 对象，并用它加载模板。Environment 支持以下两种模板加载方式。

1. 使用 PackageLoader

PackageLoader 可以从 Python 程序的包中读取并加载模板。下面给出示例程序。

```
from jinja2 import PackageLoader,Environment
# 创建 Environment 对象,指定 PackageLoader 作为模板加载器,这里从名为"yourapplication"
                              的包中的 templates 目录中加载模板
env = Environment(loader=PackageLoader('python_project','templates'))
# 调用 get_template()方法从以上定义的环境中加载模板文件,并返回已加载的模板对象
template = env.get_template('mytemplate.html')
# 调用 render()方法使用若干变量来渲染模板,返回渲染后的内容
content = template.render(var1='aaa', var2='bbb')
```

传入 render()方法的变量可以有多个，还可以使用字典或包含字典的列表等类型的变量。

2. 使用 FileSystemLoader

FileSystemLoader 更为灵活，不需要专门指定模板目录，可以直接访问系统中的任何模板文件。下面给出具体的实现程序。

```
import os
import jinja2
def render(tpl_path, **kwargs):
  path, filename = os.path.split(tpl_path)
  return jinja2.Environment(loader=jinja2.FileSystemLoader(path or
                      './')).get_template(filename).render(**kwargs)
```

上述程序中定义了一个通用的模板渲染函数 render()，该函数的第 1 个参数表示要渲染的模板文件路径，第 2 个参数是要替换的变量（这里为字典类型，可以根据需要改为其他类型的变量），返回值就是渲染后的文档内容。

任务实现

任务 3.3.1　使用 Jinja2 模板生成 HTML 文件

Jinja2 模板在 HTML 文件中的应用非常多,项目 2 的任务 2.1.1 中在采集系统信息时,将采集到的信息输出到控制台,不便于查看监控数据,可以利用 Jinja2 模板将这些数据输出到 HTML 文件中,以表格形式更直观地呈现出来。首先编写一个模板文件(命名为 rpt_tmpl.html),内容如下。

使用 Jinja2 模板
生成 HTML 文件

```html
<html>
    <head><title>监控信息</title>
        <h2>{{host_name}}主机系统信息</h2>
        <h3>采集时间: {{test_time}}</h3>
    <body>
    <table width=400 border="1">
        <tr><td>CPU 数量</td><td>{{cpu_count}}</td></tr>
        <tr><td>CPU 使用率</td><td>{{cpu_percent}}%</td></tr>
        <tr><td>内存总量</td><td>{{mem_total}}</td></tr>
        <tr><td>已用内存</td><td>{{mem_used}}</td></tr>
        <tr><td>空闲内存</td><td>{{mem_free}}</td></tr>
        <tr><td>内存使用率</td><td>{{mem_percent}}%</td></tr>
        <tr><td>磁盘空间总量</td><td>{{disk_total}}</td></tr>
        <tr><td>磁盘已用空间</td><td>{{disk_used}}</td></tr>
        <tr><td>磁盘剩余空间</td><td>{{disk_free}}</td></tr>
        <tr><td>磁盘空间使用率</td><td>{{disk_percent}}%</td></tr>
        <tr><td>磁盘读取数据</td><td>{{disk_read}}</td></tr>
        <tr><td>磁盘写入数据</td><td>{{disk_write}}</td></tr>
        <tr><td>网卡发送数据</td><td>{{net_sent}}</td></tr>
        <tr><td>网卡接收数据</td><td>{{net_recv}}</td></tr>
    </table>
    </body>
</html>
```

然后编写程序(命名为 sysinfo_tohtml.py),使用所采集的系统信息渲染上述 Jinja2 模板文件,并将渲染结果写入一个 HTML 文件。具体实现程序如下。

```python
import os
import socket
import jinja2
from datetime import datetime
# 导入 sysinfo_bypsutil 模块
from sysinfo_bypsutil import gather_monitor_data
''' 定义使用文件系统加载器的模板渲染函数 '''
def render(tpl_path, **kwargs):
  # 此处代码参见相关知识 3.3.3 节
if __name__ == '__main__':
  host_name = socket.gethostname()                              # 获取主机名
```

79

```
test_time = datetime.now().strftime("%Y-%m-%d %H:%M:%S")    # 获取当前时间
data = gather_monitor_data()                                # 获取系统信息
data.update(dict(host_name=host_name))
data.update(dict(test_time=test_time))
html_content = render('rpt_tmpl.html', **data)             # 渲染模板
file_name="sysinfo-"+test_time+".html"                     # HTML 文件名
with open(file_name, 'w', encoding='utf-8') as f:
    f.write(html_content)
```

这里导入项目 2 的任务 2.1.1 中编写的 sysinfo_bypsutil.py 文件，该文件中用到 psutil 库，需要保证当前环境已安装该库。

运行 sysinfo_tohtml.py 程序，使用浏览器查看笔者的计算机系统环境中测试生成的 HTML 文件（表格），效果如图 3-3 所示。

autowks主机系统信息	
采集时间： 2022-07-21 21:27:11	
CPU数量	4
CPU使用率	2.8%
内存总量	7.7GB
已用内存	397.3GB
空闲内存	4.1GB
内存使用率	51.4%
磁盘空间总量	58.3GB
磁盘已用空间	15.8GB
磁盘剩余空间	39.5GB
磁盘空间使用率	28.6%
磁盘读取数据	2.1GB
磁盘写入数据	10.6GB
网卡发送数据	8.6MB
网卡接收数据	345.6MB

图 3-3　生成的 HTML 表格

任务 3.3.2　使用 Jinja2 模板生成 XML 文件

使用 Jinja2 模板
生成 XML 文件

XML 文件如果涉及内容的动态替换，则可以考虑使用 Jinja2 模板生成。在 Python 程序中可以直接读取 YAML 格式的文件并转换成字典形式的数据，再使用 Jinja2 模板渲染模板文件生成 XML 文件，这里介绍这种方案的实现。

（1）准备提供数据的 YAML 文件（这里采用 example1.yaml）。

（2）编写用于生成 XML 文件的模板文件（命名为 net_tmpl.xml），具体内容如下。

```
<?xml version="1.0"?>
<network>
    <version>{{version}}</version>
    <renderer>{{renderer}}</renderer>
    <ethernets>
        {% for nic_name,nic_conf in ethernets.items() %}
        <{{nic_name}}>
            <addresses type="array">
            {% for ip in nic_conf['addresses'] %}
                <value>{{ip}}</value>
            {% endfor %}
            </addresses>
            <nameservers>
                <search type="array" >
                {% for domain in nic_conf['nameservers']['search'] %}
                    <value>{{domain}}</value>
                {% endfor %}
                </search>>
                <addresses type="array">
                {% for addr in nic_conf['nameservers']['addresses'] %}
                    <value>{{addr}}</value>
                {% endfor %}
                </addresses>
            </nameservers>
        </{{key}}>
```

```
      {% endfor %}
    </ethernets>
</network>
```

其中用到了字典遍历、字典名称和值的处理，以及 XML 数组的编写。

（3）编写 XML 文件生成程序（命名为 xml_byjinja.py），使用从 YMAL 文件读取的数据通过 Jinja2 模板渲染上述模板文件，并将渲染结果写入一个 XML 文件。具体实现代码如下。

```
import os
from yaml import safe_load
import jinja2
''' 读取 YMAL 文件的数据，并转换成字典 '''
def get_data_from_yaml(filename):
  with open(filename, 'r') as f:
      content = f.read()
  data = safe_load(content)
  return data
''' 定义使用文件系统加载器的模板渲染函数 '''
def render(tpl_path, **kwargs):
  # 此处代码参见相关知识 3.3.3 节
if __name__ == '__main__':
  data = get_data_from_yaml('example1.yaml')    #读取 YMAL 数据
  data = data['network']                         #读取 network 的值
  xml_content=render('net_tmpl.xml',**data )     # 渲染模板
  with open('net_config.xml', 'w') as f:
      f.write(xml_content)
```

在实际应用中，还可以从数据库中获取数据来渲染模板文件。

任务 3.4 比对文件和目录内容

任务要求

在系统管理和运维工作中，可能会遇到文件和目录内容的比对问题。这涉及两个方面，一是比对文件内容，如比对配置文件、维护脚本，找出它们之间的差异；二是比对目录内容，如找出两个目录之间不同的文件或子目录。Python内置的difflib和filecmp模块可以用来解决这些问题。本任务的具体要求如下。

（1）了解difflib模块及其用法。

（2）了解filecmp模块及其用法。

（3）基于difflib模块编程实现文件内容的比对。

（4）基于filecmp模块编程实现目录内容的比对。

相关知识

3.4.1 difflib 模块

difflib 模块提供用于比较两个序列（如字符串列表）的类和函数。difflib 模块可以用于比较文件内容，其功能与 Linux 系统的 diff 命令的功能相似。它可以提供多种格式的比较结果（如体现文件差异的信息），常用的是可读性比较强的 HTML 格式。

difflib 模块提供 3 个类：SequenceMatcher 类用于比较任意类型的两个序列，Differ 类用于比较两个文本行列表，HtmlDiff 类可生成 HTML 格式的比较结果。比较常用的是后面两个类。

Differ 类用来比较文件内容，生成的比较结果是文本行列表，用特殊符号标注，其中'-'标注仅在第 1 个序列中出现的行，'+'标注仅在第 2 个序列中出现的行，' '标注两个序列相同的行，'?'标注两个序列中都没有的行，'^'标注两个序列存在差异的字符。

HtmlDiff 类应用较多，其生成的 HTML 格式结果并排逐行比对两个文档。通常使用其 make_file()方法生成一个字符串，该字符串是一个完整的 HTML 文件，其中包含一个 HTML 表格，显示逐行差异，突出显示行间和行内更改的内容。该方法的用法如下。

```
make_file(fromlines, tolines [, fromdesc][, todesc][, context][, numlines])
```

fromlines 和 tolines 参数表示用于比较的字符串列表，也就是要比较的文件内容。

fromdesc 和 todesc 参数是可选的关键字参数，可通过文件列标题字符串指定比较范围，其默认值都是空字符串。

context 和 numlines 参数也是可选的关键字参数。context 参数决定是否显示上下文，默认值为 False，表示显示完整的文件。将 context 参数值设置为 True，则仅显示上下文差异。此时 numlines 参数决定在使用"下一个"（next）超链接时突出（高亮）显示差异部分之前所显示的行数，numlines 参数指定围绕突出显示差异部分的上下文行数，numlines 参数的默认值为 5。

HtmlDiff 类的 make_table()方法返回一个完整的 HTML 表格，其与 make_file()方法的主要区别是不能明显显示两个文档之间的差异，其参数与 make_file()方法的相同。

在实际应用中，一般先将 HtmlDiff 类实例化之后，再调用其 make_file()方法对两个文件进行比较，最后调用 open()函数将比较结果写入结果文件。

3.4.2 filecmp 模块

difflib 模块用于比较文件内容的不同之处，filecmp 模块用来比较目录、文件是否相同，比如找出目标目录比源目录多出的文件或子目录，即使文件同名也会判断是否为同一个文件。filecmp 模块支持以下 3 类比较操作。

1. 比较两个文件

单纯比较两个文件是否相同，可以通过以下函数实现。

```
filecmp.cmp(f1, f2, shallow=True)
```

比较 f1、f2 参数表示的两个文件，当两个文件相同时返回 True，否则返回 False。shallow 参数默认值为 True，可以快速地判断文件是否修改过，先比较文件的元信息（文件或文件描述符的状态）是否一致，如果一致就返回 True，否则再比较文件内容是否相同，如果相同则也返回 True。如果将 shallow 参数设置为 False，则仅比较两个文件的内容是否相同。

2. 比较两个目录中的多个文件

如果要比较两个目录中的多个文件是否相同，则可以使用以下函数。

```
filecmp.cmpfiles(dir1, dir2, common, shallow=True)
```

dir1 和 dir2 参数表示两个目录，common 参数以列表形式给出要比较的文件范围，shallow 参数同 filecmp.cmp()方法中的。该方法返回一个元组，其中包括 3 个列表，匹配列表列出两个目录中都有且相同的文件，不匹配列表列出文件名相同但文件本身不同的文件，错误列表则列出至少有一个目录没有的文件。下面给出一个简单的例子。

```
>>> import filecmp
>>> print( filecmp.cmpfiles("dir-a","dir-b",["aa","bb","cc","dd"]))
(['aa'], ['cc'], ['bb', 'dd'])
```

当比较的文件被不断地快速修改时，可以使用 filecmp.clear_cache()函数来更新文件的信息。

3. 比较两个目录

可以通过以下类创建一个用于目录比较的对象。

```
filecmp.dircmp(a, b, ignore=None, hide=None)
```

a 和 b 两个参数表示要比较的目录；ignore 参数指定要忽略的文件列表，排除不需要比较的文件；hide 参数表示要隐藏的文件列表，默认是当前目录及其父目录。

dircmp 类提供多个方法，其中 report()方法用于输出两个目录的比较结果；report_partial_closure()方法用于输出两个目录及其相同的子目录的比较结果；report_full_closure()方法用于输出递归比较的所有结果。

该类还提供多个属性，其中 left 和 right 属性分别表示两个目录本身；left_list 和 right_list 属性分别表示两个目录中排除忽略的文件和隐藏的文件之后的所有文件和子目录；common 属性表示两个目录中都有的文件和子目录，common_dirs 和 common_files 属性则分别表示两个目录共有的子目录和文件；left_only 属性表示仅属于第一个目录的文件和子目录；right_only 属性表示仅属于第二个目录的文件和子目录；common_funny 属性表示通过属性比较得出的相同的文件和子目录；same_files 属性表示完全相同的文件；diff_files 属性表示通过文件内容比较得出的不同文件；funny_files 属性表示不进行比较的文件。值得一提的是，subdirs 属性是一个 dircmp 类实例中的子目录字典对象，适用于递归处理 dircmp 对象。

对于大目录树的递归比较，或者要进行更完整的比较分析，建议选择使用 dircmp 类这种方式，先实例化 dircmp 类，再使用其方法或属性获取比较结果。

任务实现

任务 3.4.1　使用 difflib 模块编程比较两个文件内容

使用 difflib 模块编程
比较两个文件内容

实际运维工作中可使用 difflib 模块编程解决不同文件之间的内容比较问题，如对某应用系统的不同版本的配置文件进行比对，以使运维工程师更加清晰地了解不同版本的更改项。下面编写一个通用的文件内容比较程序（文件命名为 diff_files.py），读取两个需对比的文本文件，生成逐行分隔的字符串列表，再调用 difflib 模块的 HtmlDiff 类生成 HTML 格式的比较文档。具体程序如下。

```
import sys
import difflib
# 从命令行参数中获取要比较的文件路径
try:
    file1 = sys.argv[1]
    file2 = sys.argv[2]
except Exception as err:
    print("错误:" + str(err))
    print("使用方法: python diff_files.py  文件 1 文件 2")
    sys.exit()
''' 读取整个文件，自动生成逐行分隔的字符串列表 '''
def readfile(filename):
    try:
        with open(filename, 'r') as f:
            return f.readlines()
    except IOError as err:
        print('读取文件错误:' + str(err))
```

```
        sys.exit()
''' 比较两个文件，生成 HTML 格式的文档 '''
def compare_file(file1, file2):
    file1_content= readfile(file1)
    file2_content = readfile(file2)
    # 实例化 HtmlDiff 类以生成 HtmlDiff 对象
    d = difflib.HtmlDiff()
    # 通过 make_file()方法生成 HTML 格式的比较结果
    result = d.make_file(file1_content, file2_content)
    return result
if __name__ == '__main__':
    result = compare_file(file1,file2)
    # 将比较结果写入结果文件
    with open("diff_result.html", 'w') as f:
        f.writelines(result)
```

运行该程序，对前面用到的两个 JSON 文件 example1.json 和 example2.json 进行比对，结果如图 3-4 所示。

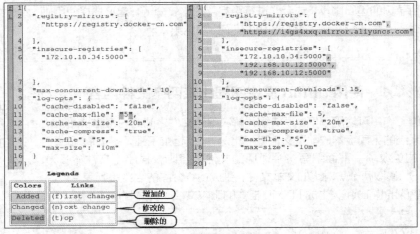

图 3-4　文件比对结果

任务 3.4.2　使用 filecmp 模块编程比较两个目录内容

实际运维工作中可使用 filecmp 模块编程解决两个目录内容的比较问题，如检查备份结果时需要检查源目录与目标目录的文件一致性。下面编写一个通用的目录内容比较程序（文件命名为 cmp_dirs.py），递归比较两个目录及其所有子目录，输出两个目录的不同之处，包括各目录独有的文件和子目录、名称相同但文件本身不同的文件（目录）。注意其中使用 dircmp 类的 subdirs 属性在两个目录中进行递归处理。完整的程序如下。

```
import sys
import os
from filecmp import dircmp
# 定义全局变量便于递归处理
diff_files = []  # 名称相同但不一致的文件（目录）列表
left_only = []  # 第一个目录独有的文件（目录）列表
```

```
right_only = []  # 第二个目录独有的文件（目录）列表
# 从命令行参数中获取要比较的目录路径
try:
    dir1 = sys.argv[1]
    dir2 = sys.argv[2]
except Exception as err:
    print("错误:" + str(err))
    print("使用方法: python cmp_dirs.py 目录 1 目录 2")
    sys.exit()
''' 处理目录比较结果，分类添加到列表中 '''
def cmp_result(dcmp):
    for item in dcmp.diff_files:
        diff_files.append(os.path.join(dcmp.left, item))
    for item in dcmp.left_only:
        left_only.append(os.path.join(dcmp.left, item))
    for item in dcmp.right_only:
        right_only.append(os.path.join(dcmp.right, item))
    for sub_dcmp in dcmp.subdirs.values():
        cmp_result(sub_dcmp)  # 递归处理子目录
if __name__ == '__main__':
    dcmp = dircmp(dir1, dir2)  # 实例化 dircmp 类
    cmp_result(dcmp)
    diff_count = len(diff_files)  # 计算列表长度以获取文件（目录）数
    left_count = len(left_only)
    right_count = len(right_only)
    if (diff_count == 0 and left_count == 0 and right_count == 0):
        print("两个目录完全一致!")
    else:
        print("目录比较结果分析:")
        print(dir1 + "目录中独有" + str(left_count) + "个文件: ", left_only)
        print(dir2 + "目录中独有" + str(right_count) + "个文件: ", right_only)
        print("名称相同但不一致的有" + str(diff_count) + "个文件: ", diff_files)
```

读者可以根据需要改造此程序，根据比较结果执行文件（目录）操作，让两个目录保持完全一致。

项目小结

本项目介绍了文件内容和文本文件的运维编程，这是运维工程师必须掌握的基础运维技能。

字符串是 Python 中最常用的数据类型之一。与其他类型的文件一样，文本文件的读写需要先打开才能进行相关操作，而且操作完毕时需要关闭。另外，打开文本文件时，还需要考虑编码格式。

正则表达式可以大大简化文本处理，降低文本处理难度。Python 内置的 re 模块支持功能全面的 Perl 正则表达式模式。

INI 是一种基本的配置文件格式，应用非常广泛。XML 是一种标记语言，表达能力强，适用于不同系统之间交换数据和共享数据。与 XML 相比，JSON 是一种更精简的数据交换格式，传输速

度更快。YAML 是一个可读性高，用来表达数据序列化的格式，非常强调以数据为中心，特别适合用来表达层次结构式的数据。这些文件格式都可以用作配置文件，Python 可以轻松处理这些格式的文件。

模板不仅用于 Web 开发，而且可以用来高效地实现文本替换。Jinja2 模板是一个功能齐全的模板，为 Python 的文本处理提供了另一条途径。

Python 内置的 difflib 和 filecmp 模块可以用来实现文件和目录内容的比对。

完成本项目的各项任务之后，读者应能利用 Python 编程解析和处理文件内容和常用格式的配置文件。项目 4 将介绍日志记录与邮件发送。

课后练习

1. 以下关于字符串操作的说法中，正确的是（　　）。

A．表达式 "内存使用率为%d%" % 45 的值为内存使用率为 45%

B．三引号标识的字符串完全等同于 r 字符标识的原始字符串

C．str[0:5]包含第 1 至第 5 个字符

D．Python 支持单字符

2. 以下用于匹配账号（以字母开头，长度在 6~20 之间，仅包含字母、数字和下画线）的正则表达式中，正确的是（　　）。

A．re.compile('^[A-Za-z0-9_]+$')

B．re.compile('^[a-zA-Z]\w{5,19}$')

C．re.compile('^[A-Z]\w{5,19}$')

D．re.compile('^[a-z][a-zA-Z_0-9]{5,19}$')

3. 以下关于 XML 格式的说法中，不正确的是（　　）。

A．XML 是纯文本格式

B．XML 嵌套的层次不受限制

C．通过文档模型解析无须预先知道文档结构

D．所有的标记必须有相应的结束标记

4. 以下关于 YAML 的说法中，不正确的是（　　）。

A．YAML 使用缩进表示层级关系

B．YAML 的数据结构可以相互嵌套

C．在使用逗号及冒号时，后面都必须接一个空格

D．YAML 不区分大小写，字符串要用引号标注

5. 以下关于 Jinja2 模板的说法中，不正确的是（　　）。

A．Jinja2 模板只能处理特定的文本格式文件

B．使用{{变量}}占位符表示一个变量

C．循环语句以{% for %}占位符开始，以{% endif %}占位符结束

D．实际应用中应使用模板加载器向模板文件中传递变量

6. 在 Linux 系统中以追加模式打开 GBK 编码格式的文本文件进行读写，以下代码中正确的是（　　）。

A．file = open('文本文件', mode='r+', encoding='gbk')

B．file = open('文本文件', mode='a+', encoding='gbk')

C．file = open('文本文件', mode='a+', encoding='utf-8')

D．file = open('文本文件', mode='w+', encoding='gbk')

项目实训

实训 1　获取网页中所有图片的链接

实训目的

（1）了解正则表达式的用法。

（2）学会在 Python 程序中使用正则表达式。

实训内容

（1）安装第三方库 requests。

（2）新建 Python 程序文件。

（3）读取脚本参数来获取网页地址。

（4）使用 requests 库抓取指定地址的网页内容。

（5）使用正则表达式提取网页中的图片（JPG 或 PNG）链接。

（6）显示提取的图片链接列表。

实训 2　编写将 XML 文件转换为 YAML 文件的 Python 程序

实训目的

（1）了解 XML 和 YAML 文件格式。

（2）学会在 Python 程序中解析和处理这两种格式的文件。

实训内容

（1）安装第三方库 PyYAML 并了解其基本用法。

（2）新建 Python 程序文件。

（3）了解 xml.etree.ElementTree 模块的用法。

（4）使用 xml.etree.ElementTree 模块读取 XML 文件（任务 3.2.2 中的 example1.xml）的内容。

（5）解析读取的内容并写入一个 Python 字典。

（6）使用 PyYAML 库将该字典写入一个新的 YAML 文件。

（7）读取该 YAML 文件，查看其内容进行验证。

实训 3　使用 Jinja2 模板生成 HTML 报表

实训目的

（1）了解 Jinja2 模板的基本语法。

（2）学会在 Python 程序中使用 Jinja2 模板替换文件内容。

实训内容

参照任务 3.3.1，将项目 2 中实训 1 获取的信息以 HTML 表格形式直观地呈现出来。

（1）安装 Jinja2 模板并了解其用法，确认已安装 psutil 库。

（2）编写用于呈现 HTML 表格的 Jinja2 模板文件。

（3）新建 Python 程序文件。

（4）将项目 2 中实训 1 的 Python 脚本文件的代码复制过来再进行修改。

（5）获取系统信息。

（6）使用获取的信息渲染上述 Jinja2 模板文件。

（7）打开生成的 HTML 文件进行验证。

项目4
记录日志与发送邮件

04

日志是系统的重要组成部分，不仅可以用来记录程序运行中用户执行的操作、系统运行状态和错误信息，还可以用来记录关键数据。邮件是重要的通信手段，在运维工作中可通过邮件自动发送通知信息和运维报告。本项目将通过两个典型任务，引领读者在Python运维程序中实现日志记录和邮件发送功能。

课堂学习目标

知识目标
- 了解日志功能，熟悉logging模块的用法。
- 了解邮件发送功能，熟悉smtplib和email模块的用法。

技能目标
- 学会使用logging模块编程实现异常信息的日志记录。
- 学会使用logging模块编程实现运维业务信息的日志记录。
- 学会使用Python内置模块编程实现邮件通知功能。
- 学会使用Python内置模块编程发送运维报告邮件。

素养目标
- 进一步提高基础运维技能水平。
- 培养持续改进和优化程序的能力。

任务 4.1　记录日志

任务要求

就系统运维来说，日志主要有两个方面的应用。一方面，日志用于运维程序本身的诊断和分析，这类日志记录运维程序运行时发生的事件，通过日志分析，运维工程师能够查看程序的运行状态，分析程序运行过程中出现的异常和错误信息，排查故障。另一方面，日志用于运维业务审计，这类日志记录业务运行数据，通过日志审计，运维工程师能够查看系统运行状态，监测系统运行过程中发生的异常情况，或分析其他业务指标。Python内置的logging模块提供非常丰富的日志功能。本任务的基本要求如下。

（1）了解logging模块及其基本用法。

（2）了解logging模块的组件和类。

（3）学会在Python运维程序中使用日志跟踪程序异常和错误。

（4）学会在Python运维程序中使用日志记录业务运行数据。

相关知识

4.1.1　为什么要使用 logging 模块

在 Python 程序中，print()函数可以方便地将信息输出到控制台，这适用于命令行脚本或程序的正常使用。对于程序的运行信息，如果使用 print()函数输出到控制台观察，再重定向到文件输出流以保存到文件中，则非常不规范，此时应当使用专门的日志工具。Python 内置的 logging 模块提供了一个灵活的事件日志系统，其具有以下优点。

- 所有日志记录具有统一的格式，便于后续处理。
- 具有灵活的配置和格式化功能，如配置日志保存路径、记录运行时间等。
- 可以设置不同的日志级别，分级控制日志的记录和输出。
- 支持日志文件回滚。
- 便于应用程序将日志记录与来自第三方库的消息整合。

4.1.2　logging 模块的日志级别

在 logging 模块中使用日志级别的好处是，可以在不同的 Python 版本或环境中根据不同的级别来记录对应的日志，灵活地控制日志的输出。logging 模块预定义的日志级别如表 4-1 所示，数值大小对应级别高低，数值越大级别越高，而且每个级别都有对应的函数来输出日志消息。

表 4-1　logging 模块预定义的日志级别

日志级别	数值	函数	应用场景
CRITICAL	50	logging.critical()	出现严重错误，程序已经不能继续运行，系统即将崩溃
ERROR	40	logging.error()	出现严重问题，程序不能正常运行
WARNING	30	logging.warning()	虽然程序还在正常运行，但可能会发生错误
INFO	20	logging.info()	用于记录程序中正常运行的一些信息，通常只记录关键节点信息
DEBUG	10	logging.debug()	最低级别，常用于调试、查看详细信息、诊断问题等

就程序来说，一般在开发时使用 DEBUG 或 INFO 级别，正式部署时使用 WARNING、ERROR 或 CRITICAL 级别，以减轻 I/O 压力和提高错误的捕获效率。

logging 模块允许用户自定义其他日志级别，但一般不推荐使用，以免造成日志级别混乱。

4.1.3　logging 模块的基本用法

使用 logging 模块最简单的方式之一是直接使用其模块级函数，此类函数是为简单的日志记录提供的一组便利函数。

1. 模块级函数

模块级函数中比较常用的是记录相应级别日志的函数，如 logging.debug()函数用于记录级别为 DEBUG 的日志消息，logging.info()函数用于记录级别为 INFO 的日志消息。此类函数的参数形式为"msg, *args, **kwargs"，msg 是消息格式字符串；*args 传递给 msg 变量数据；**kwargs 支持 3 个关键字参数，其中，exc_info 确定是否将异常信息添加到日志消息中，stack_info 确定是否将栈信息添加到日志消息中，extra 是自定义消息格式中包含的字段（以字典形式提供）。

logging.log(level, msg, *args, **kwargs)函数用于记录指定级别的日志消息。

logging.basicConfig(**kwargs)函数用于配置 logging 模块，指定 logging 模块的默认操作规则，如指定日志级别、输出格式、输出位置。该函数支持的关键字参数如表 4-2 所示。

表 4-2　logging.basicConfig()函数支持的关键字参数

参数	说明
filename	指定存储日志的文件，日志将写入该文件，而不是输出到流
filemode	指定日志文件的打开模式，值为'w'（清除后写入）或者'a'（追加写入），默认值为'a'
format	指定日志输出的格式
datefmt	指定日期/时间的格式
level	设置日志级别，默认为 WARNING
stream	指定日志的输出流，可以指定输出到 sys.stderr、sys.stdout 或者文件，默认输出到 sys.stderr。当同时指定 stream 和 filename 时，stream 将被忽略

format 参数指定日志消息的输出格式，常用的格式化字符串如表 4-3 所示。

表 4-3　logging 模块常用的格式化字符串

字符串	含义
%(name)s	记录器名称
%(levelno)s	日志级别的数值
%(levelname)s	日志级别的名称
%(filename)s	日志的当前执行程序名称
%(pathname)s	日志的当前执行程序路径名称，即 sys.argv[0]
%(funcName)s	日志的当前函数名称
%(lineno)d	程序中记录该日志消息的当前行号
%(asctime)s	日志的时间
%(process)d	日志的进程 ID
%(processName)d	日志的进程名称
%(module)s	日志的当前模块名称
%(message)s	日志的消息内容

2. 简单的日志记录示例

下面在 Python 交互模式下演示 logging 模块默认配置下的日志输出。

```
>>> import logging                          # 导入 logging 模块
>>> logging.debug('这是调试信息!')
>>> logging.info('这是普通信息!')
>>> logging.warning('这是警告信息!')
WARNING:root:这是警告信息!
>>> logging.error('这是错误!')
ERROR:root:这是错误!
>>> logging.critical('这是严重错误!!')
CRITICAL:root:这是严重错误!!
```

从输出的结果可以发现，默认情况下，logging 模块简单地将日志输出到控制台，默认日志级别是 WARNING，只有级别高于或等于该级别的日志能够被输出。默认输出的日志消息格式如下。

日志级别:记录器名称:日志消息内容

3. 定制日志记录

实际应用中一般需要定制日志记录。下面给出一个例子（文件命名为 log_tofile.py），将日志消息记录到指定的文件中，而不是输出到控制台显示。

```
import logging
logging.basicConfig(level=logging.DEBUG,
             filename='test_tofile.log',
             datefmt='%Y/%m/%d %H:%M:%S',
             format='%(asctime)s - %(name)s - %(levelname)s - %(message)s -
                              %(module)s - %(lineno)d')
logging.debug('此消息应记录到日志文件')
logging.info('同样记录到日志文件')
logging.warning('也应当记录到日志文件')
logging.error('这是模拟的错误消息')
```

本例使用 logging.basicConfig() 函数指定了日志输出文件，日志记录格式增加了记录时间、模块名称和行号，另外指定了日期的输出格式，运行该程序之后会生成一个日志文件，其内容如下。

```
2022/05/03 11:25:21 - root - DEBUG - 此消息应记录到日志文件 - logtofile - 6
2022/05/03 11:25:21 - root - INFO - 同样记录到日志文件 - logtofile - 7
2022/05/03 11:25:21 - root - WARNING - 也应当记录到日志文件 - logtofile - 8
2022/05/03 11:25:21 - root - ERROR - 这是模拟的错误消息 - logtofile - 9
```

本例将日志记录的级别设置为 logging.DEBUG，所以输出了所有消息。使用 logging.basicConfig() 定制日志记录时，只有在输出日志之前定制才会生效。

4.1.4 logging 模块的类

上述模块级函数是对 logging 模块相关类的封装，其功能有限。要更灵活地使用日志系统，或使用更高级的功能，还需要了解 logging 模块的日志系统组件，并掌握 logging 模块的类的使用方法。

1. logging 模块的日志系统组件

如表 4-4 所示，logging 模块的日志系统包括 4 个组件。这些组件共同完成日志的配置和输出，记录器（Logger）作为入口，通过设置处理器（Handler）的方式将日志输出，处理器通过过滤器（Filter）和格式化器（Formatter）对日志进行相应的处理操作。每个组件都是由相应的类实现的。

表 4-4 logging 模块的日志系统组件

日志组件	类	功能
记录器	Logger	创建日志记录的对象，为程序提供使用接口
处理器	Handler	将由记录器创建的日志记录发送到目的地输出，目的地可以是 sys.stdout 和文件等。一个记录器可以设置多个处理器，以便将同一条日志记录输出到不同的位置
过滤器	Filter	提供更细粒度的工具来确定要输出哪些日志记录。每个处理器都可以设置自己的过滤器来实现日志过滤，保留实际项目中需要的日志
格式化器	Formatter	决定日志记录的最终输出格式，可以实现同一条日志以不同的格式输出到不同的地方

2. 记录器与 Logger 类

记录器就是由 Logger 类实例化的对象，可以调用其方法传入日志模板和消息，生成日志记录。记录器具有以下 3 项功能。
- 向程序提供运行时记录消息的方法。
- 根据日志消息级别或过滤器确定要对哪些日志消息进行操作。
- 将相关的日志消息传递给处理器。

记录器具有层级关系，logging 模块的模块级函数所用的记录器是 RootLogger 类对象命名为 root，就是处于最顶层的根记录器，且该对象是以单例模式存在的。可见，模块级函数 logging. basicConfig()配置的是根记录器。

在程序中不要直接实例化 Logger 类，而应始终通过模块级函数 logging.getLogger(name)来实例化，其中 name 参数指定记录器的名称，以同名的参数多次调用 logging.getLogger(name) 创建的是同一个 Logger 对象。name 一般是以句点分隔的层级值，相当于层次结构的命名空间，例如 foo.bar、foo.bar.baz 和 foo.bam 的记录器都是 foo 记录器的子级。

> **提示** 记录器的名称分级类似 Python 包的层级，将记录器的名称设置为__name__（当前模块的名称）很有意义。比如，在模块 foo.bar.my_module 中调用 logging.getLogger (__name__)等价于调用 logging.getLogger("foo.bar.my_module")。当用户需要配置记录器时，可以对 foo 记录器进行配置，让 foo 包中的所有模块都继承该配置。另外，在读取日志文件时，用户还能够清楚地知道日志消息到底来自哪一个模块。

记录器常用的配置方法如下。
- setLevel()：设置要处理的日志消息级别，低于该级别的日志消息将被忽略，只有处于该级别或高于该级别的日志消息才会被处理。记录器有一个有效级别的概念。如果没有在记录器上显式地设置级别，则使用其父级别作为其有效级别，根记录器的默认级别为 WARNING。
- addHandler()和 removeHandler()：在记录器中添加和删除处理器。
- addFilter()和 removeFilter()：在记录器中添加和删除过滤器。

配置记录器后，可以使用以下方法创建日志消息。
- debug()、info()等：创建对应级别的日志消息。
- exception()：创建类似使用 error()方法创建的日志消息，并同时转储堆栈跟踪，仅从异常处理程序调用此方法。
- log()：将日志级别作为显式参数。这也是在自定义日志级别进行日志记录的方法。

3. 处理器与 Handler 类

处理器是由 Handler 类实例化的对象，负责将日志消息基于日志消息级别分派到指定的位置。Handler 类不会直接实例化，而是主要作为父类存在。

记录器可以使用 addHandler()方法添加若干处理器。例如，可以为一个记录器创建 3 个处理器，让它们分别实现以下目标。
- 将所有日志消息发送到指定的日志文件。
- 将所有错误或更高级别的日志消息发送到标准输出。
- 将所有关键消息发送到指定的电子邮件地址。

logging 模块支持多种处理器，其中常用的是 StreamHandler（将日志发送到流，可以是 sys.stderr、sys.stdout 或者文件）和 FileHandler（将日志输出到文件）。这两种处理器都直接包含在 logging 模块中，其他处理器则包含在 logging.handlers 模块中，如 RotatingFileHandler 和 TimedRotatingFileHandler 支持日志回滚，HTTPHandler 支持将日志远程输出到 HTTP 服务器，SMTPHandler 支持将日志远程输出到电子邮件地址，SysLogHandler 支持将日志输出到 syslog 系统日志。

在实际应用中，处理器用到的方法非常少，其主要的配置方法如下。
- setLevel()：指定被分派的最低日志级别。记录器中设置的级别决定了它将传递给其处理器的消息的严重性，而处理器中设置的级别决定了该处理器将发送哪些消息。
- setFormatter()：选择要使用的格式化器。
- addFilter()和 removeFilter()：为处理器配置和移除过滤器。

4. 过滤器与 Filter 类

日志记录可能不需要全部保存，如只保存某个级别的日志，或只保存包含某个关键字的日志等，这时可以使用过滤器限定要保存的部分。过滤器是由 Filter 类实例化的对象。记录器和处理器都可以使用过滤器来设置比日志级别更细粒度、更复杂的相关过滤功能。

基本的 Filter 类只允许低于记录器层级结构中特定层级的事件。例如，一个使用 A.B 初始化的过滤器将允许 A.B、A.B.C、A.B.C.D、A.B.D 等记录器所记录的事件，但不允许 A.BB、B.A.B 等记录器所记录的事件。如果使用空字符串初始化 Filter 类，则所有事件都会被允许。

5. 格式化器与 Formatter 类

生成的每条日志记录都是一个对象，要将日志记录保存为所需的日志消息文本形式，就需要有一个格式化的过程，这由 Formatter 类来完成。格式化器是由 Formatter 类实例化的对象，负责配置日志消息的最终顺序、结构和内容。在程序中可以实例化 Formatter 类，其构造函数一般采用 3 个可选参数，其中，fmt 指定消息格式字符串，datefmt 指定日期格式字符串，style 设置样式指示符。

6. 日志事件信息流

记录器和处理器中的日志事件信息流如图 4-1 所示。

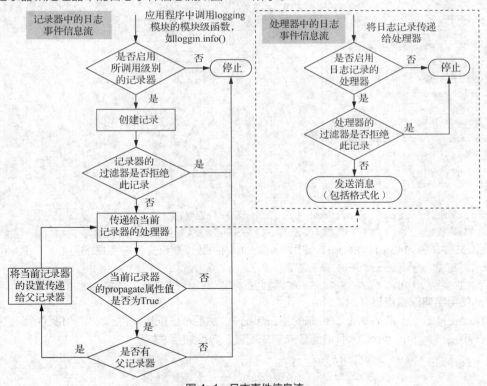

图 4-1 日志事件信息流

7. 使用类实现日志记录的步骤

使用 logging 模块的类实现日志记录的基本步骤如下。

（1）创建日志记录的对象，即记录器。

```
logger = logging.getLogger(__name__)
```

（2）配置记录器。例如，为记录器配置要处理的日志级别。

```
logger.setLevel(level=logging.DEBUG)
```

还可以根据需要为记录器添加处理器、过滤器、格式化器。

（3）记录日志。使用 debug()、info()等方法记录对应级别的日志消息。

4.1.5　日志记录的配置

在程序中配置基于 logging 模块的日志记录，可以使用 logging.basicConfig()函数进行全局配置，或者使用前面介绍的类显式创建记录器、处理器和格式化器，这都是使用代码完成配置的。更好的做法是将配置信息写在配置文件中，运行时从配置文件读取配置信息，这样更方便管理和维护。

1. 使用日志配置文件

下面是一个简单的日志配置文件示例，采用的是 INI 文件格式。

```
[loggers]
keys=root,simpleExample
[handlers]
keys=consoleHandler
[formatters]
keys=simpleFormatter
[logger_root]
level=DEBUG
handlers=consoleHandler
[logger_simpleExample]
level=DEBUG
handlers=consoleHandler
qualname=simpleExample
propagate=0
[handler_consoleHandler]
class=StreamHandler
level=DEBUG
formatter=simpleFormatter
args=(sys.stdout,)
[formatter_simpleFormatter]
format=%(asctime)s - %(name)s - %(levelname)s - %(message)s
```

将该文件命名为 logging.conf，使用 fileConfig()函数读取该文件并完成配置。

```
import logging.config
logging.config.fileConfig('logging.conf')
```

2. 使用字典配置信息

可以通过 JSON 或 YAML 文件来配置日志记录，然后从该配置文件读取字典形式的配置信息，并将其传递给 logging.dictConfig()函数来完成配置，典型的用法如下。

```
with open("YAML 文件","r") as f:
   config = yaml.load(f)
   logging.config.dictConfig(config)
```

任务实现

任务 4.1.1　将日志消息同时输出到屏幕和文件

下面编写一个 Python 程序（文件命名为 log_toboth.py），通过配置，将日志消息在输出到屏幕的同时记录到指定的日志文件中。程序如下。

```
import logging
# 创建记录器，将其命名为 Test
logger = logging.getLogger("Test")
# 默认日志级别为 WARNING，这里改为 DEBUG
logger.setLevel(logging.DEBUG)
# 创建 FileHandler 处理器，将日志消息输出到文件中，并设置特定的消息格式和日期格式
logfile = logging.FileHandler(filename='mylog.log',mode='w')
formatter1 = logging.Formatter(fmt='%(asctime)s %(filename)s[line:%(lineno)d]
                %(levelname)s %(message)s',datefmt='%a, %d %b %Y %H:%M:%S')
logfile.setFormatter(formatter1)
# 创建 StreamHandler 处理器，将 WARNING 或更高级别的日志消息输出到控制台，设置特定消息格式
console = logging.StreamHandler()
console.setLevel(logging.WARNING)
formatter2 = logging.Formatter('%(asctime)s - %(name)s - %(levelname)s -
                %(message)s')
console.setFormatter(formatter2)
# 将处理器添加到记录器
logger.addHandler(logfile)
logger.addHandler(console)
# 输出不同级别的日志消息
logger.debug('debug,调试信息')
logger.info('info,一般信息')
logger.warning('warning,警告信息')
logger.error('error,错误信息')
logger.critical('critical,严重的错误信息')
```

运行该程序进行测试，屏幕上显示内容如下，按照设置仅显示 WARNING 或以上级别的消息。

```
2022-05-04 20:13:36,816 - Test - WARNING - warning,警告信息
2022-05-04 20:13:36,816 - Test - ERROR - error,错误信息
2022-05-04 20:13:36,816 - Test - CRITICAL - critical,严重的错误信息
```

查看日志文件 mylog.log，其内容如下。可以发现其内容的格式与屏幕上显示的不同，而且会记录 DEBUG 或更高级别的消息。

```
Wed, 04 May 2022 20:13:36 log_both.py[line:20] DEBUG debug,调试信息
Wed, 04 May 2022 20:13:36 log_both.py[line:21] INFO info,一般信息
Wed, 04 May 2022 20:13:36 log_both.py[line:22] WARNING warning,警告信息
Wed, 04 May 2022 20:13:36 log_both.py[line:23] ERROR error,错误信息
Wed, 04 May 2022 20:13:36 log_both.py[line:24] CRITICAL critical,严重的错误信息
```

任务 4.1.2　使用日志文件记录异常处理信息

在 Python 程序开发中进行异常处理时，如果只显示处理结果或异常信息，就不能直观地知道哪个文件中的哪一行出现异常，使用 logging 模块记录这些异常信息可以解决这个问题。下面编写一个 Python 程序（文件命名为 log_traceback.py），将程序产生的异常信息记录到日志文件中。程序如下。

```
import logging
# 创建记录器
logger = logging.getLogger(__name__)
```

```
logger.setLevel(level=logging.DEBUG)
# 创建格式化器
formatter = logging.Formatter('%(asctime)s - %(filename)s[line:%(lineno)d] -
                                %(levelname)s - %(message)s')

# 创建 FileHandler 处理器，将日志消息输出到文件
file_handler = logging.FileHandler('traceback.log')
file_handler.setFormatter(formatter)
logger.addHandler(file_handler)
# 测试异常处理的函数
def func(num1, num2):
    try:
        x = num1 * num2
        y = num1 / num2
        return x, y
    except Exception:
        # 输出日志消息，exc_info 参数确定是否将异常信息添加到日志消息中
        logger.error('出现异常！ ', exc_info=True)
        logger.info('已记录日志！ ')
if __name__ == '__main__':
    func(2,0)                # 除以 0 触发异常
```

运行该程序进行测试，日志记录如下，其中记录了异常信息。

```
2022-05-04 20:50:33,628 - log_tracerback.py[line:23] - ERROR - 出现异常！
Traceback (most recent call last):
 File "/autoom/04log/log_tracerback.py", line 19, in func
   y = num1 / num2
ZeroDivisionError: division by zero
2022-05-04 20:50:33,628 - log_tracerback.py[line:24] - INFO - 已记录日志！
```

使用日志记录系统
监控异常信息

任务 4.1.3　使用日志记录系统监控异常信息

　　在系统监控程序中可以使用 logging 模块来记录监控中发现的异常情况，如 CPU 过载。任务 2.4.2 中介绍了使用 APScheduler 库定时获取系统信息的程序（文件名为 sysinfo_byapscheduer.py），下面改进该程序（将文件更名为 sysinfo_tolog.py），重点是在 monjob()函数中增加关于 CPU 过载、内存过载和磁盘空间紧张的监控日志记录功能。其中增加的代码如下。

```
# 从 sysinfo_bypsutil.py 文件导入 report()和 gather_monitor_data()函数
from sysinfo_bypsutil import report
from sysinfo_bypsutil import gather_monitor_data
import logging
# 日志文件基本设置
logging.basicConfig(format='%(asctime)s %(message)s', level=logging.WARNING,
                                    filename='sys_overload.log')
'''定义要执行的任务'''
def monjob():
    print('监测时间: %s' % datetime.now())
    report()
    logging.warning('执行一次监测！ ')
    data = gather_monitor_data()
```

```
threshold = 80    # 过载阈值（百分比）
if data['cpu_percent'] > threshold:
    logging.warning(f"CPU 过载! 使用率达 {data['cpu_percent']}%")
if data['mem_percent'] > threshold:
    logging.warning(f"内存过载! 使用率达 {data['mem_percent']}%")
if data['disk_percent'] > threshold:
    logging.warning(f"磁盘空间紧张! 使用率达 {data['disk_percent']}%")
```

该文件引入 sysinfo_bypsutil.py 文件并使用了 APScheduler 库，需要保证当前环境安装了 psutil 库和 APScheduler 库。

以上程序中，设置的过载阈值为 80%（threshold = 80），为便于测试，可以将过载阈值设置得小一些。例如，将过载阈值改为 2%（threshold = 2），笔者测试之后查看所生成的日志文件 sys_overload.log，其内容如下。

```
2022-05-07 11:00:08,418  执行一次监测!
2022-05-07 11:00:10,422  CPU 过载! 使用率达 5.1%
2022-05-07 11:00:10,422  内存过载! 使用率达 32.5%
2022-05-07 11:00:10,422  磁盘空间紧张! 使用率达 22.7%
2022-05-07 11:02:03,443  执行一次监测!
2022-05-07 11:02:05,447  内存过载! 使用率达 32.7%
2022-05-07 11:02:05,447  磁盘空间紧张! 使用率达 22.7%
2022-05-07 11:07:03,446  执行一次监测!
2022-05-07 11:07:05,449  内存过载! 使用率达 32.8%
2022-05-07 11:07:05,450  磁盘空间紧张! 使用率达 22.7%
```

任务 4.2　发送邮件

任务要求

电子邮件是广泛使用的Internet通信服务，在系统运维工作中可使用邮件实时、便捷地发送通知、报告和文档。Python内置的两个模块smtplib和email可用来编写程序自动发送邮件，smtplib模块用来发送邮件，email模块用来构造邮件。本任务的基本要求如下。

（1）了解smtplib模块及其基本用法。

（2）了解email模块及其基本用法。

（3）掌握通过邮件发送通知信息的程序编写方法。

（4）掌握发送HTML格式邮件的程序编写方法。

相关知识

4.2.1　smtplib 模块及其基本用法

邮件客户端通过简单邮件传送协议（Simple Mail Transfer Protocol，SMTP）将邮件发送到邮件发送服务器。Python 的 smtplib 模块对 SMTP 进行了简单的封装，实现了 SMTP 客户端（无须本地安装邮件客户端工具）功能，可以用来编写程序发送纯文本邮件、HTML 格式邮件和带附件的邮件。

1. 创建 SMTP 对象

要使用 smtplib 模块发送邮件，首先需要创建 SMTP 对象，方法如下。

```
import smtplib
smtpObj = smtplib.SMTP(host='', port=0, local_hostname=None)
```

其参数说明如下。

- host：指定 SMTP 服务器主机，可以是主机的 IP 地址或域名。
- port：指定 SMTP 服务所使用的端口号，默认的 SMTP 端口号为 25。
- local_hostname：如果 SMTP 服务位于本机，只需将服务器地址设置为 localhost。

2. SMTP 对象的发送邮件方法

创建 SMTP 对象之后，就可以使用其 sendmail()方法发送邮件，该方法基本用法如下。

```
SMTP.sendmail( from_addr , to_addrs , msg )
```

其参数说明如下。

- from_addr：发件人（邮件发送者）地址。
- to_addrs：收件人（邮件接收者）地址，用字符串列表表示。
- msg：要发送的邮件消息，是表示邮件的字符串。

邮件包括邮件头、邮件体和附件。邮件头由多项内容构成，主要包括主题、发件人和收件人等。邮件体就是正文部分。用户可以使用字符串表示简单的邮件，但实际应用中使用 email 模块的功能来构造电子邮件。

smtplib 模块还提供了一种发送邮件的便捷方法 send_message()，其基本用法如下。

```
SMTP.send_message( msg , from_addr = None , to_addrs = None )
```

其中 from_addr 和 to_addrs 这两个参数如果省略，则会使用从邮件头中提取的地址来自动填充，from_addr 参数来自邮件的 Sender（发件人）或 From（发自）字段，to_addrs 参数来自邮件的 To（收件人）、Cc（抄送）和 Bcc（密送）字段。与 sendmail()方法不同的是，send_message()方法的 msg 参数表示的是一个 EmailMessage 对象，而不是字符串格式的邮件消息。

3. 使用 smtplib 模块发送邮件的基本步骤

在 Python 程序中使用 smtplib 模块发送邮件的基本步骤如下。

（1）创建 SMTP 对象并连接 SMTP 服务器。

（2）使用邮件账号登录 SMTP 服务器（提供自己的邮箱地址和邮箱授权密码）。

（3）调用 SMTP 对象中的方法发送邮件到收件人地址。

下面给出一段使用 smtplib 模块与 SMTP 服务器交互的示例代码。

```
import smtplib
s = smtplib.SMTP(smtpserver, port)    # 参数分别是 SMTP 服务器和端口号
s.login(user, password)               # 参数分别是邮箱地址和邮箱授权密码
s.sendmail(sender, receiver, msg.as_string())  # 发送邮件
s.quit()                              # 终止 SMTP 会话并关闭连接
```

注意 as_string()方法用于将 EmailMessage 对象转换为字符串形式。

4.2.2　email 模块及其基本用法

email 是一个用于管理邮件消息的模块，包括邮件对象模型、解析器（Parser）、生成器（Generator）和控制组件。从 email 模块的 email.message 模块中导入的 EmailMessage 类是邮件对象模型的基类，提供邮件头字段设置和查询、邮件体访问，以及结构化邮件创建、修改等核心功能。我们主要使用它来构造邮件，下面通过示例来讲解其基本用法。

1. 构造纯文本邮件

最简单的邮件是纯文本的，下面的程序示范如何构造纯文本的邮件。

```
from email.message import EmailMessage
msg = EmailMessage()                        # 创建 EmailMessage 对象
msg['Subject'] = '邮件主题'
msg['From'] = '发件人地址'
msg['To'] = '收件人地址'
msg.set_content('邮件正文')
```

构造好邮件之后，即可调用 smtplib 模块发送该邮件。

2. 构造带附件的邮件

邮件附件就是文件，如文档、图片、软件、压缩包等，这涉及多用途互联网邮件扩展（Multipurpose Internet Mail Extensions，MIME）标准。MIME 扩展了电子邮件标准，使其能够支持非文本格式（二进制、声音、图片等）附件和由多部分组成的邮件体。

EmailMessage 对象提供 add_attachment()方法来添加邮件附件。该方法常用的关键字参数如下。

- maintype：非文本部分的主要 MIME 类型。
- subtype：非文本部分的子 MIME 类型。
- filename：非文本部分的文件名。
- encoding：非文本部分的内容传输编码。

下面的程序片段示范如何将文件作为附件添加到邮件。

```
import mimetypes
from email.message import EmailMessage

''' 定义获取指定文件的 MIME 类型的函数 '''
def get_mimetype(path):
  ctype, encoding = mimetypes.guess_type(path)
  if ctype is None or encoding is not None:
    ctype = 'application/octet-stream'
  maintype, subtype = ctype.split('/', 1)
  return dict(maintype=maintype, subtype=subtype)

# 创建 EmailMessage 对象并设置邮件基本信息
msg = EmailMessage()
msg['Subject'] = '邮件主题'
msg['From'] = '发件人地址'
msg['To'] = '收件人地址'
msg.set_content('邮件正文')
# 将图片文件作为附件添加到邮件中
file_name = 'test_atta.png'            # 要作为附件的图片文件
file_type = get_mimetype(file_name)    # 获取文件的 MIME 类型
with open(file_name, 'rb') as fp:
  msg.add_attachment(fp.read(), maintype=file_type["maintype"],
                     subtype=file_type["subtype"], filename=file_name)
# 将压缩包作为附件添加到邮件中
file_name = 'test_atta.zip'            # 要作为附件的压缩包文件
file_type = get_mimetype(file_name)
```

```
with open(file_name, 'rb') as fp:
    msg.add_attachment(fp.read(), maintype=file_type["maintype"],
                       subtype=file_type["subtype"], filename=file_name)
# 最后发送该邮件，代码省略
```

这里的关键是要确定文件的 MIME 类型。带附件的邮件依然可以使用 as_string()方法将 EmailMessage 对象转换为字符串形式，再通过 smtplib 模块的 sendmail()方法发送。

> **提示** 加快建设法治社会，努力使尊法学法守法用法在全社会蔚然成风。制作和发送邮件应严格遵守《互联网电子邮件服务管理办法》的相关规定。其中明确禁止的行为主要有：制作、复制、发布、传播包含《中华人民共和国电信条例》第五十七条规定内容的互联网电子邮件；利用互联网电子邮件从事《中华人民共和国电信条例》第五十八条禁止的危害网络安全和信息安全的活动；未经授权利用他人的计算机系统发送互联网电子邮件；故意隐匿或者伪造互联网电子邮件信封信息；未经互联网电子邮件接收者明确同意，向其发送包含商业广告内容的互联网电子邮件。

任务实现

通过邮件发送报警通知

任务 4.2.1 通过邮件发送报警通知

在监控程序开发中通常要用到报警通知，比较常用的是短信通知和邮件通知。与短信通知相比，邮件通知成本更低，无须向电信运营商支付费用，而且发送的通知不受字数限制，也不限于纯文件内容。

任务 4.1.3 中实现了通过日志记录系统监控异常信息，下面在此基础上实现通过邮件向管理员发送关于异常信息的报警通知。

（1）配置邮箱使其支持第三方邮件客户端。

本任务中使用网易的 163 邮箱发送邮件，需要确认自己的邮箱开启了 SMTP 服务，并设置相应的授权码。目前网易、腾讯等邮件服务商通过邮箱的授权密码而不是登录密码来授权第三方客户端登录和使用其 SMTP 服务发送邮件，Python 程序使用 smtplib 模块实现的就是第三方 SMTP 客户端。163 邮箱的设置需要登录邮箱账户，切换到"POP3/SMTP/IMAP"设置界面，开启 SMTP 服务，并获取授权密码，如图 4-2 所示。

（2）编写一个纯文本邮件发送程序（文件命名为 email_send.py）作为单独的模块。

图 4-2 配置 163 邮箱

```
import smtplib
from email.message import EmailMessage
mail_host = "smtp.163.com"       # 设置服务器
mail_user = "XXX"                # 邮箱的用户名（不是完整的邮箱地址）
mail_pass = "XXXYYYZZZZZZZ"      # 邮箱授权密码
sender = "XXX@163.com"           # 发件人地址
receivers = ["XXX@163.com","YYY@qq.com"] # 收件人地址列表，可以有多个地址
''' 发送文本邮件的函数 '''
def send_mail(subject,content):
    msg = EmailMessage()
```

```
    msg["Subject"] = subject          # 邮件主题
    msg["From"] = sender              # 发件人
    msg["To"] = ",".join(receivers)  # 收件人列表
    msg.set_content(content)          # 邮件体（正文）
    s = smtplib.SMTP()                # 创建 SMTP 对象
    try:
        s.connect(mail_host, 25)          # 建立 SMTP 连接
        s.login(mail_user, mail_pass)    # 提供登录账号和密码
        s.sendmail(sender, receivers, msg.as_string())  # 发送邮件
        print("邮件发送成功! ")
    except smtplib.SMTPException as e:
        print(f"发送失败,错误原因: {e}")
    finally:
        s.quit()
```

本任务中的具体邮箱账号请读者自行设置。

（3）修改前面编写的 sysinfo_tolog.py 文件，将其重命名为 sysinfo_log_alert.py，在日志记录的基础上增加关于 CPU 过载、内存过载和磁盘空间紧张的邮件报警通知功能。下面列出修改的部分程序。

```
from email_send import send_textmail  # 从 email_send 模块中导入 send_textmail() 函数
import socket
…
def monjob():
    print('监测时间: %s' % datetime.now())
    report()
    logging.warning('执行一次监测! ')
    data = gather_monitor_data()
    threshold = 80  # 过载阈值（百分比）
    alert_text=""
    if data['cpu_percent'] > threshold:
        logging.warning(f"CPU 过载! 使用率达 {data['cpu_percent']}%")
        alert_text += f"CPU 过载! 使用率达 {data['cpu_percent']}%  "
    if data['mem_percent'] > threshold:
        logging.warning(f"内存过载! 使用率达 {data['mem_percent']}%")
        alert_text += f"内存过载! 使用率达 {data['mem_percent']}%  "
    if data['disk_percent'] > threshold:
        logging.warning(f"磁盘空间紧张! 使用率达 {data['disk_percent']}%")
        alert_text += f"磁盘空间紧张! 使用率达 {data['disk_percent']}%  "
    if alert_text != "":
        host_name = socket.gethostname()
        subject = f"{host_name}主机报警! "
        send_textmail(subject,alert_text)      # 发送报警通知邮件
```

该文件引入 sysinfo_bypsutil.py 文件，需要保证当前环境安装了 psutil 库和 APScheduler 库。

（4）上述程序中，设置的过载阈值为 80%，将过载阈值降低后进行测试，笔者将过载阈值改为 2%，测试成功后收到的报警通知邮件如图 4-3 所示。

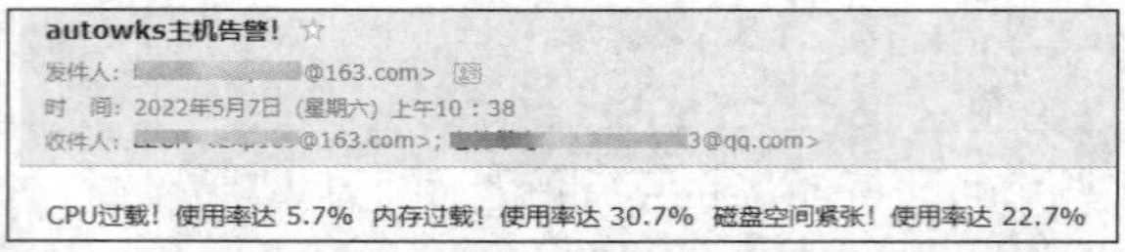

图 4-3　收到的报警通知邮件

任务 4.2.2　通过邮件发送运维报告

通过邮件发送运维
报告

任务 3.3.1 中使用 Jinja2 模板生成了系统监控数据的 HTML 格式报告，程序文件名为 sysinfo_tohtml.py。这里在该程序文件的基础上增加通过邮件发送该 HTML 格式报告的功能（在邮件正文中显示网页），并将程序文件重命名为 sysinfo_html_email.py。增加的主要程序如下。

```python
…
import smtplib
from email.message import EmailMessage
# 设置邮箱信息
…
if __name__ == '__main__':
…
# 构造邮件
    msg = EmailMessage()
    msg["Subject"] = f"{host_name}主机系统信息"
    msg["From"] = sender
    msg["To"] = ",".join(receivers)
    msg.add_alternative(html_content,subtype='html')  # 添加 HTML 格式内容
# 创建 SMTP 对象并发送邮件
    s = smtplib.SMTP(mail_host, 25)
    s.login(mail_user, mail_pass)
    s.send_message(msg)                # 直接使用 send_message()方法
```

其中的关键是使用 EmailMessage 对象的 add_alternative()方法将邮件转换成 multipart/alternative 类型的组合体，使邮件正文可以同时采用 HTML 格式和普通文本格式。

注意需要参照任务 3.3.1 使用其他文件和第三方库。运行 sysinfo_html_email.py 程序进行测试，收到的 HTML 格式邮件如图 4-4 所示。

图 4-4　收到的 HTML 格式邮件

项目小结

本项目涉及日志记录和邮件发送两项基础运维技能的训练。

Python 标准库内置的 logging 模块支持强大的日志功能，便于将日志消息与来自第三方库的消息进行整合。logging 模块预定义日志级别，可以灵活地分级控制日志的记录和输出。

使用 logging 模块记录日志有两种方式，一种是使用模块级函数，可以实现简单的功能；另一种是使用日志系统组件和类，可以实现更高级、更复杂的功能。日志系统组件包括记录器、处理器、过滤器和格式化器，每个组件都有相应的类。使用类实现日志记录，首先创建记录器，然后配置记录器，最后记录日志。

在 Python 程序中发送邮件可使用 smtplib 和 email 这两个内置模块。首先使用 email 模块构造邮件，可以是纯文本邮件、HTML 格式邮件和带有各种附件的邮件；然后使用 smtplib 模块创建 SMTP 对象，再使用其方法发送邮件。

完成本项目的各项任务之后，读者可以在运维程序中熟练地使用日志记录和邮件发送功能。项目 5 将介绍运维数据的记录和数据可视化。

课后练习

1. 针对出现严重问题，程序不能正常运行的情形，logging 模块预定义的日志级别是（　　）。
   A. CRITICAL
   B. ERROR
   C. WARNING
   D. INFO
2. logging 模块的日志系统组件是（　　）。
   A. 记录器、处理器、过滤器、格式化器
   B. 记录器、处理器、监控器、格式化器
   C. 记录器、分离器、过滤器、格式化器
   D. 记录器、处理器、过滤器、发送器
3. 以下关于 logging 模块的说法中，不正确的是（　　）。
   A. 处理器负责将日志消息分派到指定的位置
   B. 格式化器负责配置日志消息的最终格式
   C. 记录器是必需的，在程序中要直接实例化 Logger 类
   D. 模块级函数是对 logging 模块相关类的封装
4. 以下关于 smtplib 模块的说法中，不正确的是（　　）。
   A. SMTP.sendmail(from_addr , to_addrs , msg)中的 msg 参数必须是表示邮件的字符串
   B. SMTP.send_message(msg , from_addr = None , to_addrs = None)的 msg 参数不能是表示邮件的字符串
   C. smtplib 模块实现的是 SMTP 客户端
   D. smtplib 模块可以实现 SMTP 服务器和客户端
5. 以下关于 email 模块的说法中，不正确的是（　　）。
   A. 纯文本邮件无须构建
   B. 构造的邮件可调用 smtplib 模块发送
   C. 可以构造 HTML 格式邮件
   D. 创建的 EmailMessage 对象可以添加邮件附件

///////// ## 项目实训

实训 1　使用日志记录文件删除和移动监控的信息

实训目的

（1）了解 logging 模块的基本用法。

（2）学会编写日志记录程序。

实训内容

（1）安装 watchdog 库。

（2）编写 Python 程序，导入 watchdog 库和 logging 模块。

（3）定制事件处理器，专门处理文件删除和移动事件，将发生的此类事件记录到日志文件中，日志中包括具体的发生时间和文件系统更改事件。

（4）创建一个 Observer 类的对象。

（5）将事件处理器关联到要监控的目录。

（6）启动 Observer 线程。

实训 2　监控文件删除和移动并发送邮件通知

实训目的

（1）了解 smtplib 和 email 模块的用法。

（2）学会编写邮件通知程序。

实训内容

（1）配置邮箱使其支持第三方邮件客户端。

（2）编写一个 Python 模块，实现纯文本邮件发送功能。其中包括设置邮箱信息，使用 email 模块构造邮件，使用 smtplib 模块创建 SMTP 对象并发送邮件。

（3）在实训 1 的基础上修改程序，导入上述自定义模块，在日志记录的程序后面增加发送邮件通知的代码。

项目5
运维数据记录与可视化

05

日常运维工作会涉及大量不同来源的数据，如服务器性能数据、网络设备监控数据、数据中心监控数据、应用中间件监控数据、配置更改数据、日志数据等，这些数据需要记录下来，以便进行分析和处理。为便于及时、直观、清晰地了解运维情况，管理员往往根据不同时段，周期性地对运维数据进行分析和处理，生成可视化报表。运维数据的可视化主要实现监控结果的统计、分析和展现，旨在帮助运维工程师实时了解业务和其所依赖IT资源的运行状况，为管理员提供系统运维和优化的指示和依据。本项目将通过两个典型任务，引领读者编写Python程序，实现运维数据的记录和可视化报表的生成。

课堂学习目标

知识目标
- 了解运维数据记录的手段，熟悉CSV、Excel文件和数据库的Python操作。
- 了解数据可视化技术，熟悉Matplotlib库和Dash框架的基本用法。

技能目标
- 学会使用CSV文件和SQLite数据库记录运维数据。
- 学会使用Matplotlib库编程绘制统计图表。
- 学会使用Dash框架编程实现生成基于Web的可视化报表。

素养目标
- 进一步提高基础运维技能水平。
- 培养执着专注、精益求精的工匠精神。

任务 5.1 记录运维数据

任务要求

运维工程师要记录和管理很多运维数据，最简单的方式之一就是使用CSV文件或Excel文件来记录和管理运维数据，CSV文件仅限于纯文本；Excel文件不限于文本，除了支持常用的数据类型外，还具有丰富的格式化功能和图表生成功能。运维数据量巨大、数据种类繁多时，就需要使用数据库来存储了。为便于实验，这里仅对数据库进行简单讲解。本任务的基本要求如下。

（1）了解纯文本的CSV文件及其Python操作方法。

（2）了解Excel文件及其Python操作方法。

（3）学会编写通过CSV文件记录系统监控数据的Python程序。

（4）学会编写通过SQLite数据库记录系统监控数据的Python程序。

相关知识 ━━━━━━━━━━━━━━━━━━━━━━━━━━━━━━━━━

5.1.1　纯文本的 CSV 文件

CSV（Comma-Separated Values，逗号分隔值）是一种常见的数据交换格式，是电子表格（如 Excel）或数据库表常用的数据导出格式。CSV 文件以纯文本形式存储表格数据，只能包含文本数据，即可打印的 ASCII 或 Unicode 字符。CSV 文件由任意数目的记录组成，记录以某种换行符（记录分隔符）分隔；记录由字段组成，字段的分隔符（字段分隔符）是其他字符或字符串，常见的是逗号或 TAB（制表符）。

使用 CSV 文件记录简单的运维数据非常方便。例如，我们可以将网络监控数据记录到 CSV 文件，以后再导入电子表格来分析数据、生成图表。

Python 程序可以非常容易地处理 CSV 文件。

1. 使用内置的 csv 模块处理 CSV 文件

大多数 CSV 文件的读取、处理和写入任务都可以通过 Python 内置的 csv 模块处理。该模块提供 4 个常用的对象。

- csv.reader：以列表的形式返回读取的数据。
- csv.writer：以列表的形式写入数据。
- csv.DictReader：以字典的形式返回读取的数据。
- csv.DictWriter：以字典的形式写入数据。

2. 使用 Pandas 库处理 CSV 文件

如果 CSV 文件中有大量的数据要读取和处理，则可以考虑使用第三方库 Pandas。Pandas 库是强大的分析结构化数据的工具集，可以从各种文件格式（如 CSV、JSON、SQL）的文件中导入数据，再对数据进行运算操作，比如数据聚合、数据转换、数据清洗等。

Pandas 库的主要数据结构是 Series（一维数据）和 DataFrame（二维数据）。前者是一种类似一维数组的数据结构，由一组数据和一组与之相关的数据标签（索引）组成。后者是一种表格型的数据结构，含有一组有序的列，每列可以是不同类型的值。

使用 Pandas 库处理 CSV 文件，需要先安装该库。

```
pip install pandas
```

使用 Pandas 库读取 CSV 文件的代码如下。

```
import pandas as pd
df = pd.read_csv('CSV 文件')
```

使用 read_csv()方法读取 CSV 文件返回的是一个 DataFrame 对象（二维数据表）。

我们也可以使用 to_csv()方法将 DataFrame 对象存储为 CSV 文件，下面给出示例程序。

```
import pandas as pd
df = pd.DataFrame(dict)        # 通过二维数组或字典创建 DataFrame 对象
df.to_csv('CSV 文件')
```

5.1.2　功能强大的 Excel 文件

作为主流的电子表格处理软件，Excel 支持丰富的计算函数及图表，在系统运维方面除了用于记录运维数据外，还可以生成各种报表，如资源使用报表、安全扫描报表等。与 CSV 一样，Excel 也是常用的文件导入、导出格式；与 CSV 不同的是，Excel 除了文本、数字外，还可以存储和处理图片、公式、图表，以及其他媒体对象等。

1. Excel 文件处理

前面介绍的 Pandas 库也可以对 Excel 文件的数据进行处理，而且可以对大规模的数据进行清洗和合并。但是，要对 Excel 文件进行其他处理，如读写其中的图表、公式，则需要使用专门的 Excel 操作库。Python 常用的 Excel 操作库如表 5-1 所示。

表 5-1　Python 常用的 Excel 操作库

Excel 操作库	功能	不足
xlrd/xlwt	读写.xls 文件，可设置单元格格式	不支持读写.xlsx 文件
openpyxl	读写.xlsx 文件，支持 Excel 大多数功能，可以设置单元格格式，支持图片、公式、图表等操作	不支持读写.xls 文件
xlwings	支持.xls 和.xlsx 格式，几乎支持 Excel 全部功能，可以调用 Excel 文件中的 VBA 程序	需要运行环境中安装了 Excel 软件
XlsxWriter	创建.xlsx/.xls 文件，可以设置单元格格式，支持图片、公式、图表等操作	不能打开和修改已有的 Excel 文件

可以发现，没有一种库能够完全解决 Excel 文件的操作问题。本书的运维工作站选择的是 Ubuntu 操作系统，无法安装 Excel 软件，考虑到.xlsx 文件格式已很普及，下面重点介绍功能相对全面的 openpyxl 库的使用。

2. openpyxl 库的基本用法

首先需要安装该库。

```
pip install openpyxl
```

使用 openpyxl 库读取 Excel 文件的流程与手动操作 Excel 文件的一样，先打开工作簿，再选择工作表，最后操作单元格。下面给出遍历某工作表的示例程序。

```
import openpyxl
wb=openpyxl.load_workbook('xlsx 文件')  #根据路径读取.xlsx 文件
sheet=wb.worksheets[0]            #获取第 1 个工作表
# 也可通过工作表名获取工作表: sheet=wb.get_sheet_by_name ('工作表名')
for row in sheet:              # 遍历工作表中的行
  for cell in row:            # 遍历行中的单元格
    print(cell.value,end=" ") # 同一行，不换行
  print()                     # 遍历完一行，必须换行
for col in sheet.columns:     # 遍历工作表中的列
  for cell in col:            # 遍历列中的单元格
    print(cell.value ,end=' ')
  print()
```

下面的代码用于读取指定的单元格。

```
print("A4 单元格的值: ",sheet['A2'].value)
print("A4 单元格的数据类型: ",sheet['A2'].data_type)
```

对单元格格式进行操作可以先导入相应的类。

```
from openpyxl.styles import Font, colors, Alignment
```

下面给出部分示例程序。

```
myfont = Font(name='黑体', size=24, color=colors.Blue, bold=True)
sheet['A1'].font = myfont                      #字体
sheet['B1'].alignment = Alignment(horizontal='center', vertical='center') #对齐方式
```

107

```
sheet.row_dimensions[2].height = 20      # 行高（第 2 行）
sheet.column_dimensions['C'].width = 50   # 列宽（第 3 列）
```

往工作表中写入数据除了直接对单元格赋值（可以输入公式）外，还可以使用工作表对象的 append()方法在工作表最下方空白处添加行（从第 1 列开始），可以添加多行。

使用 openpyxl 库处理单元格中的公式很简单。写入公式就像写入普通文本一样，例如：

```
formula = "=SUM(A1:A6)"
sheet.cell(row=3, column=4, value= formula)
```

默认情况下，打开一个 Excel 文件并读取某工作表中某单元格的值时，如果该单元格本身的内容是公式，那么读取的就是公式；如果该单元格本身的内容是一个值，那么读取的就是一个值。在上述程序中，sheet.cell(row=3, column=4).value 返回的是"=SUM(A1:A6)"。

如果需要读取单元格中公式计算后产生的数值，则使用 load_workbook()方法打开 Excel 文件时需要加上 data_only=True 参数。

在工作簿中创建工作表需要使用工作簿对象的 create_sheet()方法。

保存数据需使用工作簿对象的 save()方法，将其保存到指定的.xlsx 文件中。

3. 使用 openpyxl 库创建 Excel 文件

下面通过一个示例来介绍 Excel 文件的创建。本例中文件命名为 excel_create.py，程序如下。

```
from openpyxl import Workbook
wb = Workbook(write_only=True)       # 实例化 Workbook 类生成工作簿对象
ws = wb.create_sheet()               # 创建一个工作表
ws.append(['部门', '服务器', '得分'])    # 添加第一行数据
rows = [                             # 定义一个包含元组的列表（提供二维表数据）
    ('信息部', 'A01', 95),
    ('信息部', 'A02', 78),
    ('信息部', 'A03', 92),
    ('业务部', 'B01', 82),
    ('业务部', 'B02', 66),
    ('业务部', 'B03', 88)
]
for row in rows:                     # 将上述二维表数据逐行添加到工作表
    ws.append(row)
wb.save("servertest.xlsx")
```

运行该程序，在当前目录下生成 servertest.xlsx 文件，打开该 Excel 文件，其内容如图 5-1 所示，结果表明成功创建了 Excel 文件并往工作表中填充了数据。

4. 使用 openpyxl 库创建图表

使用 openpyxl 库创建图表的流程很简单，依次为导入对应的图表模块、选择数据源、创建图表对象、添加数据源、在指定

	A	B	C	D
1	部门	服务器	得分	
2	信息部	A01	95	
3	信息部	A02	78	
4	信息部	A03	92	
5	业务部	B01	82	
6	业务部	B02	66	
7	业务部	B03	88	

图 5-1　生成的 Excel 文件

位置绘制图表。下面以绘制一个简单的柱形图为例进行介绍。本例文件命名为 excel_bar.py，数据来自上述 servertest.xlsx 文件，全部程序如下。

```
from openpyxl import load_workbook
from openpyxl.chart import BarChart3D, Reference  # BarChart3D 为三维柱形图
wb = load_workbook('servertest.xlsx')             # 打开.xlsx 文件
ws = wb.active                                     # 获取当前的工作表对象（第 1 个工作表）
```

```
# 选择图表的数据源,返回范围内的所有单元格
data = Reference(ws, min_col=3, min_row=2, max_col=3, max_row=8)
# 选择要显示的 x 轴坐标标记内容
x_label = Reference(ws, min_col= 2, min_row = 2, max_row = 8)
chart  = BarChart3D()                     # 创建 BarChart3D 对象(三维柱形图)
chart.title = "服务器性能测试"             # 给 BarChart3D 对象添加标题
chart.add_data(data)                      # 给 BarChart3D 对象添加数据源
chart.set_categories(x_label)             # 给 BarChart3D 对象添加坐标轴标记
ws.add_chart(chart, "E5")                 # 在工作表上添加图表,并指定图表左上角锚定的单元格
wb.save("server_bar3d.xlsx")              # 保存工作簿
```

运行该程序,在当前目录下生成 server_bar3d.xlsx 文件。使用 Excel 软件(将该文件复制到 Windows 系统的计算机中)打开该文件,其内容如图 5-2 所示,结果表明图表成功创建。

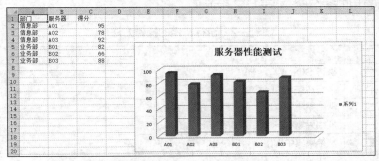

图 5-2　Excel 文件中创建的图表

5.1.3　使用数据库存储

数据库是专业的存储系统。

1. 数据库简介

数据库可以分为两类,一类是 SQL 数据库,另一类是 NoSQL 数据库。SQL 是 Structure Query Language(结构查询语言)的缩写。现在几乎所有的数据库均支持 SQL,SQL 数据库通常是指支持 SQL 的关系数据库。NoSQL 是 Not Only SQL 的缩写,泛指非关系数据库。NoSQL 是一种非关系型数据库管理系统,可以为大数据建立快速、可扩展的存储库。

普通的运维数据可以考虑采用 SQL 数据库进行记录。目前流行的开源 SQL 数据库有 MySQL、MariaDB 和 PostgreSQL 等。

数据中心、服务器、微服务、容器的监控数据都是特殊的时间序列数据(Time Series Data),即按时间维度顺序记录和索引的数据。此类数据可以采用专门的时间序列数据库(Time Series Database,TSDB)进行存储。TSDB 可以高效存取时间序列数据,并提供强大的统计、分析功能。目前常用的 TSDB 有 TimescaleDB、KairosDB、InfluxDB、CrateDB 等。

多数数据库都提供了 Python 接口。为便于实验,下面以 SQLite 为例介绍数据库的使用。SQLite 是嵌入式的 SQL 数据库,它就是一个文件,无须提供服务器进程。规模不大的运维数据可以采用 SQLite 来记录。SQLite 也是 Python 预置的数据库,不需要任何配置,使用内置的 sqlite3 模块就可以对 SQLite 数据库进行操作。

2. SQLite 数据库的基本操作

Python 的数据库模块有接口标准,数据库操作都有统一的模式,SQLite 的操作方法如下。

（1）导入 sqlite3 模块。在 Python 程序中使用 SQLite 首先要导入相应的模块。

```
import sqlite3
```

（2）创建或打开数据库。使用 sqlite3 模块的 connect()方法打开数据库，该数据库名是一个文件路径，如果文件存在则直接打开该数据库；如果文件不存在，则自动创建并打开数据库，因此我们无须显式创建一个 SQLite 数据库。打开数据库返回的是一个数据库连接对象，例如：

```
con = sqlite3.connect("test.db")
```

（3）操作数据库连接对象。该对象提供多种方法，其中 commit()方法用于事务提交，rollback()方法用于事务回滚，close()方法用于关闭数据库连接，cursor()方法用于创建游标（Cursor）。具体的数据库操作需要游标，下面的语句用于创建游标。

```
cur = conn.cursor()
```

（4）使用数据库游标。游标相当于一种指针，是一种从结果集中每次提取一条记录的机制。要对结果集进行处理，必须声明一个指向该结果集的游标。SQLite 数据库的所有 SQL 语句的执行都需要游标。游标常用的操作方法如表 5-2 所示。

表 5-2　游标常用的操作方法

方法	功能
execute()	执行 SQL 语句
executemany()	执行多条 SQL 语句
fetchone()	从结果集中取出一条记录，并将游标指向下一条记录
fetchmany()	从结果集中一次性取出多条记录
fetchall()	从结果集中取出所有记录
close()	关闭游标

常用的数据操作，如创建表、插入记录、修改记录、删除记录等，一般使用游标的 execute()方法执行相应的 SQL 语句，操作完成后，需要执行数据库连接对象的 commit()方法使之生效。程序如下。

```
data = "10,'2022-05-03','10:20:11'"
cur.execute('INSERT INTO Tablename VALUES(%S)' % data)
conn.commit()
```

进行查询记录操作无须提交事务，但查询结果需要使用 fetchall()等方法提取，程序如下。

```
cur.execute("SELECT * FROM Tablename")
result = cur.fetchall()
```

相关的操作全部完成后，需要依次关闭游标和数据库连接。

```
cur.close()
conn.close()
```

任务实现

任务 5.1.1　使用 CSV 文件记录系统监控数据

使用 CSV 文件记录
系统监控数据

在前面的项目中，对于获取的系统监控数据仅通过控制台显示，并没有记录下来。任务 2.4.2 编写了使用 APScheduler 库定时获取系统信息的程序（sysinfo_byapscheduer.py），下面改进该程序（将文件重命名为 sysinfo_tocsv.py），增加将监控数据记录到 CSV 文件的功能，程序如下。

```
from datetime import datetime
import os
```

```
# 导入 csv 模块
import csv
from apscheduler.schedulers.blocking import BlockingScheduler
# 从 sysinfo_bypsutil.py 文件导入 gather_monitor_data()函数
from sysinfo_bypsutil import gather_monitor_data
file_name="sysinfo.csv"                    # 指定的 CSV 文件

'''定义要执行的任务'''
def monjob():
    print('监测时间: %s' % datetime.now())
    data = gather_monitor_data()
    data['mon_time']=datetime.now().strftime('%Y-%m-%d %H:%M:%S')
    # 创建标题列表
    header_list = data.keys()
    # 创建数据列表，列表的每个元素都是字典
    data_list=[]
    data_list.append(data)
    csv_lines = 0
    if os.path.exists(file_name):
        csv_lines = len(open(file_name).readlines())
    # 以追加方式打开文件。注意添加参数 newline=""，否则会在每两行数据之间插入一空白行
    with open(file_name, mode="a", encoding="utf-8-sig", newline="") as f:
        # 基于打开的文件创建 csv.DictWriter 对象，将标题列表作为参数传入
        writer = csv.DictWriter(f, header_list)
        if csv_lines == 0:              #如果 CSV 文件没有内容，则写入标题行
        # 写入标题行
            writer.writeheader()
        # 写入数据行
        writer.writerows(data_list)

if __name__ == '__main__':
    scheduler = BlockingScheduler()
    scheduler.add_job(monjob, 'interval', minutes=2)
    # 给出强制退出的组合键，兼顾 Linux 和 Windows 平台
    print('按 Ctrl+{0} 组合键退出'.format('Break' if os.name == 'nt' else 'C'))
    # 先运行一次定义的任务，再启动调度器
    monjob()
    try:
        scheduler.start()
    except (KeyboardInterrupt, SystemExit):
        print('已退出! ')
        exit()
```

该文件引入前面创建的 sysinfo_bypsutil.py 文件，需要保证当前环境安装了 psutil 库和 APScheduler 库。为便于测试，这里将调度器执行任务的时间间隔设置得小一些，例如改为 2 分钟一次。运行该程序，同时在当前主机上执行其他操作，如访问网站、打开文件等。等待一段时间，结束程序运行。查看所生成的 CSV 文件，笔者测试的结果如图 5-3 所示。

														Try RubyMine Try PyCharm Professional Dismiss

```
1   cpu_count,cpu_percent,mem_total,mem_used,mem_free,mem_percent,disk_total,disk_used,disk_free,disk_percent,disk_read,disk_write,net_sent,net_recv,mon_
2   4,1.1,7.7G,328.5G,4.7G,42.5,58.3G,14.5G,40.8G,26.2,2.3G,4.4G,8.3M,478.0M,2022-06-29 16:55:45
3   4,0.3,7.7G,327.7G,4.7G,42.4,58.3G,14.5G,40.8G,26.2,2.3G,4.4G,8.3M,478.0M,2022-06-29 16:57:45
4   4,0.4,7.7G,327.7G,4.7G,42.4,58.3G,14.5G,40.8G,26.2,2.3G,4.4G,8.3M,478.0M,2022-06-29 16:59:45
5   4,0.3,7.7G,327.7G,4.7G,42.4,58.3G,14.5G,40.8G,26.2,2.3G,4.4G,8.3M,478.0M,2022-06-29 17:01:45
6   4,0.0,7.7G,327.7G,4.7G,42.4,58.3G,14.5G,40.8G,26.2,2.3G,4.4G,8.3M,478.0M,2022-06-29 17:03:45
7   4,4.8,7.7G,327.7G,4.7G,42.4,58.3G,14.5G,40.8G,26.2,2.3G,4.4G,8.3M,478.0M,2022-06-29 17:06:09
8   4,0.4,7.7G,400.4G,4.1G,51.8,58.3G,14.5G,40.8G,26.2,2.4G,4.5G,8.9M,488.9M,2022-06-29 17:08:09
9   4,12.5,7.7G,398.9G,4.1G,51.6,58.3G,14.5G,40.8G,26.2,2.4G,4.5G,8.9M,488.9M,2022-06-29 17:08:46
```

图 5-3 生成的 CSV 文件

> **提示** 写入 CSV 文件要使用 UTF-8-sig 编码，否则会出现乱码问题。UTF-8 编码以字节为编码单元，其字节顺序在所有系统中都是一样的，没有字节顺序问题，因此它不需要字节顺序标记（Byte Order Mark，BOM）信息。使用 UTF-8 编码生成 CSV 文件时，并没有生成 BOM 信息。而 UTF-8-sig 是带有签名的 UTF-8，使用它生成 CSV 文件时会产生 BOM 信息。通常使用 Excel 打开 CSV 文件，Excel 通过读取文件头的 BOM 信息来识别编码，如果没有 BOM 信息，则默认按照 Unicode 编码读取，这样就会出现乱码。以 UTF-8 编码方式读取带有 BOM 信息的文件时，会将 BOM 信息当作文件内容来处理，也会出现乱码。而以 UTF-8-sig 编码方式读取带有 BOM 信息的 UTF-8 文件时会将 BOM 信息单独处理，与文件内容自动分隔，不会出现乱码。

下面再编写一个 Python 程序（文件命名为 sysinfo_fromcsv.py），读取记录到 CSV 文件中的监控数据，程序如下。

```python
file_name="sysinfo.csv"
# 以列表形式读取 csv 文件
with open(file_name, encoding="utf-8-sig", mode="r") as f:
    reader = csv.reader(f)
    print("显示第一行（标题行）")
    header = next(reader)
    print(header)
    print("显示数据行")
    for row in reader:
        print(row)

# 以字典形式读取 csv 文件
with open(file_name, encoding="utf-8-sig", mode="r") as f:
    # 基于打开的文件，创建 csv.DictReader 对象
    reader = csv.DictReader(f)
    print("以字典形式显示所有数据")
    for row in reader:
        print(row)
```

注意也要以 UTF-8-sig 编码方式打开 CSV 文件。

使用 SQLite 数据库
记录系统监控数据

任务 5.1.2 使用 SQLite 数据库记录系统监控数据

如果系统监控过程持续时间很长，则会产生大量的数据，此时可考虑使用数据库来存储监控数据。这里对上述使用 CSV 文件记录系统监控数据的程序进行修改，改用 SQLite 数据库记录数据，将程序文件重命名为 sysinfo_tosqlite.py，

主要程序如下。

```python
from datetime import datetime
import os
# 导入 sqlite3 模块
import sqlite3
from apscheduler.schedulers.blocking import BlockingScheduler
# 从 sysinfo_bypsutil.py 文件导入 gather_monitor_data()函数
from sysinfo_bypsutil import gather_monitor_data

db_file = "sys_info.db3"
'''定义数据库表'''
def db_define():
  # 连接数据库
  con = sqlite3.connect(db_file, timeout=10, check_same_thread=False)
  # 创建游标
  cur = con.cursor()
  # 创建表（如果存在该表就不创建）
  cur.execute('CREATE TABLE IF NOT EXISTS  sysinfo (id INTEGER PRIMARY KEY,
   cpu_count INT, cpu_percent REAL, mem_total TEXT, mem_used TEXT, mem_free TEXT,
     mem_percent REAL, disk_total TEXT,disk_used TEXT,disk_free TEXT,disk_percent
   REAL,disk_read TEXT,disk_write TEXT,net_sent TEXT,net_recv TEXT,mon_time TEXT)')
   con.commit()
   cur.close()
   con.close()


'''定义要执行的任务'''
def monjob():
  print('监测时间: %s' % datetime.now())
  data = gather_monitor_data()
  data['mon_time']=datetime.now().strftime('%Y-%m-%d %H:%M:%S')
  field_names = ','.join(data.keys())        # 从字典数据中获取字段名并转换为字符串
  field_values = ''                          # 定义字段值变量
  # 从字典数据中获取字段值并连接成字符串
  for index, item in enumerate(data.values()):
      if isinstance(item, str):
          item = '\'' + item + '\''
      else:
          item = str(item)
      if index>0:
          field_values = field_values + "," + item
      else:
          field_values = field_values + item
  # 插入记录语句
  statement = "INSERT INTO sysinfo (" + field_names + ") VALUES("  + field_values +")"
  con = sqlite3.connect(db_file, timeout=10, check_same_thread=False)
  cur = con.cursor()
  cur.execute(statement)                 # 执行插入操作
  con.commit()
```

```
    cur.close()
    con.close()

if __name__ == '__main__':
    db_define()                              # 创建数据库和表
# 以下代码省略
```

运行该程序，等待一段时间，结束该程序。接下来再编写一个 Python 程序（文件命名为 sysinfo_fromsqlite.py），读取记录到 SQlite 数据库的监控数据，程序如下。

```
import sqlite3
db_file = "sys_info.db3"
con = sqlite3.connect(db_file, timeout=10, check_same_thread=False)
cur = con.cursor()
# 执行查询语句
cur.execute('SELECT * FROM sysinfo')
values = cur.fetchall()
cur.close()
con.close()
# 显示所有记录
for rec in values:
    print(rec)
```

运行该程序可查看数据库中的内容，笔者测试的结果如图 5-4 所示。

```
/autoom/05report/venv/bin/python /autoom/05report/sysinfo_fromsqlite.py
(1, 4, 2.5, '7.7G', '264.0G', '5.4G', 34.2, '58.3G', '13.8G', '41.5G', 25.0, '1.6G', '198.8M', '174.8K', '1.2M', '2022-06-30 09:17:42')
(2, 4, 7.0, '7.7G', '357.9G', '4.5G', 46.3, '58.3G', '13.9G', '41.5G', 25.1, '1.7G', '250.6M', '1.6M', '14.8M', '2022-06-30 09:19:42')
(3, 4, 4.5, '7.7G', '357.1G', '4.5G', 46.2, '58.3G', '13.9G', '41.5G', 25.1, '1.7G', '254.0M', '1.6M', '14.8M', '2022-06-30 09:21:42')
(4, 4, 6.4, '7.7G', '361.0G', '4.5G', 46.7, '58.3G', '13.9G', '41.4G', 25.1, '1.7G', '275.1M', '2.3M', '24.2M', '2022-06-30 09:23:42')
(5, 4, 5.8, '7.7G', '359.4G', '4.5G', 46.5, '58.3G', '13.9G', '41.4G', 25.1, '1.7G', '282.6M', '2.3M', '24.2M', '2022-06-30 09:25:42')
(6, 4, 5.5, '7.7G', '359.4G', '4.5G', 46.5, '58.3G', '13.9G', '41.4G', 25.1, '1.7G', '289.6M', '2.3M', '24.2M', '2022-06-30 09:27:42')
(7, 4, 4.8, '7.7G', '358.7G', '4.5G', 46.4, '58.3G', '13.9G', '41.4G', 25.1, '1.7G', '291.9M', '2.3M', '24.2M', '2022-06-30 09:29:42')
(8, 4, 5.5, '7.7G', '359.4G', '4.5G', 46.5, '58.3G', '13.9G', '41.4G', 25.1, '1.7G', '294.3M', '2.3M', '24.2M', '2022-06-30 09:31:42')
(9, 4, 5.2, '7.7G', '360.0G', '4.5G', 46.6, '58.3G', '13.9G', '41.4G', 25.1, '1.7G', '296.5M', '2.3M', '24.2M', '2022-06-30 09:33:42')
(10, 4, 4.9, '7.7G', '360.2G', '4.5G', 46.6, '58.3G', '13.9G', '41.4G', 25.1, '1.7G', '297.9M', '2.3M', '24.2M', '2022-06-30 09:35:42')
(11, 4, 5.6, '7.7G', '359.4G', '4.5G', 46.5, '58.3G', '13.9G', '41.4G', 25.1, '1.7G', '301.0M', '2.3M', '24.5M', '2022-06-30 09:37:42')
(12, 4, 4.9, '7.7G', '360.2G', '4.5G', 46.6, '58.3G', '13.9G', '41.4G', 25.1, '1.7G', '302.4M', '2.3M', '24.5M', '2022-06-30 09:39:42')
```

图 5-4　读取 SQLite 数据库的数据

任务 5.2　可视化运维数据

任务要求

数据可视化是指利用图形、图表等易于理解的形式，展示和分析大量复杂且枯燥的数据，显示分析结果，从而帮助用户充分利用数据。精美的图表不仅能够直观地展示大量信息，而且能够清晰地揭示数据之间的关系。Matplotlib库是Python可视化的基础库，可用来绘制二维、三维、动态交互式的图表。仪表盘（DashBoard）是更高级的数据可视化工具，它突出的特点就是可以同时展示多个可互动的图表。我们可以通过仪表盘集中展现图表、表格、地图等可视化组件，提供更好的数据使用方面的用户体验。目前常用的Python仪表盘制作工具有Tableau、Pyecharts、Dash等，阿里云的dataV也是优秀的国产仪表盘制作工具。Dash是一个相当成熟的框架，不仅可以用来快速制作数据仪表盘，还可以借助丰富的第三方组件开发Web应用。本任务的基本要求如下。

（1）了解Matplotlib库及其基本用法。

（2）了解Dash框架及其基本用法。

（3）学会使用Matplotlib库编程绘制图表。

（4）学会基于Dash框架实现Web可视化数据仪表盘。

相关知识

5.2.1 经典的 Python 绘图库 Matplotlib

Matplotlib 库是 Python 的绘图库，能够将数据图形化，并且提供多样化的输出格式。Matplotlib 库可以用来绘制各种静态、动态、交互式的图表，如折线图、散点图、等高线图、条形图、柱形图、三维图形、图形动画等。作为第三方库，需要安装后才能使用。

```
pip install matplotlib
```

安装 Matplotlib 库时会自动安装 NumPy 库。NumPy 库是运行速度非常快的数学库，主要用于数组计算。Matplotlib 库通常与 NumPy 库一起使用，可以实现数据可视化，将数据更直观地呈现给用户。Pyplot 是 Matplotlib 库的绘图模块，下面主要介绍其基本用法。

1. 绘制简单的图形

下面通过一个简单的示例介绍图形的绘制。本例中的文件命名为 plt_basic.py，程序如下。

```
# 使用 import 导入 Pyplot 模块并设置一个别名 plt
import matplotlib.pyplot as plt
x =[0,5]
y = [0, 10]
plt.plot(x, y)
plt.xlabel("x-label")
plt.ylabel("y-label")
plt.show()
```

运行该程序，结果如图 5-5 所示，通过两个坐标点 (0,5)和(0,10)绘制一条直线。

本例中我们使用了 Pyplot 模块的 plot()函数，plot() 函数是绘制二维图形的基本函数，用于绘制点和线，其基本用法如下。

```
plot(x, y, fmt, **kwargs)
```

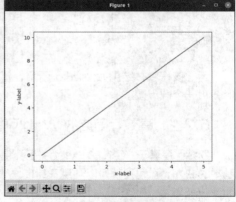

图 5-5 绘制的简单图形

其中 x 和 y 参数表示所绘点或线的节点，分别表示 x 轴和 y 轴数据，数据可以是列表或数组形式；fmt 参数是可选的，用于控制图形格式，如颜色、标记和线条样式；**kwargs 参数也是可选的，用于设置指定的属性，如标签、线的宽度等。

xlabel()和 ylabel()两个函数分别用来设置 x 轴和 y 轴的标签。

最后执行的 show()函数在图形窗口中显示绘制的图形，在图形窗口中可以执行图形移动、缩放等操作，还可以将图形保存为文件。

要在程序中自动保存所生成图形文件，可以使用 Pyplot 模块的 savefig()函数，其基本用法如下。

```
savefig(fname,format=None)
```

其中 fname 参数是一个包含文件名路径的字符串，或者是一个类似 Python 文件的对象。format

参数用于设置文件格式，如果设为 None 且 fname 参数是一个字符串，则输出格式将根据文件的扩展名推导出来。

2. 绘制多子图图形

我们可以使用 Pyplot 模块绘制含有多个子图的图形，这需要使用 subplots() 函数。该函数的基本用法如下。

```
subplot(nrows, ncols, index)
```

该函数将整个绘图区域分成网格状，每格表示一个子区域，nrows 和 ncols 两个参数分别表示网格的行数和列数。例如 nrows 和 ncols 值均为 2 表示将图形划分成 2×2 的网格。每个子区域的位置由 index 参数表示，该参数值就是子区域的编号。Pyplot 模块按照从左到右、从上到下的顺序对每个子区域从 1 开始编号。

下面通过一个示例介绍多子图图形的绘制。本例中的文件名为 plt_subplots.py，程序如下。

```python
import matplotlib.pyplot as plt
# 导入 NumPy 库
import numpy as np
# 第 1 个子图
x1 = np.array([0, 1, 2, 3, 4, 5, 6])
y1 = np.random.randint(low=1, high=100, size=7).tolist()  # 产生随机数
plt.subplot(1, 2, 1)
plt.bar(x1, y1)  # 绘制柱形图
plt.title("Graph 1")
# 第 2 个子图
x2 = np.array([1, 2, 3, 4])
y2 = np.array([1, 4, 9, 16])
plt.subplot(1, 2, 2)
plt.scatter(x2, y2)  # 绘制散点图
plt.title("Graph 2")
plt.suptitle("Test subplot")      # 总标题
plt.show()
```

运行该程序，结果如图 5-6 所示，整个图形包括一个柱形图和一个散点图。

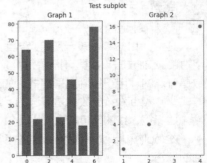

图 5-6 绘制的多子图图形

5.2.2 高效、简洁的 Web 可视化框架 Dash

Dash 是基于 Web 的 Python 工具包，用户只需要掌握基本的 Python 编程就可以利用其绘制图表、制作仪表盘，无须 JavaScript 和 CSS 等前端基础。我们可以使用 Dash 基于 Web 来展示运维数据的可视化报表。

1. Dash 简介

Dash 本身就是仪表盘的意思。Dash 基于 Plotly.js（用于生成图表的 JavaScript 图表库）、React（用于构建用户界面的 JavaScript 库）和 Flask（用于提供 Web 服务器功能的 Python 轻量级 Web 框架）实现，将用户界面元素（如下拉列表、滑块和图形）与 Python 程序结合起来，便于用户以 Python 编程的方式快速开发交互式的数据可视化 Web 应用。

Dash 具有以下特点。

* 编程简单。Dash 程序是声明式和反应式的，用户很容易构建包含许多交互元素的复杂程序。

* 快速实现数据可视化交互设计。Dash 能够方便地读取数据，并提供相应的交互功能。Dash 基于 Plotly.js 绘制图表，可以用来制作类型丰富的图表，包括统计图表、地图、三维模型等，这些图表都可以集成到仪表盘中。除了仪表盘，用户还可以控制应用的外观。

* 具有丰富的应用场景。Dash 融入 Python 数据科学生态，拥有大量的开源组件，支持多学科领域的数据分析。Dash 还可以应用机器学习、深度学习等框架进行人工智能程序开发。

Dash 生成的是 Web 应用可以在本地制作、用浏览器查看，也可以部署到在线平台，或集成到其他应用中。

Dash 的开源版本可用来开发基本的 Dash 程序，生成的可视化报表足以满足一般的运维需求。如果需要大规模应用，则应考虑使用商用版 Dash Enterprise，以提升团队开发人员的生产力和 Dash 程序的性能。

2. 安装 Dash

首先需要安装 dash 库。

```
pip install dash
```

这将同时安装 plotly 图形库。

建议再安装 Pandas 库，常用的 Plotly Express 模块需要用到它。

```
pip install pandas
```

3. 编写 Dash 程序

Dash 程序通常涉及两部分，一部分是布局，定义应用程序的外观；另一部分是交互，使用回调函数实现应用程序的交互和响应。

Dash 实现的是 Web 应用，布局是关键。首先需要根据应用的布局确定前端所呈现的页面内容。在 Dash 中要使用 layout 属性定义布局、设计页面内容。下面通过一个例子进行讲解。本例中的文件命名为 dash_layout.py，程序如下。

```python
# 导入所需的库，每个库都为程序提供了一个构建模块
from dash import Dash, html, dcc
import plotly.express as px
import pandas as pd

# 创建 Dash 类的对象，以初始化程序
app = Dash(__name__)
# 预设样式（字典形式）
colors = {
    'background': '#111111',
    'text': '#7FDBFF'
}
# 定义数据来源，DataFrame 是一个表格型的数据结构
df = pd.DataFrame({
    "服务器": ["A01", "A02", " A03", "B01", "B02", "B03"],
    "得分": [95, 78, 92, 82, 66, 88],
    "部门": ["信息部", "信息部", "信息部", "业务部", "业务部", "业务部"]
})
# 绘制柱形图
```

```
fig = px.bar(df, x="服务器", y="得分", color="部门", barmode="stack")
# 更改柱形图样式
fig.update_layout(
    plot_bgcolor=colors['background'],
    paper_bgcolor=colors['background'],
    font_color=colors['text']
)
# app 对象的 layout 属性使用由 Dash 组件构成的树结构定义程序的外观
app.layout = html.Div(
    style={'backgroundColor': colors['background']},  # 全局样式（字典形式）
    children=[
      html.H1(
          children='服务器性能测试',
          style={
            'textAlign': 'center',
            'color': colors['text']
          }
      ),

      html.Div(children='测试结果报告', style={
          'textAlign': 'center',
          'color': colors['text']
      }),
      # 图形组件
      dcc.Graph(
          id='example-graph',
          figure=fig
      )
    ])

if __name__ == '__main__':
    app.run_server(debug=True)  # 运行 Dash 程序
```

与 HTML 文档一样，整个布局就是一棵"组件树"，其中 html.Div、html.H1 和 dcc.Graph 都是组件。Dash 程序通常包括以下两个组件。

• HTML 组件。它为 HTML 元素提供 Python 包装器，包含所有 HTML 标记，可以用来创建元素，例如段落、标题或列表。该组件由 html 模块提供，本例的 html 模块就是从 dash 库导入的，用于在 Dash 应用中定义常见的 HTML 元素。如"html.H1(children='服务器性能')"语句实际上生成的 HTML 代码为"<h1>服务器性能</h1>"。

• 核心组件。它为用户提供用于创建交互式用户界面的 Python 模块，包含交互的高级组件，而非纯 HTML 标记，可以用来创建交互式元素，例如图形、滑块或下拉列表。该组件由 dash 库的 dcc 模块提供，底层通过 React 库的 JavaScript、HTML 和 CSS 实现。

每个组件通过属性进行描述。html 模块的每个对象接收的第一个属性都是 children，它用于表示对应 HTML 标记所包含的全部内容，可包括字符串、数字、单个组件或组件列表。children 属性比较特殊，可以省略，比如"html.H1(children='Hello')"等同于"html.H1('Dash')"。

本例中 app.layout 定义整个布局。首先定义父组件 html.Div（顶级层），然后添加两个元素，即标题（html.H1）和子层（html.Div）作为其子元素，这些组件等效于 HTML 标记 DIV、H1 和

DIV。用户可以使用组件的属性来修改标记的属性或内容。例如，要指定 DIV 标记的内容，可使用 html.Div 中的 children 属性。组件中还有其他属性，例如 style、className 或 id，它们引用 HTML 标记的属性。

父组件 html.Div 中最后一个元素 dcc.Graph 组件，用于实现数据可视化。Dash 使用 Plotly.js 生成图形，dcc.Graph 组件需要一个包含绘图数据和布局的图形对象或 Python 字典。这里我们使用 plotly.express，它是可以简化 Plotly 图表创建过程的高层数据可视化 API，通过函数调用即可生成图表，将生成的图表对象作为 figure 属性传给 dcc.Graph 组件即可。

本例中 px.bar()方法绘制的是柱形图，将一系列数据转化成可视化的柱形图。该方法的 x 和 y 两个参数分别表示 x 轴和 y 轴的数据；color 参数设置区分颜色的数据；barmode 参数设置多个柱形图排列模式，默认为 group（分组），这里设置为 stack（叠加）。

HTML 组件包括 HTML 内容，可以通过修改组件的内联样式来定制文本外观。本例中我们通过 style 属性修改 html.Div 和 html.H1 组件的内联样式。需要注意 dash.html 组件和 HTML 属性的不同之处，HTML 的 style 属性值为以分号分隔的字符串，而在 Dash 中只是用字典形式，其键的名称采用驼峰式。

最后一行使用 Flask 的内置服务器在本地运行 Dash 程序。其中"debug=True"表示在程序中启用热重载（Hot-Reloading）功能，这意味着当用户对程序进行更改时，它会自动重新加载，而无须重新启动服务器。

运行该程序，显示如下信息，表明成功运行。

```
Dash is running on http://127.0.0.1:8050/          # 程序运行在端口 8050

 * Serving Flask app 'dash_example1' (lazy loading) # Flask 应用

 * Environment: production                          # 生产环境应改用 WSGI 服务器
   WARNING: This is a development server. Do not use it in a production deployment.
 Use a production WSGI server instead.

 * Debug mode: on                                   # 启用调试模式
```

根据提示，使用浏览器访问 http://127.0.0.1:8050/，可以看到生成的仪表盘，如图 5-7 所示，其中包含柱形图。

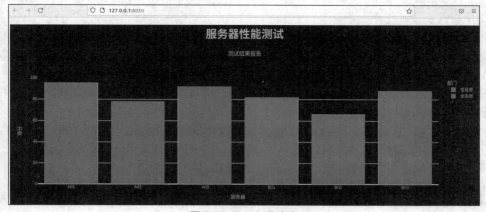

图 5-7　Dash 仪表盘

默认只在本地环回接口（127.0.0.1）的 8050 端口上运行。如果要让其他计算机访问，或者采用其他端口，可修改最后一行，例如：

```
app.run_server(host='0.0.0.0',port= 5000,debug=True)
```

4．为 Dash 程序提供交互性

上例仅实现可视化的仪表盘，并没有提供交互性。Dash 高度封装了 React 框架，我们无须编写 JavaScript 代码即可实现前后端的异步交互。具体方法是使用 app.callback 装饰器声明描述程序界面的"输入"与"输出"项，再配合自定义回调函数。也就是使用回调函数来确定程序的哪些部分是交互式的，以及它们如何响应。下面通过一个简单的例子（文件命名为 dash_interact.py）来介绍交互功能的实现。

```python
# 导入所需的库，每个库都为程序提供了一个构建模块
from dash import Dash, dcc, html, Input, Output
app = Dash(__name__)
# 定义布局
app.layout = html.Div([
    html.H1('性能测试得分: '),
    html.Br(),
    # 输入组件
    dcc.Dropdown(id='server', options=[{'label': 'A01', 'value': 'A01'},
                                       {'label': 'A02', 'value': 'A02'},
                                       {'label': 'B01', 'value': 'B01'},
                                       {'label': 'B02', 'value': 'B02'}],
             value='A01'),
    # 输出组件
    html.P(id='score')
])
score_dict = {'A01': 95, 'A02': 78, 'B01': 82, 'B02': 66}
# 装饰器
@app.callback(
    Output(component_id='score', component_property='children'),
    Input(component_id='server', component_property='value')
)
def getScore(server):                          #回调函数
  return score_dict[server]

if __name__ == '__main__':
    app.run_server(debug=True)
```

交互功能的关键是"输入"和"输出"。在本例中，布局中的 dcc.Dropdown（实现下拉列表）为输入组件，html.P 为输出组件，它们都提供 id 属性以便被引用。dcc.Dropdown 组件的 value 属性提供输入内容，html.P 组件的 children 属性（此处不必显式指定）可接收输出内容。这样我们就确定了输入和输出内容。

app.callback 装饰器通过 Output 和 Input 对象的参数传入相应的输出和输入对象，告诉 Dash 需要监听什么输入、响应什么输出。其各自的 component_id 关键字参数用于关联布局中定义的输出和输入组件；component_property 关键字参数指定要联动的输出内容和输入内容，本例中输出是 ID 为 "score" 的组件的 children 属性值，而输入是 ID 为 "server" 的组件的 value 属性值。component_id 与 component_property 关键字参数是可选的，Output 和 Input 对象只有这两个关键字参数。本例中为了便于理解，列出了这两个关键字参数，为了让代码简明易读，可以省略这两个关键字参数。

app.callback 装饰器要配合自定义回调函数使用。输入值改变时，Dash 能够自动调用 app.callback 装饰器打包的函数。本例中 getScore() 就是对应的回调函数，其参数是输入组件更新的属性值，Dash 使用回调函数返回的值更新输出组件的属性值，这样就实现了交互。

> **提 示** 不要在布局中设置输出组件的 **children** 属性。**Dash** 程序启动时会自动调用所有回调函数，获取输入组件中的初始值，使之转化为输出组件的初始状态。本例中如果指定了 **html.P** 组件的 **children** 属性，程序启动时也会覆盖该值。这种方式类似用 Excel 编程，单元格的内容发生变化时，所有与该单元格相关的单元格都会自动更新，这就是所谓的"响应式编程"。

运行该程序，使用浏览器访问，如图 5-8 所示，从下拉列表中选择服务器编号，下面的得分会立即更新。

使用关键字参数描述组件非常重要。通过 Dash 的交互性，可以使用回调函数动态更新这些属性。例如，Dash 可以更新组件的 children 属性从而显示更新的文

本，也可以通过 dcc.Graph 组件的 figure 属性展示更新的数据，还可以更新组件的 style 属性（更改外观），甚至是 dcc.Dropdown 组件的 options 属性。

图 5-8　交互式的 Dash 程序

回调函数可以实现单一输入单一输出、单一输入多个输出、多个输入多个输出，只要参数名称不一样即可。

任务实现

任务 5.2.1　基于 Matplotlib 库生成系统监控数据统计图表

了解了 Matplotlib 库的基本用法后，我们使用它基于前面记录系统运维数据的 CSV 文件编程生成可视化的统计图表。本任务结合 Pandas 库（需要安装它）来绘制一个多折线图，使用 Pandas 库读取 CSV 文件。Matplotlib 库可以直接基于 Pandas 库的 DataFrame 画出各种统计图表。创建名为 sysinfo_chart.py 的 Python 程序文件，程序如下。

基于 Matplotlib 库生成系统监控数据统计图表

```python
import matplotlib.pyplot as plt
import pandas as pd
df = pd.read_csv('sysinfo.csv') # 读取 CSV 文件产生 DataFrame 对象
# 从 DataFrame 对象获取所需的序列
x1 = df['mon_time'].apply(lambda x: x.split(' ')[1])  # 使用匿名函数处理日期格式
y1 = df['cpu_percent']
y2 = df['mem_percent']
y3 = df['disk_percent']
plt.rcParams['font.family'] = ['AR PL UKai CN']  # 设置字体解决中文显示问题
plt.title('系统监控数据', fontsize='18')  # 设置图表标题内容及其字体大小
plt.plot(x1, y1, label='CPU', color='r', marker='8')  # 红色，八角形标记
plt.plot(x1, y2, label='内存', color='g', marker='o')  # 绿色，实心圆标记
plt.plot(x1, y3, label='磁盘', color='b', marker='*')  # 蓝色，星号标记
plt.grid(axis='y')  # 显示网格关闭 y 轴
plt.ylabel('使用率')
plt.legend(['CPU', '内存', '磁盘'])                 # 设置图例
plt.show()
```

从 DataFrame 对象获取的监控时间数据的字符串太长，这里使用匿名函数截取其中的时、分、秒数据。

Matplotlib 库在默认情况下不支持中文显示，解决这个问题有多种方案。如果条件允许，可以直接使用系统自带的字体。可以单独编写一个程序来获取当前系统的字体列表，程序如下。

```
import matplotlib
fonts = sorted([f.name for f in matplotlib.font_manager.fontManager.ttflist])
for font in fonts:
    print(font)
```

上述程序可输出 Matplotlib 库的字体管理器所有注册的 TTF（TrueType Font）字体名称。笔者的 Ubuntu 桌面版中已安装的中文字体有 "AR PL UKai CN" 和 "AR PL UMing CN"。要使用 "AR PL UKai CN"（楷体），可以添加以下代码进行设置。

```
plt.rcParams['font.family'] = ['AR PL UKai CN']
```

要解决 Matplotlib 库中文显示问题可以使用思源字体，思源字体是 Adobe 公司与谷歌公司推出的一款开源字体。到其官网上下载字体包后，从中选择一种 OTF（OpenType Font）字体，比如 SourceHanSansSC-Bold.otf，将该文件复制到项目目录中，使用以下代码获取该字体对象。

```
zhfont = matplotlib.font_manager.FontProperties(fname="SourceHanSansSC-
                                                       Bold.otf")
```

然后在绘图语句中使用 fontproperties 参数指定该字体，代码如下。

```
plt.title("测试中文显示", fontproperties=zhfont)
```

> **提示** 以社会主义核心价值观为引领，发展社会主义先进文化，弘扬革命文化，传承中华优秀传统文化，满足人民日益增长的精神文化需求。《信息技术产品国家通用语言文字使用管理规定》要求信息技术产品处理或使用语言文字时，必须符合国家法律规定和有关标准、规范，应当弘扬社会主义核心价值观，应当有利于维护国家主权和民族尊严，有利于国家统一和民族团结，有利于社会主义物质文明建设和精神文明建设。在对语言文字进行信息化处理时，应当符合国家发布的中文信息处理标准、规范及相关规定。

本例中绘图时使用 plot() 函数的 color 参数为不同折线设置图形颜色，使用 marker 参数为不同折线的坐标定义不同的标记。

运行该程序，结果如图 5-9 所示，共有 3 条折线。

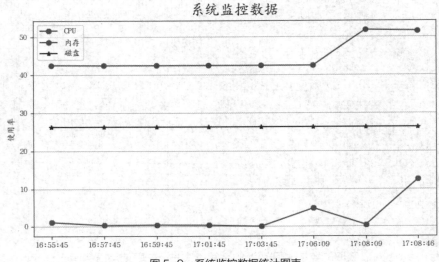

图 5-9　系统监控数据统计图表

任务 5.2.2　通过 Dash 框架实现系统监控数据仪表盘

Dash 非常适合用来实现运维数据可视化，这里我们可以使用它来编写 Python 程序，实现一个简单的仪表盘，基于 Web 提供系统监控数据可视化报表。本任务涉及实用的多页面应用和 Dash 程序的部署、发布。

1. 了解 Dash 多页面应用

Dash 将 Web 应用作为单页面应用进行渲染。实际应用中更需要多页面应用，这可以使用 dcc.Location、dcc.Link 组件和回调函数来构建。Dash 页面使用这些通用组件，将 URL 路由所要求的回调逻辑进行抽象，使得运行多页面应用更加容易。Dash 2.5.0 开始支持 Dash 页面。使用 Dash 页面可以简化多页面应用的创建，基本步骤如下。

（1）为每个页面创建一个.py 文件作为 Dash 页面文件，并将其置于 pages 目录中。

（2）在每个页面文件中添加如下 Dash 页面注册语句。

```
dash.register_page(__name__)
```

然后通过布局定义页面的具体内容。页面文件不必启动 Flask 服务器。

（3）在 pages 目录的上级目录中创建主程序文件，这是一个完整的 Dash 程序。其中通过以下语句声明 Dash 应用。

```
app = Dash(__name__, use_pages=True)
```

在要显示 Dash 页面内容的布局中添加 dash.page_container 组件。

2. 编写 Dash 程序

整个程序包括两个 Dash 页面文件（生成 Web 表格、散点图）和一个主程序文件。

（1）在当前项目目录下创建 pages 子目录。

（2）在 pages 子目录中创建名为 mon_table.py 的 Dash 页面文件，程序如下。

```
import dash
from dash import html
import pandas as pd
dash.register_page(__name__, title='显示表格',path='/')
# 指定数据来源
df = pd.read_csv('sysinfo.csv')
# 定义生成 Web 表格的函数
def generate_table(dataframe,max_rows=10):
  return html.Table([
    html.Thead(                                # 表头
      html.Tr([html.Th(col) for col in dataframe.columns])
    ),
    html.Tbody([                               # 表体
      html.Tr([
        html.Td(dataframe.iloc[i][col]) for col in dataframe.columns
      ]) for i in range(min(len(dataframe), max_rows))
    ])
  ])
# 布局定义
layout = html.Div([
  html.H4(children='系统监控数据表格'),
  generate_table(df)                  # 重用组件
])
```

123

注意其中数据源用到的 CSV 文件路径默认是 pages 子目录的上一级目录，也就是主程序文件
所在的目录，因为 Dash 页面文件会被并入主程序文件。

（3）在 pages 子目录中创建名为 mon_scatter.py 的 Dash 页面文件，程序如下。

```python
import dash
from dash import html, dcc
import plotly.graph_objs as go
from plotly.subplots import make_subplots
import pandas as pd
dash.register_page(__name__,title='查看散点图')
df = pd.read_csv('sysinfo.csv')
# 生成子图画布对象
fig = make_subplots(specs=[[{"secondary_y": True}]])

# 添加轨迹（图表）
fig.add_trace(
    go.Scatter(x=df["mon_time"] , y=df["cpu_percent"], name="CPU"),
    secondary_y=False,
)
fig.add_trace(
    go.Scatter(x=df["mon_time"] , y=df["mem_percent"], name="内存"),
    secondary_y=True,
)
# 为图表添加标题
fig.update_layout(
    title_text="系统监控数据统计图"
)
# 设置 x 轴标题
fig.update_xaxes(title_text="监测时间")
# 设置 y 轴标题
fig.update_yaxes(title_text="<b>CPU 使用率</b>", secondary_y=False)
fig.update_yaxes(title_text="<b>内存使用率</b>", secondary_y=True)
layout = html.Div([
    dcc.Graph(
        id='cpu-mem',
        figure=fig
    )
])
```

这里使用了更复杂的绘图功能，涉及子图和更底层的绘图方法。

使用 plotly.subplots 模块的 make_subplots()方法生成子图的画布对象。本例中使用 specs
参数设置子图的规格，子图的类型默认为二维笛卡儿坐标系（用'xy'表示），这里使用 secondary_y
键指定要创建第二纵坐标轴，第二纵坐标轴位于图表的右侧。

创建子图画布对象后，使用 add_trace()方法往其中添加轨迹即具体的图表。Plotly 库支持
plotly.express 和 plotly.graph_objects 两种绘图方式，本例中使用后一种方式，这种方式能提供
更底层的绘图功能，方便定制。本例中添加了两个散点图（使用 Scatter()方法实现），第二个散点
图启用第二纵坐标轴。

接下来设置 x 轴和 y 轴的标题。

最后定义整个布局，通过 dcc.Graph 组件嵌入整个子图。

（4）在 pages 子目录的上一级目录中创建名为 sysinfo_bydash.py 的主程序文件，程序如下。

```python
from dash import Dash, html, dcc
import dash
# 声明 Dash 应用使用 Dash 页面
app = Dash(__name__, use_pages=True)
app.layout = html.Div([
    html.H1(children='系统监控数据报表',
            style={'textAlign': 'center'}),
    html.Div(children=
    [
        html.Span(
            dcc.Link(
                f"{page['title']} ", href=page["relative_path"]
            )
        )
        for page in dash.page_registry.values()
    ],
        style={
            'textAlign': 'right'}
    ),
# 嵌入 Dash 页面容器
    dash.page_container
])
if __name__ == '__main__':
    app.run_server(debug=True)
```

运行主程序，结果如图 5-10 所示，首先显示的是 Web 表格。单击"查看散点图"超链接切换到图 5-11 所示的图表界面。

图 5-10　数据仪表盘（显示 Web 表格）

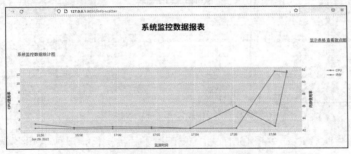

图 5-11　数据仪表盘（显示散点图）

125

3. 发布 Dash 程序

前面我们运行 Dash 程序总是提示生产环境要使用 Web 服务器网关接口（Web Server Gateway Interface，WSGI）服务器。Dash 程序依赖于 Flask 框架，Flask 是 Web 框架，致力于生成 HTML 代码。而 Web 服务器用于处理和响应 HTTP 请求、Web 框架和 Web 服务器之间的通信，需要一套双方都遵守的接口协议，Python 的 Web 应用都选择 WSGI 协议。生产环境中部署 Python 的 Web 应用需要使用 WSGI 服务器。

目前有多种 WSGI 服务器解决方案，这里选择易于部署的 Gunicorn。Gunicorn 是一个独立和完整的 WSGI 服务器，可直接用命令启动，不需要编写配置文件。可以通过 pip 工具安装 Gunicorn。

```
pip install gunicorn
```

通过 Gunicorn 启动 Flask 程序的用法如下。

```
gunicorn [选项] 模块名:变量名
```

其中模块名指 Python 模块，即启动 Flask 程序的 Python 文件名（不含扩展名）；变量名指 Flask 程序对象。

常用的选项有-w 和-b。-w 选项指定工作进程数。-b（--bind）选项指定要绑定的地址和端口（格式为“地址:端口”），Gunicorn 默认的 IP 地址是 127.0.0.1，端口是 8000。

下面使用 Gunicorn 对本任务中的 Dash 程序进行发布。首先要修改 Dash 程序（sysinfo_bydash.py），在“app = Dash(__name__, use_pages=True)”语句下面加入以下语句。

```
server = app.server
```

最后两行用于启动 Flask 程序的语句可以注释掉。

打开命令行窗口，将当前目录切换到 sysinfo_bydash.py 文件所在的项目目录下，执行以下命令。（其中 0.0.0.0 表示该主机上的任意 IP 地址。）

```
(venv) root@autowks:/autoom/05report# gunicorn -w 4 -b 0.0.0.0:8888
                                                  sysinfo_bydash:server
[2022-07-04 17:35:21 +0800] [195646] [INFO] Starting gunicorn 20.1.0
[2022-07-04 17:35:21 +0800] [195646] [INFO] Listening at: http://0.0.0.0:8888 (195646)
[2022-07-04 17:35:21 +0800] [195646] [INFO] Using worker: sync
[2022-07-04 17:35:21 +0800] [195648] [INFO] Booting worker with pid: 195648
[2022-07-04 17:35:21 +0800] [195649] [INFO] Booting worker with pid: 195649
[2022-07-04 17:35:21 +0800] [195650] [INFO] Booting worker with pid: 195650
[2022-07-04 17:35:21 +0800] [195654] [INFO] Booting worker with pid: 195654
```

这样就成功地发布了 Dash 程序，用户可以通过该主机的任意 IP 地址的 8888 端口访问 Dash 程序，如图 5-12 所示。本例-w 选项指定开启了 4 个进程来提高应用的并发性能。

cpu_count	cpu_percent	mem_total	mem_used	mem_free	mem_percent	disk_total	disk_used	disk_free	disk_percent	disk_read	disk_write	net_sent	net_recv	mon_time
4	1.1	7.7G	328.5G	4.7G	42.5	58.3G	14.5G	40.8G	26.2	2.3G	4.4G	8.3M	478.0M	2022-06-29 16:55:45
4	0.3	7.7G	327.7G	4.7G	42.4	58.3G	14.5G	40.8G	26.2	2.3G	4.4G	8.3M	478.0M	2022-06-29 16:57:45
4	0.4	7.7G	327.7G	4.7G	42.4	58.3G	14.5G	40.8G	26.2	2.3G	4.4G	8.3M	478.0M	2022-06-29 16:59:45
4	0.3	7.7G	327.7G	4.7G	42.4	58.3G	14.5G	40.8G	26.2	2.3G	4.4G	8.3M	478.0M	2022-06-29 17:01:45
4	0	7.7G	327.7G	4.7G	42.4	58.3G	14.5G	40.8G	26.2	2.3G	4.4G	8.3M	478.0M	2022-06-29 17:03:45
4	4.8	7.7G	327.7G	4.7G	42.4	58.3G	14.5G	40.8G	26.2	2.3G	4.4G	8.3M	478.0M	2022-06-29 17:06:09
4	0.4	7.7G	400.4G	4.1G	51.8	58.3G	14.5G	40.8G	26.2	2.4G	4.5G	8.9M	488.9M	2022-06-29 17:08:09
4	12.5	7.7G	398.9G	4.1G	51.6	58.3G	14.5G	40.8G	26.2	2.4G	4.5G	8.9M	488.9M	2022-06-29 17:08:46

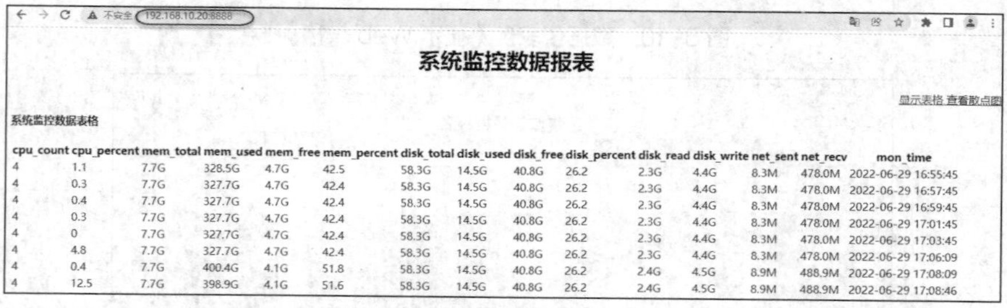

图 5-12　重新发布的 Dash 程序

我们还可以使用 nohup 命令将 Gunicorn 发布置于后台执行，以免阻塞终端运行，代码如下。

```
nohup gunicorn -w 4 -b 0.0.0.0:8888 sysinfo_bydash:server &
```

项目小结

本项目涉及运维数据记录和可视化两项基础运维技能的训练。

简单的运维数据可以采用 CSV 文件或 Excel 文件记录，复杂的运维数据则需要采用数据库存储。

监控数据一般按时间维度顺序记录，可以采用专门的时间序列数据库存储。值得一提的是，RRDtool 是用于时间序列数据的开源行业标准、高性能数据记录和图形系统，它可以很方便地集成在 Python 程序中。限于篇幅，本项目中没有专门介绍。

数据的可视化已成为数据分析的重要方式。Matplotlib 库是 Python 的绘图库，开发人员仅需要编写几行代码，便可以生成各种图表，将数据更直观、更清晰、更真实地呈现给用户。美观易用的仪表盘，可以帮助用户理解、分析数据和数据之间的关系。仪表盘主要展示信息和关键业务指标，为用户呈现清晰的内容，便于用户集中查看和分析数据和图表，还可以通过控件来控制数据的显示、过滤等功能。Dash 是数据科学领域 Web 应用开发的 Python 框架，可以让管理员快速开发运维数据仪表盘，为用户提供可视化报表。

项目 6 不再局限于本机的运维操作，而是转向系统的远程管理和运维。

课后练习

1. 以下关于 CSV 文件的说法中，不正确的是（　　）。
   A. CSV 文件可以存放任何 Unicode 字符　　B. 通常将 CSV 文件的第一行作为标题行
   C. 写入 CSV 文件不用考虑编码格式　　D. 可以使用 Pandas 库处理 CSV 文件
2. 以下关于 openpyxl 库的用法，不正确的是（　　）。
   A. 操作 Excel 文件的顺序是：打开工作簿、选择工作表、操作单元格
   B. 如果单元格本身的内容是公式，则默认情况下读取的是公式的值
   C. 使用 openpyxl 库创建图表时需要选定数据源
   D. openpyxl 库不能直接读写 .xls 文件
3. 以下关于 sqlite3 模块的用法，不正确的是（　　）。
   A. 要使修改的数据生效，必须使用数据库连接对象的 commit() 方法进行事务提交
   B. SQL 语句的执行需要游标
   C. 游标的 executemany() 方法用于一次性执行多条 SQL 语句
   D. 查询记录除了提交事务外，还需要使用 fetchall() 等方法获取结果
4. 绘制 3 行 2 列的多子图图形时，在第 3 行第 2 列的位置绘制子图的语句是（　　）。
   A. matplotlib.pyplotsubplot(3, 2, 6)　　B. matplotlib.pyplotsubplot(2, 2, 2)
   C. matplotlib.pyplotsubplot(3, 2, 2)　　D. matplotlib.pyplotsubplot(2, 3, 6)
5. 以下关于 Dash 组件的说法中，不正确的是（　　）。
   A. Dash 程序的整个布局是一棵"组件树"
   B. Dash 核心组件也可以是纯 HTML 标记
   C. HTML 组件包含所有 HTML 标记
   D. html 模块的 children 属性用于表示对应 HTML 标记所包含的全部内容
6. 以下关于 Dash 交互性实现的说法中，不正确的是（　　）。
   A. 输入对象告诉 Dash 需要监听什么输入
   B. 输出对象告诉 Dash 需要响应什么输出
   C. 输入值改变时 Dash 能够自动调用 app.callback 装饰器打包的函数
   D. 回调函数只能实现单一输入单一输出

127

///////// 项目实训

实训 1　使用 Excel 文件记录系统监控数据并绘制 CPU 使用率的折线图

实训目的

（1）了解 openpyxl 库的基本用法。

（2）学会编写运维数据记录程序。

实训内容

（1）安装 openpyxl 库。

（2）对任务 5.1.1 的 sysinfo_tocsv.py 程序进行修改，将使用 CSV 文件记录修改为使用 Excel 文件记录，注意需要创建 Excel 文件。

（3）运行该程序，确认记录部分系统监控数据。

（4）编写创建图表的 Python 程序，基于上述 Excel 文件的数据绘制 CPU 使用率的柱形图。

（5）运行该程序，查看创建的图表。

实训 2　基于 Dash 框架绘制 CPU 和内存使用率的柱形图

实训目的

（1）了解 Dash 框架的基本用法。

（2）学会编写可视化报表程序。

实训内容

（1）安装 Dash 库。

（2）了解 Dash 多页面应用，对任务 5.2.2 的程序进行修改。

（3）在 pages 子目录中创建名为 mon_bar.py 的 Dash 页面文件。

（4）参照 mon_scatter.py 程序，编写绘制 CPU 和内存使用率的柱形图的程序，使用 Bar() 方法绘制柱形图。

（5）运行 Dash 主程序，查看新增的柱形图。

项目6
远程管理和批量运维服务器

06

前面的项目主要介绍的是基础运维技能，涉及的对象都是在本机（运行Python程序的计算机）上操作的，本项目开始讲解服务器的远程管理和运维，这是批量自动化运维的基础。Linux服务器的远程管理一般是通过SSH协议实现的，目前有多个Python第三方库实现了SSH远程操作，便于用户编写远程管理和运维程序。本项目将通过两个典型任务，引领读者熟悉Paramiko和Fabric这两个典型的第三方库的使用方法。Paramiko库支持SSH连接，适合对服务器执行远程管理操作。Fabric库在Paramiko库的基础上进一步封装，可以在远程服务器上自动化、流水化地执行命令，更适合批量管理和运维多台服务器。使用这两个库的前提是掌握基本的Shell命令。

课堂学习目标

知识目标
- 了解SSH远程管理功能。
- 熟悉Paramiko库的用法。
- 熟悉Fabric库的用法。

技能目标
- 学会使用Paramiko库编程实现SSH客户端。
- 学会使用Fabric库编程实现源代码批量部署。
- 学会使用Fabric库编程实现多服务器的系统集中监控。
- 学会使用Fabric库编程实现程序批量部署。

素养目标
- 学习系统高级运维技能。
- 培养一丝不苟、追求卓越的工匠精神。
- 培养效率意识。

任务 6.1 使用 Paramiko 库远程管理服务器

任务要求

Paramiko库遵循SSH2协议，支持以加密和认证方式连接远程服务器并执行远程管理操作。利用该库，我们可以在Python程序中方便地实现SSH连接以执行Shell命令，或者基于安全文件传输协议（Secure File Transfer Protocol，SFTP）进行文件传输。Fabric库和Ansible工具内部的远程管理也是基于Paramiko库实现的。本任务的基本要求如下。

（1）了解SSH协议。

（2）了解Paramiko库及其基本用法。

（3）学会使用Paramiko库编程实现以密钥认证方式登录服务器。

（4）学会使用Paramiko库编程实现文件传输。

相关知识

6.1.1　SSH 协议

SSH 是 Secure Shell 的缩写，是一种在程序中实现安全通信的协议，通过 SSH 可以安全地访问服务器。SSH 基于成熟的公钥加密体系，将所有传输的数据进行加密，保证数据在传输时不被恶意破坏、泄露和篡改。SSH 还使用了多种加密和认证方式，解决了传输中数据加密和身份认证的问题，能有效防止网络嗅探和 IP 地址欺骗等攻击。

SSH 用户认证方式分为以下两种。

● 密码认证。将自己的用户名和密码发送给服务器进行认证，这种方式比较简单，且每次登录都需要输入用户名和密码。

● 密钥认证。使用公钥和私钥对进行身份验证，可实现安全的免密码登录，这是一种广泛使用且推荐的认证方式。密钥认证的基本原理是：SSH 服务器使用 SSH 客户端的公钥对随机内容加密之后发送给 SSH 客户端，SSH 客户端收到加密信息之后使用自己的私钥对其进行解密，将解密之后的信息返回给 SSH 服务器，SSH 服务器收到解密信息之后验证 SSH 客户端解密的信息是否正确，并以此来验证 SSH 客户端的身份。

Linux 平台广泛使用开源的 OpenSSH 程序来实现 SSH 协议，几乎所有的 Linux 发行版都安装了 OpenSSH。管理员可以非常方便地使用 SSH 客户端通过 SSH 协议远程连接到 Linux 服务器，对其实施远程管理操作，如查看服务器日志、配置服务器、上传和下载文件等。

6.1.2　Paramiko 库简介

Paramiko 库实现了 SSH 协议，可以建立远程安全连接，实现远程命令执行、文件传输、SSH代理等功能。使用 Paramiko 库，我们可以在 Python 程序中自行实现 SSH 客户端（运行 Python运维程序的计算机作为 SSH 客户端，也是管理端或控制节点），通过 SSH 协议对远程服务器执行操作，无须依赖 SSH 客户端软件执行 ssh 命令，从而实现自动化运维。

Paramiko 库是第三方库，使用前需要安装，可以执行以下命令进行安装。

```
pip install paramiko
```

另外，要求被远程管理的服务器或主机上安装 SSH 服务器并启用 SSH 服务。Paramiko 库是SSH2 协议的 Python 实现，在提供 SSH 客户端功能的同时，可实现 SSH 服务器功能。

Paramiko 库针对 SSH 协议的实现提供以下核心类。

● Channel：用于实现 SSH 通道，建立安全的 SSH 传输通道。通道的作用类似套接字（Socket），并且与 Python 的 Socket API 类似。客户端和服务器通过通道发送和接收数据。

● SSHClient：用于实现 SSH 客户端，以便与 SSH 服务器建立会话（Session）。会话是客户端与服务器保持连接的对象。

● Message：用于实现 SSH2 消息（字节流形式）。

● Packetizer：用于实现基本的 SSH 数据包协议。

● Transport：用于实现会话之间的流隧道（也就是通道）。

使用 Paramiko 库连接服务器有两种方式，一种是使用 SSHClient 类，另一种是使用 Transport类。每种连接方式都支持密码认证和密钥认证两种认证方式。

6.1.3 使用 SSHClient 类建立 SSH 连接

SSHClient 类的作用与 Linux 系统的 ssh 命令类似，是对 SSH 会话的封装。该类打包了 Transport 类、Channel 类、SFTPClient 类处理认证和打开通道的大部分功能，通常用于执行远程命令。

1. SSHClient 类的常用方法

SSHClient 类提供了多种方法，下面介绍几种常用的方法。

（1）connect()方法

该方法用于实现远程服务器的连接与认证，其主要参数如表 6-1 所示，其中 hostname 参数是必需的，其他参数是可选的。客户端需要确定使用密码还是密钥进行认证。

表 6-1 connect()方法的主要参数

参数	功能
hostname	要连接的服务器（目标主机）
port	要连接的 SSH 端口
username	用于认证的用户名
password	用于认证的用户密码
pkey	用于认证的私钥
key_filename	指定的私钥文件（一个文件名或文件列表）
timeout	TCP（Transmission Control Protocol，传输控制协议）连接超时时间
allow_agent	是否允许连接到 SSH 代理，默认值为 True
look_for_keys	是否在 ~/.ssh 目录中搜索私钥文件，默认值为 True
compress	是否启用压缩功能

（2）set_missing_host_key_policy()方法

SSH 客户端会将连接访问过的服务器的公钥保存到 ~/.ssh 目录下的 known_hosts 文件中，当下次访问相同的目标主机时 SSH 会自动核对公钥，如果公钥不同，SSH 客户端会发出警告。当我们使用 SSH 客户端首次连接某服务器时，由于 known_hosts 文件没有该服务器的公钥，会出现警告信息并要求同意授权，以便添加该服务器的公钥。

使用 SSHClient 对象连接服务器时也会面临这样的问题，可以使用 set_missing_host_key_policy()方法设置服务器公钥未被记录到 known_hosts 文件时的应对策略。该方法的参数用于设置具体策略，可选择的参数值如下。

- AutoAddPolicy：自动将服务器及新的服务器密钥添加到本地 HostKeys 对象，并保存到 known_hosts 文件。
- WarningPolicy：将一个未知的服务器密钥的 Python 警告输出到日志，但接受连接。
- RejectPolicy：自动拒绝未知的服务器和密钥，这是默认值。

这些参数值都是 MissingHostKeyPolicy 类的子类，用户也可以自定义其他子类来作为策略。我们还可以使用 load_system_host_keys()方法明确地指定远程服务器的公钥记录文件。

（3）exec_command()方法

此方法用于在成功连接到服务器之后远程执行命令。该方法的主要参数说明如下。

- command：要执行的 Shell 命令。
- get_pty：设置是否从目标主机请求一个伪终端，默认值为 False。
- environment：以字典数据类型定义环境变量，这些环境变量将被并入执行远程命令的默认环境变量中。

该方法执行完毕，以元组形式返回远程命令执行完毕所输出的标准输入（stdin）、标准输出（stdout）、标准错误（stderr）的 Python 文件对象。该方法执行完毕通道就被关闭，不能再使用。如果要远程执行另一条命令，则必须打开一个新的通道。

（4）open_sftp()方法

此方法用于在当前 SSH 会话的基础上创建一个 SFTP 会话，返回的是一个 SFTPClient 对象，可以进行文件的上传、下载等操作。

2. SSHClient 类的用法示例

下面给出一个例子（文件命名为 paramiko_pwd.py），介绍如何使用 SSHClient 类基于用户名和密码连接远程服务器并执行命令。

```python
import paramiko
# 创建 SSH 对象
ssh = paramiko.SSHClient()
# 允许连接未在 know_hosts 文件中列出的主机
ssh.set_missing_host_key_policy(paramiko.AutoAddPolicy())
# 连接服务器
ssh.connect(hostname='192.168.10.50', port=22, username='root', password='abc123')
# 执行命令
stdin, stdout, stderr = ssh.exec_command('ls -ltr /etc')
# 获取命令执行结果
res, err = stdout.read(), stderr.read()
result = res if res else err
print(result.decode())
# 再执行另一条命令并获取命令执行结果
stdin, stdout, stderr = ssh.exec_command('df')
res, err = stdout.read(), stderr.read()
result = res if res else err
print(result.decode())
# 关闭连接
ssh.close()
```

上述程序中建立 SSH 连接之后，分别执行了两条命令，每条命令执行时会打开新的通道。

6.1.4 使用 Transport 类控制 SSH 连接

使用 SSHClient 类只是建立 SSH 连接的便捷方式，要进行更直接、更灵活的控制，应使用 Transport 类，将套接字（或类似套接字的对象）传递给 Transport 对象以决定如何建立 SSH 连接，这样不仅可以实现 SSH 客户端，而且可以实现 SSH 服务器。

Transport 类用于将 SSH 传输附加到流（通常是套接字），协商加密会话进行认证，然后在会话之间创建流隧道，也就是通道。多个通道可以在单个会话中多路复用。

Transport 类的构造方法如下。

```
__init__(sock, default_window_size=2097152, default_max_packet_size=32768,
         gss_kex=False, gss_deleg_creds=True, disabled_algorithms=None,
         server_sig_algs=True)
```

此方法基于由 sock 参数指定的套接字（或类似套接字的对象）创建新的 SSH 会话。调用该方法只是创建 Transport 对象，但没有启动 SSH 会话。可以使用 connect()或 start_client()方法启动客户端会话（实现 SSH 客户端），也可以使用 start_server()方法启动服务器端会话（实现 SSH

服务器）。启动 SSH 会话后，任何一方都可以向另一方请求流控制通道，这些 Python 对象的作用类似套接字，但通过加密会话发送和接收数据。

为便于使用，sock 参数通常使用元组类型的地址，如(hostname, port)，或者使用主机字符串，如"hostname:port"。套接字将连接这些地址并用于通信。

一般使用 connect()方法建立客户端连接，其用法如下。

```
connect( hostkey=None , username='' , password=None , pkey= None , gss_host=None ,
gss_auth=False , gss_kex=False , gss_deleg_creds=True , gss_trust_dns=True )
```

该方法用于协商 SSH2 会话，可选择验证服务器的主机密钥，使用密码或私钥进行身份验证。connect()方法实际上是 start_client()、get_remote_server_key()、Transport.auth_password()和 Transport.auth_publickey()等方法的简化内容。如果要更精细地控制 SSH 会话，可考虑使用更复杂的方法。

建立客户端连接之后，即可调用 open_channel()或 open_session()方法获取一个 Channel 对象用于数据传输，然后通过 Channel 对象来执行命令或传输数据，这需要使用 recv()方法获取标准输出并进行处理。为简化程序编写，通常改用 SSHClient 对象的_transport 变量获取 Transport 对象，然后使用 SSHClient 对象的方法来更方便地执行命令或传输数据。下面给出一个使用 Transport 类的例子（文件命名为 paramiko_transport.py）。

```
import paramiko
# 创建 Transport 对象
transport = paramiko.Transport(('192.168.10.60', 22))
# 建立 SSH 连接
transport.connect(username='gly', password='abc123')
# 创建 SSHClient 对象并将其 _transport 变量指定为上述 Transport 对象
ssh = paramiko.SSHClient()
ssh._transport = transport
# 使用 SSHClient 对象的方法进行远程操作
stdin, stdout, stderr = ssh.exec_command('ls -ltr /etc')
print (stdout.read().decode())
# 可以创建 SFTPClient 对象，继续利用 Transport 对象及其连接执行文件传输操作
# 关闭 Transport 对象及其连接
transport.close()
```

以上程序表明，建立一次连接之后，除了使用 SSHClient 对象进行远程操作外，还可以创建 SFTPClient 对象来专门处理文件传输，这样就可以实现"一次连接，多次使用"。

6.1.5 使用 SFTPClient 实现文件传输

SFTPClient 作为一个 SFTP 客户端对象，基于 SSH 传输协议的 SFTP 会话，实现远程文件操作，如文件上传、文件下载、权限设置、状态查询等。

通常使用 from_transport()方法基于已打开的 Transport 对象来创建 SFTPClient 对象，以提供 SFTP 客户端通道。该方法必须通过一个参数来提供 Transport 对象，返回的是 SFTPClient 对象。

创建 SFTPClient 对象之后，即可远程操作文件，下面列出常用的方法。

• put(localpath, remotepath, callback=None, confirm=True)：将本地文件上传到服务器，其中 confirm 参数表示是否调用 stat()方法检查文件状态，返回的 SFTPAttributes 对象提供关于给定文件的属性信息。

- get(remotepath, localpath, callback=None, prefetch=True)：从服务器上下载文件。
- mkdir(path, mode=511)：在服务器上创建目录，mode 参数用于指定新建目录的访问权限。
- remove(path)：在服务器上删除指定的文件。
- rmdir(path)：在服务器上删除指定的目录。
- rename(oldpath, newpath)：在服务器上重命名文件。
- stat(path)：查看服务器文件状态信息。
- listdir(path='.')：列出服务器指定目录下的文件。

下面给出一个例子（文件命名为 paramiko_sftp.py），介绍如何使用 SFTPClient 类连接远程服务器并执行文件上传、下载操作。

```python
import paramiko
# 创建 Transport 对象
transport = paramiko.Transport(('192.168.10.50', 22))
# 建立 SSH 连接
transport.connect(username='root', password='abc123')
# 基于上述 Transport 对象创建 SFTPClient 对象
sftp = paramiko.SFTPClient.from_transport(transport)
# 将本地文件上传至服务器
sftp.put('./paramiko_pwd.py', '/tmp/paramiko_pwd.py')
# 查看服务器上的目录
dir = sftp.listdir(path='/tmp')
print(dir)
# 从服务器下载文件
sftp.get('/etc/hosts', 'centos_host1')
# 关闭 Transport 对象及其连接
transport.close()
```

搭建多服务器实验环境

任务实现

任务 6.1.1　搭建多服务器实验环境

为方便实验，需要搭建多服务器的环境，建议使用 VMware Workstation 软件建立虚拟机。项目 1 的任务 1.1.1 中已经部署了运维工作站（控制节点），这里再部署 3 台服务器作为受管节点。实验环境中的 Linux 服务器配置如表 6-2 所示。

表 6-2　Linux 服务器配置

主机名	IP 地址	操作系统	SSH 服务器
centossrv-a	192.168.10.50	CentOS Stream 8	安装并启用
centossrv-b	192.168.10.51	CentOS Stream 8	安装并启用
ubuntusrv-a	192.168.10.60	Ubuntu Server 20.04	安装并启用

注意安装 Linux 操作系统之后，需要修改主机名和 IP 地址。Ubuntu 服务器版可以在安装过程中进行 IP 地址配置，如图 6-1 所示。

 提示　可以使用 Cobbler 软件来自动安装操作系统。具体方案是搭建 Cobbler 服务器，使用 kickstarts 引导文件完成客户端的操作系统安装。管理员可以自定义 kickstarts 引导文件来安装定制的操作系统。

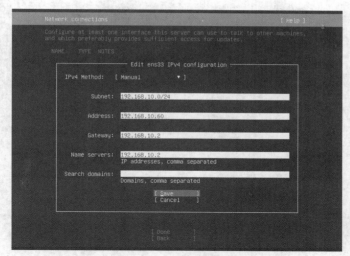

图 6-1　Ubuntu 服务器版的 IP 地址配置

任务 6.1.2　基于密钥认证连接远程服务器

使用密钥认证更安全、更灵活，但要进行相应的配置工作。

1. 配置 SSH 密钥

基于密钥认证连接
远程服务器

OpenSSH 提供 RSA/DSA 密钥认证系统，用于代替传统的安全密码认证系统。首先在客户端为当前用户生成一对密钥，将私钥保存在本地计算机中，然后将公钥提供给 SSH 服务器，存放在远程登录用户主目录下的.ssh 子目录的 authorized_keys 文件中。例如，要以 gly 账户登录 SSH 服务器，存放公钥的文件就是/home/gly/.ssh/authorized_keys。当用户登录时，SSH 服务器检查 authorized_keys 文件中的公钥是否与用户提交的私钥匹配，如果匹配则允许用户登录。

（1）在 SSH 服务器端启用密钥认证

以 CentOS Stream 8 服务器为例，编辑主配置文件/etc/ssh/sshd_config，最好将 Password-Authentication 选项的值设置为 no 以禁止传统的密码认证；将 ChallengeResponseAuthentication 选项的值设置为 no 以禁用质询/应答方式；保持 PubkeyAuthentication、AuthorizedKeysFile 的默认设置。相应的配置语句如下。

```
PasswordAuthentication no
ChallengeResponseAuthentication no
PubkeyAuthentication yes
AuthorizedKeysFile    .ssh/authorized_keys
```

保存该配置文件，重新启动 SSH 服务使新的配置生效。

（2）在客户端生成密钥

Linux 客户端可使用 openssh 软件包自带的工具来进行密钥认证，通过 ssh-keygen 程序生成用于 SSH2 的 RSA 密钥对，过程如下。

```
root@autowks:~# ssh-keygen
Generating public/private rsa key pair.
Enter file in which to save the key (/root/.ssh/id_rsa):
Enter passphrase (empty for no passphrase):
Enter same passphrase again:
Your identification has been saved in /root/.ssh/id_rsa
```

```
Your public key has been saved in /root/.ssh/id_rsa.pub
The key fingerprint is:
SHA256:QFQ7DzxCPv9wS2dK/sAbEhKtLMnFc6xO3uABGRq2GWU root@autowks
The key's randomart image is:
+---[RSA 3072]----+
|  +.E.+..        |
| . B B + .       |
| + o X X         |
|  . = @ =        |
|   + O S = o     |
|    * = X =      |
|     + o O       |
|      . =        |
|       . .       |
+----[SHA256]-----+
root@autowks:~# ls .ssh
id_rsa  id_rsa.pub
```

密钥生成过程中会提示输入保存密钥的路径和保护私钥的密码短语（Passphrase），上述程序中没有设置密码短语。默认情况下，所生成的密钥保存在当前用户主目录下的.ssh 子目录中，私钥文件名为 id_rsa，公钥文件名为 id_rsa.pub。

> **提示**　要保证私钥的安全，应设置密码短语。使用 SSHClient 类提供的 connect()方法建立 SSH 连接时，可使用 passphrase 参数提供密码短语。

（3）将公钥提供给 SSH 服务器

将生成的公钥追加到远程 SSH 服务器上要登录的用户的.ssh/authorized_keys 文件中。可以手动复制，不过 Linux 系统提供一个名为 ssh-copy-id 的命令行工具，可直接用来将客户端生成的公钥发布到远程服务器，其用法如下。

```
ssh-copy-id [-i [公钥文件路径]] [用户名@]远程主机
```

注意执行该命令的前提是 SSH 服务器允许传统的密码认证（在配置文件/etc/ssh/sshd_conf 中设置 PasswordAuthentication 选项的值为 yes）。本任务发布公钥的过程如下。

```
root@autowks:~# ssh-copy-id root@192.168.10.50
The authenticity of host '192.168.10.50 (192.168.10.50)' can't be established.
ECDSA key fingerprint is SHA256:n6sDylizqpUV900ciOVtqLwpyJrEYB8TK8XkdOpPUgY.
Are you sure you want to continue connecting (yes/no/[fingerprint])? yes
/usr/bin/ssh-copy-id: INFO: attempting to log in with the new key(s), to filter
                                out any that are already installed
/usr/bin/ssh-copy-id: INFO: 1 key(s) remain to be installed -- if you are prompted
                                now it is to install the new keys
root@192.168.10.50's password:
Number of key(s) added: 1
Now try logging into the machine, with:  "ssh 'root@192.168.10.50'"
and check to make sure that only the key(s) you wanted were added.
```

将公钥复制到服务器的~/.ssh/authorized_keys 文件中有多种方法，除了使用 ssh-copy-id 命令外，还可以使用 scp 命令，当然也可以通过其他工具直接复制。

（4）连接远程服务器

以特定的用户名登录 SSH 服务器进行测试，本任务中执行以下命令。

```
root@autowks:~# ssh root@192.168.10.50
Activate the web console with: systemctl enable --now cockpit.socket
Last login: Thu May 12 03:06:41 2022 from 192.168.10.20
[root@centossrv-a ~]# exit
logout
Connection to 192.168.10.50 closed.
root@autowks:~#
```

要连接的服务器用事先存储的公钥进行解密，如果成功，就证明用户是可信的，直接允许登录 Shell，不再要求输入密码。

2. 编写 Python 程序

完成客户端和服务器的 SSH 密钥配置后，即可编写程序来实现基于密钥认证的 SSH 连接，文件命名为 paramiko_key.py，具体程序如下。

```
import paramiko
# 获取私钥
private_key = paramiko.RSAKey.from_private_key_file('/root/.ssh/id_rsa')
# 创建 SSH 对象
ssh = paramiko.SSHClient()
# 允许连接不在 know_hosts 文件中列出的主机
ssh.set_missing_host_key_policy(paramiko.AutoAddPolicy())
# 连接服务器，这里指定用户名和私钥
ssh.connect(hostname='192.168.10.50', port=22, username='root', pkey=private_key)
# 执行命令
stdin, stdout, stderr = ssh.exec_command('df')
# 获取命令执行结果
res,err = stdout.read(),stderr.read()
result = res if res else err
print(result.decode())
# 关闭连接
ssh.close()
```

任务 6.1.3　在远程服务器上执行 sudo 命令

安全起见，Linux 系统并不推荐直接以具有最高权限的 root 账户登录，而是建议以普通用户账户登录，在需要执行要求 root 特权的操作时，使用 sudo 命令临时使用 root 账户运行程序，执行完毕后自动返回到普通用户账户状态。Ubuntu 系统默认禁用 root 账户。使用 sudo 命令执行 Shell 命令时需要手动输入用户密码，这涉及交互式操作；使用 Paramiko 库远程执行命令时也涉及交互式操作，这个操作需要通过远程伪终端实现，很不方便。为此，可以考虑利用 sudo 命令的-S（--stdin）选项通过标准输入提供所需的用户密码。这里编写一个程序来实现 sudo 命令的非交互式执行，文件命名为 paramiko_sudo.py，其主要程序如下。

在远程服务器上
执行 sudo 命令

```
# 使用非 root 账户连接服务器
ssh.connect('192.168.10.60', port=22, username='gly', password='abc123')
# 执行 sudo 命令时加上-S 选项
stdin, stdout, stderr = ssh.exec_command('sudo -S cat /etc/shadow')
# 通过标准输入提供用户密码，注意\n 表示回车换行
```

```
stdin.write('abc123\n')
# 刷新标准输入的内部缓冲区，将其中内容立即提供给标准输入
stdin.flush()
res, err = stdout.read(), stderr.read()
result = res if res else err
print(result.decode())
```

实现交互式操作的
远程伪终端

任务 6.1.4　实现交互式操作的远程伪终端

　　Paramiko 库支持建立 SSH 连接时请求一个远程伪终端来进行交互式操作，这与直接执行 ssh 命令登录服务器一样。最简单的实现方式之一是使用 SSHClient 的 invoke_shell()方法在 SSH 服务器上启动交互式 Shell 会话，该方法的用法如下。

```
invoke_shell(term='vt100', width=80, height=24, width_pixels=0,
                                  height_pixels=0, environment=None)
```

　　使用该方法可以按自己的需求设置参数来配置伪终端。如果 SSH 服务器允许，执行该方法将返回一个打开的新通道，并将该通道连接到一个具有指定的终端类型和尺寸的伪终端。也就是说，使用该方法可以直接连接到服务器的 Shell 的 stdin、stdout 和 stderr。当退出 Shell 时，通道将被关闭并且不能被重用。

　　通道建立后，可以利用 send()方法将命令发送到 SSH 服务器，再通过 recv()方法获取回显的数据，通常回显数据较多，需要通过 while 循环读取回显数据。这样就实现了基于 SSH 的交互式操作的远程伪终端。这里编写一个 Python 程序来实现这种功能，文件命名为 paramiko_tty.py，程序如下。

```
import paramiko
import sys
import socket
import select
# 创建 SSH 对象并连接服务器
ssh = paramiko.SSHClient()
ssh.set_missing_host_key_policy(paramiko.AutoAddPolicy())
ssh.connect('192.168.10.50', port=22, username='root', password='abc123')
# 启动交互式 Shell 会话返回一个新的通道
channel = ssh.invoke_shell()
# 通过循环监控用户输入和服务器的回显数据
while True:
    # 通过 select 模块的 select()方法监听终端的输入和输出，一旦变化，就将数据发送给服务器
    # 其中 sys.stdin 用于处理用户的输入，channel 用于接收服务器返回的数据
    readable, writeable, error = select.select([channel, sys.stdin, ],[],[],1)
    # 如果服务器有数据返回（通常是命令执行结果），则在终端进行显示
    if channel in readable:
        try:
            data = channel.recv(1024)             # 获取服务器的回显数据
            data = str(data,encoding = 'utf-8')   # 将字节转换为字符串
            if len(data) == 0:
                print('\r\n*** EOF\r\n')
                break
            sys.stdout.write(data)                # 写入标准输出的缓冲区
```

```
                sys.stdout.flush()                      # 刷新缓冲区，将缓冲区内容显示出来
        except socket.timeout:
            pass
    # 如果用户在终端输入内容（通常是 Shell 命令），则将内容发送到服务器
    if sys.stdin in readable:
        input = sys.stdin.readline()
        channel.sendall(input)
# 关闭通道和连接
channel.close()
ssh.close()
```

上述程序中向服务器发送内容时使用的是 sendall()方法。与 send()方法不同，sendall()方法持续从指定的字符串发送数据，直到所有数据都已发送完毕或发生错误为止。

运行该程序，即可登录到远程服务器的 Shell 终端进行交互式操作，执行 exit 命令即可退出 Shell 终端并注销用户登录。下面给出交互过程的示例。

```
Activate the web console with: systemctl enable --now cockpit.socket

Last login: Thu May 19 22:00:32 2022 from 192.168.10.20
[root@centossrv-a ~]# ls
ls
anaconda-ks.cfg Documents initial-setup-ks.cfg Pictures Templates
Desktop         Downloads Music                Public   Videos
[root@centossrv-a ~]# exit
exit
logout

*** EOF
```

任务 6.2　使用 Fabric 库批量管理和运维服务器

任务要求

从前文中可以发现，直接使用 Paramiko 库远程管控服务器并不是很方便，需要自行处理命令的输出。Fabric 库的底层基于 Paramiko 库，依赖于 Paramiko 库进行 SSH 交互，并针对系统管理功能（包括执行命令、上传文件、并行操作和异常处理等）进行进一步封装，操作起来会更加简单。在 Python 程序中使用 Fabric 库可以很方便地实现远程服务器的程序部署、系统管理和运维等操作，尤其是批量自动化运维。本任务的基本要求如下。

（1）了解 Fabric 库及其基本用法。
（2）了解远程执行 sudo 命令的解决方案。
（3）掌握基于 Fabric 库的源代码批量部署程序编写方法。
（4）掌握 Fabric 库的系统集中监控程序编写方法。
（5）掌握 Fabric 库的程序批量自动部署程序编写方法。

> 提示　运维工作所涉及的知识面、专业内容非常广，对从业人员素质的要求非常高。运维工程师应弘扬执着专注、精益求精、一丝不苟、追求卓越的工匠精神，应具有强烈的事业心和责任感，主动学习和拓展自己的知识面，学习新技术，不断提高自己的自动化运维能力，以适应不断发展、不断优化的 IT 系统的运维需求。

139

相关知识

6.2.1 Fabric 库简介

Fabric 库是 Python 的一个第三方库，在提供丰富的 SSH 交互接口的同时，集成系统基础操作组件以简化程序部署和系统管理运维操作，可以用来在远程服务器上自动化、流水化地执行 Shell 命令。

Fabric 库目前有多个版本，与 Fabric1 相比 Fabric2 变化很大，接口和功能都有很大改动，官方不建议继续使用 Fabric1，而建议使用最新版的 Fabric2。Fabric3 是非官方的，目前缺乏维护，不建议使用。可以执行以下命令安装 Fabric2 最新版。

```
pip install fabric
```

Fabric 库非常适合用来执行自动化部署和运维任务。使用 Fabric 库编写运维程序，管理员可以非常便捷地批量运维远程服务器，不再需要使用 SSH 或 FTP 工具逐一连接远程服务器进行重复的手动操作。使用 Fabric 库实现自动化部署和运维的基本步骤如下。

（1）在远程服务器测试要执行任务的 Shell 命令或脚本，尽可能地采用非交互式。

（2）使用 Fabric 库编写执行自动化任务的 Python 程序。

（3）运行程序进行测试，确定是否达到目标。

Fabric 库由其他几个库组成，并在顶部提供了自己的实现，在程序中通常要从 Fabric 包中导入。在使用 Fabric 库的程序中还会经常导入 Invoke 对象，Invoke 对象专注于任务执行，通过命令行接口和 Shell 命令来执行任务。Paramiko 库提供了基础的 SSH 功能，Fabric 库在 Paramiko 库的基础上实现高级功能，使用 Python 时，通常不需要直接导入 Paramiko 包。

6.2.2 Connection 类的基本用法

Fabric 库最基本的功能之一是通过 SSH 在远程系统上执行 Shell 命令，然后获取执行结果，这可以通过 Fabric 库的 Connection 类来实现。Connection 类用于建立 SSH 连接，并提供执行命令和文件传输的方法。

1. 使用 Connection 类建立连接

可以使用 Connection 类的构造方法建立连接，其构造方法如下。

```
__init__(host, user=None, port=None, config=None, gateway=None, forward_agent=
    None, connect_timeout=None, connect_kwargs=None, inline_ssh_env=None)
```

创建 Connection 对象至少需要一个主机名，并且可以通过关键字参数来提供用户名、端口号。host 参数还可以使用[user@]host[:port]这样的字符串来同时提供用户名、端口号，例如 Connection(host='root@192.168.10.50:22')。

- config 参数指定建立 SSH 连接后执行方法时的配置，比如默认的 SSH 端口、sudo 命令的密码等，默认为一个匿名 Config 对象。
- gateway 参数指定用作连接的代理或网关的对象，其值可以是另一个连接，也可以是 Shell 命令字符串。
- forward_agent 参数指定是否启用 SSH 代理。
- connect_timeout 参数指定连接超时时长（单位：秒）。
- connect_kwargs 参数设置较低级别的 SSH 连接参数，如密码、私钥，以字典形式提供。例如，以下代码用于设置密码认证。

```
connect_kwargs={"password": "123456"}
```

改用密钥认证的示例代码如下。

```
connect_kwargs={"key_filename": "/home/myuser/.ssh/id_rsa"}
```

如果 SSH 服务器启用 SSH 免密码登录，就不需要使用 connect_kwargs 参数指定密码。

使用 Connection 类建立的 SSH 连接具有基本的生命周期：创建连接→打开连接→执行任务→断开连接。实例化该类时使用连接参数创建对象，但实际上并没有启动网络连接。

如果连接没有激活，使用 run()、get() 等方法会自动触发打开连接的调用。用户还可以调用 open() 方法手动打开连接。

连接使用完毕最好显式关闭。除了通过手动调用 close() 方法来关闭连接，还可以将 Connection 对象设置为上下文管理器，代码如下。

```
with Connection('host') as c:
  c.run('command')
  c.put('file')
```

2. Connection 类的常用方法

Connection 类提供了多种方法，常用的如表 6-3 所示。

表 6-3　Connection 类的常用方法

方法	功能
open()	打开连接
run()	在远程服务器上执行命令
sudo()	以 sudo 方式在远程服务器上执行命令
put()	将本地文件上传到远程服务器
get()	从服务器上下载文件
local()	在本地系统上执行 Shell 命令，该方法实际上是 invoke.run()
close()	关闭连接

在 Connection 类的方法中执行 Shell 命令与在本地执行 Shell 命令一样，会将回显信息输出到控制台。如果不希望看到有些命令的回显信息，则可以在 Shell 命令中使用重定向功能，例如加上 ">/dev/null 2>&1" 就可以屏蔽标准输出和标准错误。

Connection 类的方法返回的是 Result 对象，例如执行某程序中的以下语句。

```
result = c.run('uname -r')
```

成功执行后返回的 Result 对象的内容如下。

```
Command exited with status 0.
=== stdout ===
4.18.0-338.el8.x86_64
(no stderr)
```

如果执行的语句发生错误，则返回的 Result 对象包括错误内容，例如执行以下语句。

```
try:
    result = c.run('uname -R')
except Exception as e:
    print(e)
```

捕获的错误内容如下。

```
Encountered a bad command exit code!
Command: 'uname -R'
Exit code: 1
Stdout: already printed
Stderr: already printed
```

> **提 示** 如果不捕获 Connection 类方法中执行的 Shell 命令发生的错误，则会触发错误报告
> （其中包括具体的错误内容）并中断程序运行。如果不想中断程序的运行，则需要在命令
> 中加上关键字参数 warn=True，例如 c.run('uname −R',warn=True)。

另外，cd 命令可用于在远程服务器上切换当前目录，可以使用 with 上下文管理器来维持当前
目录切换状态，代码如下。

```
with c.cd('/root'):
    # 将该目录作为当前目录执行其他操作
```

假如远程服务器上某服务只允许本机操作，如 MySQL 数据库，要通过 SSH 访问该服务器，
可以使用 forward_local()方法打开通过本地端口连接到远程服务器的通道，这样就可以将本机
上的 3306 端口充当远程服务器上的 3306 端口去访问。连接到远程 MySQL 数据库的示例程序
如下。

```
with Connection( 'mysql-server' ).forward_local ( 3306 ):
    db = pymysql.connect(host='localhost',
                         port=3306,
                         user='root',
                         passwd='password',
                         charset = 'utf8'
        )
    # 执行其他数据库操作
```

3. 连接服务器并执行命令

这里给出一个连接服务器并执行命令的示例，文件名为 fabric_basic.py，程序如下。

```
from fabric import Connection
host = '192.168.10.50'
user = 'root'
password = 'abc123'
# 实例化 Connection 类以建立 SSH 连接
c = Connection(host=host, user=user, connect_kwargs={ 'password': 'abc123'} )
# 在远程系统上运行命令(用 run()方法)，并获得返回结果
result = c.run('uname -r')
# 显示执行命令返回的结果
print(result.stdout.strip())
# 继续执行命令
c.run('df')
# 切换当前目录连续执行多条命令
with c.cd('/home'):
    c.run("mkdir -p testdir")
    c.run("touch testfile")
    c.run("ls -l")
# 自动切换回之前的目录
c.run("pwd")
c.close()
```

可以发现，通过 Connection 对象多次调用方法就可以在远程服务器上执行多次操作。

默认情况下，在远程服务器上使用 run 命令执行程序的输出直接返回到终端，并被捕获。正常
运行时信息输出到标准输出，发生错误时信息输出到标准错误。

6.2.3　为 sudo 命令自动提供密码

对于非 root 账户，在执行要求 root 特权的命令时需要添加 sudo 前缀，并在会话的初次执行时手动输入当前用户的密码。使用 Fabric 库建立 SSH 连接后执行 sudo 命令也存在自动化提供密码的问题，下面介绍两种解决方案。

1. 使用 invoke 模块的 Responder 对象提供 sudo 密码

invoke 模块具有强大的命令执行功能，其 Responder 对象可以使用预定义输入自动响应程序的输出。我们可以将其用来实现当 sudo 命令返回密码输入提示时，自动输入并执行指定的命令。下面给出一个完整的示例，文件命名为 fabric_sudo1.py。

```python
from invoke import Responder
from fabric import Connection
c = Connection('gly@192.168.10.60',connect_kwargs={'password': 'abc123'})
user = 'gly'
password = 'abc123'
sudopass = Responder(
    pattern=f'\[sudo\] password for {user}:',
    response=password + '\n'
)
# 注意需要设置 pty=True 以启用伪终端
c.run('sudo cat /etc/shadow', pty=True, watchers=[sudopass])
c.close()
```

上述程序中使用 run() 方法执行 sudo 命令。当执行上述程序时，用户不需要输入任何内容，sudo 密码被自动发送到远程程序。

2. 使用 Config 类提供 sudo 密码

我们还可以使用 Fabric 库的 Config 类在创建 SSH 连接时为该连接提前配置 sudo 密码，之后需要在服务器上执行 sudo 命令时改用 sudo() 方法代替 run() 方法。下面给出一个完整的示例，文件命名为 fabric_sudo2.py。

```python
from fabric import Config
from fabric import Connection
# 预先配置 sudo 密码
config = Config({
    'sudo': {
        'password': 'abc123'
    }
})
c = Connection('gly@192.168.10.60',connect_kwargs={'password': 'abc123'},
                                                    config=config)
# 使用 sudo 方法执行命令
c.sudo(cat /etc/shadow)
c.close()
```

6.2.4　批量操作远程服务器

实际应用中往往并不限于单台远程服务器的管理，更多的情形是要管理多台远程服务器，也就是批量管理和运维。使用 Fabric 库实现这种应用的最直接的方法之一是遍历 Connection 参数列表或元组，示例代码如下。

```
from fabric import Connection
for host in ('192.168.10.50', '192.168.10.60'):
    result = Connection(host).run('uname -s')
    print("{}: {}".format(host, result.stdout.strip()))
```

这种方法只适合简单的应用，对于更复杂的应用，则应使用 Fabric 库的 Group 类将主机集合作为单个对象来进行统一操作。Group 类包装一组 Connection 对象并提供 API，但它是部分抽象类，具体使用时一般选择其子类 SerialGroup 或 ThreadingGroup 来实例化。这两个子类实例化的对象都可以对所有组成员（Connection 对象）进行操作，不同的是，SerialGroup 对象以简单的串行方式执行，ThreadingGroup 对象使用线程并发执行。它们支持的方法比 Connection 类支持的方法少，仅有 run()、sudo()、put()、get()、close() 这几个方法。

Connection 类的方法返回单个 Result 对象。而 Group 类的方法返回的是 GroupResult 对象，这是类似字典的对象，包括每个组成员 Connection 对象的结果和整体运行的元数据。例如，某程序中执行以下语句。

```
group.run("uname -r")
```

成功执行后返回的 GroupResult 对象内容如下。

```
{<Connection host=192.168.10.50>: <Result cmd='uname -r' exited=0>, <Connection
                        host=192.168.10.51>: <Result cmd='uname -r' exited=0>}
```

可以发现其中包括每个连接的 Result 对象。

如果连接发生异常，则会触发 GroupException，将异常连接映射到引发的异常，而不是 Result 对象。例如某程序中执行以下语句。

```
group.run("uname -R")
```

则会触发异常，返回的 GroupException 对象内容如下。

```
{<Connection host=192.168.10.50>: <UnexpectedExit: cmd='uname -R' exited=1>,
 <Connection host=192.168.10.51>: <UnexpectedExit: cmd='uname -R' exited=1>}
```

其中包括表示每个 Connection 对象发生具体异常的 UnexpectedExit 对象。再来看一个部分连接发生异常的 GroupException 对象的示例。

```
{<Connection host=192.168.10.50>: <Result cmd='sudo ls' exited=0>, <Connection
host=192.168.10.60 user=gly>: NoValidConnectionsError(None, 'Unable to connect
                                to port 22 on 192.168.10.60')}
```

其中正常执行的 Connection 对象返回的仍然是 Result 对象，发生异常的 Connection 对象返回的则是表示具体错误的 NoValidConnectionsError 对象。

Group 类涉及多台服务器，如果不想因为其中的连接发生异常而中断程序的运行，则需要在命令中加上关键字参数 warn=True。

总的来说，使用 Group 类应注意错误处理。下面给出一个使用 Group 类的简单示例，文件命名为 fabric_group1.py。

```
from fabric import SerialGroup as Group
hosts = (
  "root@192.168.10.50", "gly@192.168.10.60"
)
pool = Group(*hosts, connect_kwargs={"password": "abc123"})
pool.run('mkdir /tmp/test')
pool.put('fabric_basic.py','/tmp/test')
pool.close()
```

首次运行该程序，结果正常。再次运行该程序则会报告 "mkdir: cannot create directory '/tmp/test': File exists" 这样的错误，无法继续正常运行。这是因为服务器上已经创建了/tmp/test 目录，要解决此问题，可以将 pool.run('mkdir/tmp/test')改为以下代码。

```
pool.run('mkdir -p /tmp/test')
```

这样保证创建该目录时不再触发错误，这需要 Shell 命令支持。

要从根本上解决问题，则可以考虑对每个成员执行检查任务。这里修改以上示例，文件命名为 fabric_group2.py，主要程序如下。

```
# 定义函数，参数为 Connection 对象
def upload(c):
    # 如要创建的目录不存在，则创建该目录
    if not c.run('test -e /tmp/test', warn=True):
        c.run('mkdir -p /tmp/test')
    c.put('fabric_basic.py', '/tmp/test')
# 遍历组成员，每个连接执行该函数
for conn in pool:
    upload(conn)
```

这种方案可以跟踪每个 Connection 对象成员，防止一个 Connection 对象发生异常时影响整体的运行。

6.2.5 传统的 fab 命令行工具

与 Fabric2 可以直接运行 Fabric 程序不同，Fabric1 只能使用专门的 fab 命令行工具来运行 Fabric 程序，Fabric2 仍然兼容这种方式。这种方式要求 Fabric 程序以特定格式编写，形成的文件被称为 fabfile 文件。在 fabfile 文件中使用函数定义任务，下面给出一个简单的示例。

```
from fabric import task
@task
def upload(c):
    if not c.run('test -e /tmp/test', warn=True):
        c.run('mkdir -p /tmp/test')
    c.put('fabric_basic.py', '/tmp/test')
```

默认的 fabfile 文件名为 fabfile.py，如果采用其他文件名，则在执行 fab 命令时需要使用-f 选项来指定文件名。远程服务器由-H 选项指定，任务作为参数提供给 fab 命令。例如执行以下命令将在 centossrv-a 服务器上执行由 upload()函数定义的任务。

```
fab -H centossrv-a upload
```

任务实现

任务 6.2.1   批量部署源代码

一些脚本程序部署时需要复制源代码，如 Python、PHP 等，基本的实现步骤如下。

（1）本地打包源文件。

（2）将源文件包上传到目标服务器。

（3）校验文件的一致性。可比对本地源文件包和服务器上的源文件包的 MD5 值。

（4）在目标服务器上对源文件包进行解压缩。

批量部署源代码

这里使用 Fabric 库完成上述步骤，并且实现多台服务器的源代码批量部署。所编写的 Python 文件命名为 upload_byfabric.py，程序如下。

```python
from fabric import SerialGroup as Group
from fabric import Config
import invoke
# 定义目标服务器集合
hosts = (
    "root@192.168.10.50", "gly@192.168.10.60"
)
# 配置 sudo 密码
config = Config(overrides={
    'sudo': {
        'password': 'abc123'
    }
})
# 创建 Group 对象，统一建立组成员服务器的 SSH 连接
group = Group(*hosts, connect_kwargs={"password": "abc123"}, config=config)
# 本地文件打包
invoke.run("tar -czf source_test.tar.gz *.py")
# 计算本地压缩包文件的 MD5 值
local_md5 = invoke.run("md5sum source_test.tar.gz").stdout.split(' ')[0]
# 定义上传校验函数
def upload_check(c):
    c.sudo("mkdir -p /source_test")
    # 修改目标目录权限
    c.sudo("chmod 777 /source_test")
    # 上传压缩包文件
    c.put("source_test.tar.gz", "/source_test/")
    # 计算已上传的压缩包文件的 MD5 值
    remote_md5 = c.run("md5sum /source_test/source_test.tar.gz").stdout.split
                                                                    (' ')[0]
    # 比较本地与远程压缩包文件的 MD5 值，进行校验
    if remote_md5 == local_md5:
        print(c.host + "服务器上已完成上传")
        c.run("tar -zxvf /source_test/source_test.tar.gz -C /source_test")
    else:
        print(c.host + "服务器上上传失败")
    # 还原目标目录权限
    c.sudo("chmod 754 /source_test")
# 遍历组成员并执行上传校验函数
for conn in group:
    upload_check(conn)
group.close()
```

其中本地操作使用的是 invoke 模块的 run 命令。本任务中有一台 Ubuntu 服务器没有启用 root 账户，因此一些操作需要执行 sudo 命令。

任务 6.2.2　集中采集多台服务器的系统信息

集中采集多台
服务器的系统信息

前面的项目中介绍过使用 psutil 库采集系统信息，但该库仅能采集本机的系统信息。使用 Fabric 库可以远程操作服务器，自动登录到远程服务器执行相应的 Shell 命令采集其系统信息，而且可以批量采集多台服务器的系统信息。要获取系统信息，可以使用 Shell 命令读取相关的系统文件，如/proc/stat 文件，也可以执行 Linux 系统预置的 Shell 命令。这里编写 Python 程序，使用 Fabric 库实现多台服务器的系统信息采集并进行报告，文件命名为 sysinfo_byfabric.py，程序如下。

```python
from fabric import SerialGroup as Group
hosts = (
    "root@192.168.10.50", "gly@192.168.10.60"
)
group = Group(*hosts, connect_kwargs={"password": "abc123"})
# 定义汇总服务器系统信息的数组
data_total = []
# 定义执行 Shell 命令采集系统信息的函数
def get_sysinfo(c):
    # 定义采集服务器系统信息的命令字典
    sys_commands = {
        "hostname": "hostname",
        "kernel": "uname -r",
        "architecture": "uname -m",
        "ipadd": "hostname -I",
        "cpu_idle": "top -n 1 -b | sed -n '3p' | awk '{print $8}'",
        "memory_used": "free -m | sed -n '2p' | awk '{print $3}'",
        "memory_total": "free -m | sed -n '2p' | awk '{print $2}'",
        "process_number": "ps -A --no-headers | wc -l",
        "disk_usage": "df / | sed -n '2p' | awk '{print $5}'"
    }
    data_sys = {}   # 定义汇集单台服务器系统信息结果的字典
    # 遍历字典，执行 Shell 命令采集多种系统信息（其中 CPU 和内存使用率需单独计算）
    for item, command in sys_commands.items():
        if item == "cpu_idle":
            cpu_idle = c.run(command).stdout.rstrip('\n')
            if cpu_idle == "id,":
                cpu_idle = 100
            cpu_usage = str(round(100 - float(cpu_idle), 2)) + "%"
            data_sys['cpu_usage'] = cpu_usage
        elif item == "memory_used":
            memory_used = c.run(command).stdout.rstrip('\n')
        elif item == "memory_total":
            memory_total = c.run(command).stdout.rstrip('\n')
            memory_usage = str(round(int(memory_used) / int(memory_total), 2)) + "%"
            data_sys['memory_usage'] = memory_usage
        else:
            data_sys[item] = c.run(command).stdout.rstrip('\n')
    data_total.append(data_sys)
```

```
# 定义输出系统信息报告的函数（这里输出到控制台）
def report(label, item):
  print(f"\n{label:15}", end=" ")
  for data_sys in data_total:
    print(f"{data_sys[item]:40}", end=" ")

# 遍历组成员，采集各服务器系统信息
for conn in group:
  get_sysinfo(conn)
group.close()
# 定义报告用的系统信息项目字典
item_names = {'hostname': '服务器', 'kernel': 'Linux 内核', 'architecture':
        '体系结构', 'ipadd': 'IP 地址', 'cpu_usage': 'CPU 使用率', 'memory_usage':
        '内存使用率', 'process_number': '当前进程数', 'disk_usage': '磁盘使用率'}
# 输出系统信息报告
print("=============================服务器系统信息=============================")
for item, label in item_names.items():
  report(label, item)
```

运行该 Python 程序，完成信息采集后就显示报告，结果如图 6-2 所示。

```
=============================服务器系统信息=============================

服务器          centossrv-a                       ubuntusrv-a
Linux内核        4.18.0-338.el8.x86_64            5.4.0-110-generic
体系结构          x86_64                            x86_64
IP地址           192.168.10.50 192.168.122.1      192.168.10.60
CPU使用率         1.5%                              3.2%
内存使用率         0.1%                              0.07%
当前进程数         282                               221
磁盘使用率         10%                               36%
```

图 6-2　采集的两台服务器的系统信息

任务 6.2.3　自动部署 LAMP 平台

自动部署 LAMP
平台

LAMP 是一个缩写，最早用来指代 Linux 操作系统、Apache 服务器、MySQL 数据库和 PHP（Perl 或 Python）脚本语言的组合，LAMP 由这 4 种技术的首字母组成。后来"M"也指代数据库软件 MariaDB。这些技术共同组成了一个强大的 Web 应用平台。在 Linux 系统中部署 LAMP 平台的基本步骤如下。

（1）安装 Apache 服务器。

（2）安装数据库服务器（一般 CentOS 安装 MariaDB，Ubuntu 安装 MySQL）。

（3）安装 PHP 运行环境。

（4）安装 phpMyAdmin 管理工具，这是可选的步骤。phpMyAdmin 是用 PHP 语言编写的 MySQL 管理工具，也支持管理 MariaDB。

不同的发行版本安装命令不同。这里编写 Python 程序，使用 Fabric 库实现多台服务器（本任务中的操作系统是 CentOS Stream 8）的 LAMP 平台自动部署，文件命名为 lamp_byfabric.py，程序如下。

```
# 采用 ThreadingGroup 对象并发执行
from fabric import ThreadingGroup as Group
hosts = (
    "root@192.168.10.50", "root@192.168.10.51"
)
group = Group(*hosts, connect_kwargs={"password": "abc123"})
print("自动安装 LAMP ……")
# 安装 Apache 服务器
group.run("yum install httpd -y")
# 安装并启动 MariaDB 服务器
group.run("yum install mariadb mariadb-server -y")
group.run("systemctl start mariadb")
group.run("systemctl enable mariadb")
# 以非交互方式运行 MariaDB 数据库安全配置向导
group.run("echo -e '\ny\nabc123\nabc123\ny\ny\ny\ny\n' |
                                    /usr/bin/mysql_secure_installation")
# 安装 PHP
group.run("yum install pcre gcc-c++ zlib* php php-mysqlnd php-gd libjpeg*
php-ldap php-odbc php-pear php-xml* php-json php-mbstring php-bcmath php-mhash
                                                                        -y")
# 生成 PHP 测试文件
group.run("echo '<?php phpinfo(); ?>' | tee /var/www/html/test.php")
# 启动 Apache 服务器
group.run("systemctl start httpd")
group.run("systemctl enable httpd")
# 防火墙开启 HTTP 和 HTTPS 服务
group.run("systemctl start firewalld",warn=True)
group.run("firewall-cmd --permanent --zone=public --add-service=http
                                    --add-service=https",warn=True)
group.run("firewall-cmd --reload")
# 安装 phpMyAdmin
group.run("curl -o phpMyAdmin.zip https://files.phpmyadmin.net/
                    phpMyAdmin/4.9.10/phpMyAdmin-4.9.10-all-languages.zip")
group.run("mv phpMyAdmin.zip /var/www/html")
group.run("unzip -d /var/www/html /var/www/html/phpMyAdmin.zip")
group.run("rm /var/www/html/phpMyAdmin.zip")
group.run("mv /var/www/html/phpMyAdmin-4.9.10-all-languages /var/www/html/
                                                            phpmyadmin")
group.run("mv /var/www/html/phpmyadmin/config.sample.inc.php /var/www/html/
                                                phpmyadmin/config.inc.php")
group.close()
```

实现自动化操作的关键是安装命令以非交互方式运行。安装 MariaDB 之后需要执行 mysql_
secure_installation 命令运行安全配置向导，该向导需要以交互方式进行应答以完成安全设置。为
实现该操作的自动运行，本任务中采用 echo 命令提供向导实际运行过程所需的应答参数，-e 选项
表示要对特殊符号进行转义，"\n"表示换行且将文本插入点移至行首，"abc123"是为 root 账户
设置的密码，读者可根据需要替换。

安装 PHP 时应尽可能地安装配套的软件包。为简化配置，这里将 phpMyAdmin 文件复制到
Apache 服务器的默认网站根目录/var/www/html 中。开启防火墙的 HTTP 和 HTTPS 服务让用户

能够从其他机器上访问 Web 服务。

运行该 Python 程序完成 LAMP 平台的自动部署后即可进行测试，这里使用浏览器访问 phpMyAdmin 程序，如图 6-3 所示，结果表明 LAMP 平台部署成功。

图 6-3　访问 phpMyAdmin

项目小结

本项目涉及服务器远程管理和运维技能的训练。完成本项目的各项任务之后，读者应该可以在 Python 程序中熟练地使用 Paramiko 和 Fabric 这两个第三方库，基于 SSH 协议对服务器执行远程操作，实现自动化管理和运维。

Paramiko 库是 SSH2 协议的 Python 实现，重在实现基础的 SSH 功能，比如 SSH 和 SFTP 会话、密钥管理等，我们一般使用它编程实现 SSH 客户端或 SSH 服务器。更多的情形是实现 SSH 客户端，通过 Python 程序连接到远程服务器上执行一系列操作。

Paramiko 库为更高级的 SSH 库 Fabric 提供了基础。Fabric 库的使用更简单、更方便，提供的功能更适合用来进行远程服务器的自动化运维，尤其是批量运维，如程序的自动安装和配置、系统自动监控和管理等。建议在 Python 程序中尽可能地使用 Fabric 库实现服务器的管理和运维。但是学习 Paramiko 库仍有必要，这有助于理解 SSH 协议的底层实现，比如密码认证和密钥认证。

在 Python 程序中，无论是使用 Paramiko 库还是使用 Fabric 库，在远程服务器上所执行的运维操作都需要使用 Shell 命令，读者应了解和熟悉 Linux 系统管理命令。

项目 7 将介绍网络管理和控制功能的 Python 实现。

课后练习

1. 以下关于 SSH 协议的说法中，不正确的是（　　　）。
   A. SSH 基于成熟的公钥加密体系
   B. Linux 平台广泛使用 OpenSSH 程序来实现 SSH 协议
   C. SSH 客户端仅支持 Linux 系统
   D. 除了使用密码认证之外，SSH 还支持密钥认证
2. Paramiko 库能够实现 SSH 服务器的类是（　　　）。
   A. Channel 类　　　　B. Packetizer 类　　C. SSHClient 类　　D. Transport 类
3. 使用 SSHClient 类建立 SSH 连接时，解决 know_hosts 文件问题的方法是（　　　）。
   A. set_missing_host_key_policy()　　　　B. load_system_host_keys()
   C. from_private_key_file()　　　　　　　D. load_private_key_file()

4. 密钥认证时，客户端提供的公钥信息保存在 SSH 服务器上登录用户的（　　）文件中。
    A.　~/.ssh/authorized_keys
            B.　~/.ssh/know_hosts
    C.　~/.ssh/id_rsa
              D.　~/.ssh/id_rsa.pub

5. 使用 Fabric 库创建 Connection 对象提供的 host 参数示例中，正确的是（　　）。
    A.　192.168.10
              B.　root@server:abc
    C.　root@192.168.1.10:22
       D.　root:192.168.10

6. 下列使用 Fabric 库在远程服务器上执行 sudo 命令的方案中，正确的是（　　）。
    A.　使用 invoke 模块的 Responder 对象提供 sudo 密码，使用 run()方法执行命令时加上 sudo 前缀
    B.　使用 invoke 模块的 Responder 对象提供 sudo 密码，使用 sudo()方法直接执行命令
    C.　使用 Config 类提供 sudo 密码，使用 run()方法直接执行命令
    D.　使用 Config 类提供 sudo 密码，使用 run()方法执行命令时加上 sudo 前缀

7. 以下关于使用 Fabric 库批量操作远程服务器的说法中，不正确的是（　　）。
    A.　遍历 Connection 对象的列表逐一执行
    B.　创建 SerialGroup 对象以串行方式执行各 Connection 成员对象
    C.　创建 ThreadingGroup 对象使用线程并发执行各 Connection 成员对象
    D.　批量操作时不用考虑 Connection 对象的异常

项目实训

实训 1　使用 Paramiko 库编程实现基于密钥认证的 SSH 客户端

实训目的

（1）了解 Paramiko 库的基本用法。
（2）了解 SSH 密钥认证的基础知识。
（3）学会使用 Paramiko 库编写 SSH 客户端程序。

实训内容

（1）在管理端（运行 Python 程序的计算机）生成 RSA 密钥对并提交给 SSH 服务器。
（2）安装 Paramiko 库。
（3）编写 Python 程序，导入 Paramiko 库。
（4）从文件中获取私钥。
（5）创建 Transport 对象。
（6）使用私钥建立 SSH 连接。
（7）创建 SSHClient 对象并将其_transport 变量指定为上述 Transport 对象。
（8）使用 SSHClient 对象的方法进行远程操作。
（9）关闭 Transport 对象及其连接。

实训 2　使用 Fabric 库编程实现批量采集服务器的网络流量信息

实训目的

（1）了解 Fabric 库的用法。
（2）学会使用 Fabric 库编写系统监控程序。

实训内容

（1）了解获取网络流量信息的 Shell 实现。建议从/proc/net/dev 文件中获取信息。

（2）安装 Fabric 库。注意要使用 Fabric2。

（3）编写 Python 程序，导入 Fabric 库。

（4）定义目标服务器集合。

（5）创建 SerialGroup 对象，统一建立 SSH 连接。

（6）定义执行 Shell 命令获取网络流量信息的函数。

（7）遍历组成员的 Connect 对象，依次执行上述函数。

（8）输出各服务器的网络流量信息报告。

实训 3　使用 Fabric 库编程实现自动安装 Docker CE

实训目的

（1）了解使用 Fabric 库自动安装软件的基本方法。

（2）学会使用 Fabric 库编写软件自动部署程序。

实训内容

（1）了解 Docker CE 的安装方法。建议以 CentOS Stream 8 服务器为例。

（2）确认已安装 Fabric 库并在 Python 程序中导入 Fabric 库。

（3）定义目标服务器集合并基于 ThreadingGroup 对象统一建立 SSH 连接。

（4）使用 Group 类的 run()方法运行命令设置 yum 的 Docker CE 仓库。

（5）继续执行以下操作。

① 安装最新版本的 Docker CE 和 containerd。

② 查看版本，验证是否成功安装。

③ 基于 httpd 镜像运行一个容器。

④ 停止该容器的运行。

（6）关闭 ThreadingGroup 对象的连接。

项目7
网络管理和网络安全

07

　　前面的项目主要训练的是对系统本身的运维技能，本项目讲解计算机网络的管理和监控。Python在计算机网络领域应用非常广泛，它为TCP/IP提供了程序接口，创建网络连接、实现网络通信都非常方便。运维工程师可以使用Python编写程序来管理网络，进行网络分析和安全测试。本项目将通过3个典型任务，引领读者掌握网络方面的Python编程方法，实现IP地址管理和DNS（Domain Name System，域名系统）解析、网络探测和安全扫描、网络数据包处理。

课堂学习目标

知识目标
- 了解IP地址管理和DNS解析的Python实现方法。
- 了解nmap工具和python-nmap库的基本用法。
- 熟悉Scapy库的基本用法。

技能目标
- 学会使用Python编程实现IP地址管理和DNS解析。
- 学会使用Python编程实现网络探测和安全扫描。
- 学会使用Python编程处理底层的网络数据包。

素养目标
- 拓展系统运维领域。
- 培养工程师精神。

任务 7.1　IP 地址管理与 DNS 解析

任务要求

　　IP地址规划是网络设计中非常重要的一个环节，其好坏会直接影响路由协议算法的效率，这涉及网段、子网掩码、广播地址、子网数等大量的计算，如果不依赖于工具，则不仅费时费力，还容易出错。Python的第三方库IPy可以用来计算和管理IP地址。DNS是基本的网络服务之一，我们可以在Python程序中使用dnspython库来实现DNS的解析，以及其他DNS管理业务。可以编写Python程序来代替nslookup和dig等DNS工具，实现DNS服务监控，或者查询DNS内容，对DNS解析结果进行校验。本任务的基本要求如下。

（1）了解IPy库及其基本用法。
（2）了解dnspython库及其基本用法。
（3）学会使用Python编程计算和解析IP地址。
（4）学会使用Python编程解析DNS记录。

相关知识

7.1.1 IPy 库及其基本用法

IPy 库是用于处理 IPv4 和 IPv6 地址和网络的第三方库。它主要用于 IP 地址计算，包括网络、子网掩码、广播地址、子网数、IP 类型等计算操作，以及 IP 网段的包含关系判断和多个 IP 地址段行汇总等，可以很好地辅助我们高效完成 IP 地址规划。使用 IPy 库之前，需要手动安装，可以使用以下命令安装。

```
pip install ipy
```

1. 处理 IP 地址和网络

IP 类是 IPy 库最常用的类，主要用于处理 IP 地址和网络。IP 类继承 IPint 类，一般使用 IP 类代替 IPint 类。与 IPint 类相比，IP 类返回的不再是整数型值，而是网络形式的字符串。使用 IPy 库处理 IP 地址和网络，首先需要实例化 IP 类来创建对象，该类的构造方法如下。

```
__init__(self, data, ipversion=0, make_net=0)
```

其中 data 参数可以是常见的 IPv4 和 IPv6 地址的各种表现形式，支持前缀长度、IP 子网、小数点掩码、单个 IP 地址、十进制、二进制等；ipversion 参数指定 IP 地址的版本，其值可以是 4 或 6；make_net 参数是可选的，如果设为 True，则生成 IP 网络地址。

下面给出几个创建 IP 对象的示例。

```
>>> from IPy import IP                              # 导入 IP 类
>>> IP('127.0.0.1')                                 # 字符串表示的 IP 地址
IP('127.0.0.1')
>>> IP(0xc0a80182)                                  # 十六进制数表示的 IP 地址
IP('192.168.1.130')
>>> IP('::ffff:1.1.1.1')                            # IPv6 地址
IP('::ffff:1.1.1.1')
>>> IP('192.168.0.0/255.255.255.0')                 # 子网掩码表示的网络地址
IP('192.168.0.0/24')
>>> IP('192.168.0.0/16')                            # 前缀长度表示的 IP 网络地址
IP('192.168.0.0/16')
>>> IP('192.168.1.11/255.255.255.0',make_net=True)  # 基于前缀长度生成 IP 网络地址
IP('192.168.1.0/24')
>>> IP("192.168.1.0-192.168.1.63",make_net=True)    # 基于 IP 地址范围生成网络地址
IP('192.168.1.0/26')
```

IP 类提供许多方法来操作 IP 地址，具体说明如表 7-1 所示。

表 7-1　IP 类的方法

方法	说明
version()	判断 IP 地址的版本，如 IP('::1').version()的返回值为 6 表示 IPv6 地址
len()	获取 IP 地址的个数，如 IP("192.168.10.0/24").len()的返回值是 256
netmask()	获取子网掩码，如 IP("192.168.10.0/24").netmask()返回的是 IP('255.255.255.0')
prefixlen()	获取子网前缀长度，如 IP("192.168.0.0/16").prefixlen()返回的是 16
broadcast()	获取子网的广播地址，如 IP("192.168.0.0/24").broadcast()返回的是 IP('192.168.0.255')
int()	获取 IP 地址的整数形式，如 IP("192.168.0.1").int()返回的是 3232235521

方法	说明
strBin()	获取 IP 地址的二进制形式，如 IP("192.168.0.1").strBin()返回的是'11000000101010000000000000000001'
strHex()	获取 IP 地址的十六进制形式，如 IP("192.168.0.1").strHex()返回的是'0xc0a80001'
strDec()	获取 IP 地址的十进制形式，如 IP("192.168.0.1").strDec()返回'的是 3232235521'
reverseName()	获取 IP 地址的反向解析地址形式，如 IP("192.168.0.1").reverseName()返回的是'1.0.168.192.in-addr.arpa.'
reverseNames()	获取一个包含反向解析地址的列表
v46map()	将 IPv4 地址转换为 IPv6 地址，如 IP("192.168.0.1").v46map()返回的是 IP('::ffff:192.168.0.1')
iptype()	判断 IP 地址是公网类型还是私网类型，其返回值 PUBULIC 和 PRIVATE 分别表示公网和私网
strNormal()	根据子网返回 IP 地址范围，如 IP("192.168.10.0/24").strNormal(2)返回的是'192.168.10.0/255.255.255.0'
make_net()	根据 IP 地址和子网掩码生成网络地址，如 IP('192.168.1.0').make_net('255.0.0.0')生成 192.168.1.0/8
in()	判断 IP 地址是否属于某子网，返回值为 True 表示属于，为 False 表示不属于
overlaps()	判断两个子网是否存在地址重叠，返回值为 1 表示有重叠，为 0 表示无重叠

其中 strNomal()方法根据不同的 wantprefixlen 参数值来定制不同输出类型的网络地址。该参数值为 0 表示返回没有网络类型；值为 1 表示返回子网前缀的类型；值为 2 表示返回子网地址/子网掩码类型；值为 3 表示返回 IP 地址范围类型的网络地址。下面给出示例。

```
>>> IP('10.10.0.0/24').strNormal(0)
'10.10.0.0'
>>> IP('10.10.0.0/24').strNormal(1)
'10.10.0.0/24'
>>> IP('10.10.0.0/24').strNormal(2)
'10.10.0.0/255.255.255.0'
>>> IP('10.10.0.0/24').strNormal(3)
'10.10.0.0-10.10.0.255'
```

make_net()方法与实例化 IP 类的 make_net()方法作用一样，都是生成网络地址，示例代码如下。

```
>>> IP('10.10.0.1').make_net('255.255.255.0')
IP('10.10.0.0/24')
>>> IP("192.168.10.1/24",make_net=True)
IP('192.168.10.0/24')
```

in()方法用于判断 IP 地址是否包含在另一个子网中，示例代码如下。

```
>>> '192.168.11.1' in IP('192.168.11.0/24')
True
```

overlaps()方法用于判断子网中是否存在地址重叠，示例代码如下。

```
>>> IP('192.168.11.0/24').overlaps('192.168.11.0/26')
1
```

2. 子网合并

IPSet 类主要用来创建 IP 集合，对网络地址进行汇总，如汇总不连续的 IP 网段。需要注意的是，IPSet 类实例化后仅接收 IP 对象，且 IPSet 类中的值以列表形式提供。下面的示例中将两个子网合并为一个子网。

```
>>> IPSet([IP('192.168.2.0/24'),IP('192.168.3.0/24')])
IPSet([IP('192.168.2.0/23')])
```

IPSet 对象使用 add()方法往集合中添加子网，使用 discard()方法从集合中移除子网。

7.1.2　dnspython 库及其基本用法

dnspython 库是 Python 实现的 DNS 工具包，可用于查询、区域传输、动态更新、名称服务器测试等。在系统管理方面，我们利用 dnspython 库编写 Python 程序来代替 nslookup 和 dig 等 DNS 工具，实现 DNS 服务监控，或者查询 DNS 内容，对 DNS 解析结果进行校验。

使用 dnspython 库之前先执行以下命令安装它。

```
pip install dnspython
```

dnspython 库提供了大量的 DNS 处理方法，其中非常常用的是 DNS 解析器类 resolver 的 resolve()方法。该方法用于域名查询，用法如下。

```
dns.resolver.resolve(qname: str,
         rdtype: int|str = 0,
         rdclass: int|str = 0,
         tcp: bool = False,
         source: Any = None,
         raise_on_no_answer: bool = True,
         source_port: int = 0)
```

其中 qname 参数指定要查询的域名。

rdtype 参数指定 DNS 记录的类型。DNS 记录包含特定名称的解析结果。dnspython 库支持几乎所有的 DNS 记录类型，常用的 DNS 记录类型如表 7-2 所示。

表 7-2　常用的 DNS 记录类型

记录类型	说明
A	主机地址，将域名转换成 IP 地址
CNAME	规范别名，域名的别名
MX	邮件交换记录，负责邮件交换的邮件服务器的域名
PTR	反向解析指针，与 A 记录相反，将 IP 地址转换为域名
SOA	起始授权机构
NS	名称服务器，管辖区域的权威服务器的域名

rdclass 参数用于指定网络类型，可选的值有 IN、CH 与 HS，其中 IN 为默认值，使用最广泛。tcp 参数用于指定查询是否启用 TCP，默认值为 False（不启用）。

source 与 source_port 参数指定查询源地址与端口，默认值为查询客户端的 IP 地址和端口 0（端口 0 为通配符端口，表示系统自动找到合适的端口号）。

raise_on_no_answer 参数用于指定当查询无应答时是否触发异常，默认值为 True。

下面给出部分查询 DNS 记录的示例。

```
>>> import dns.resolver
>>> data = dns.resolver.resolve('www.163.com', 'A')    # 查询主机地址
>>> for item in data.response.answer:
...     print(item)
...
www.163.com. 5 IN CNAME www.163.com.163jiasu.com.
www.163.com.163jiasu.com. 4 IN CNAME www.163.com.bsgslb.cn.
```

```
www.163.com.bsgslb.cn. 4 IN CNAME z163picipv6.v.bsgslb.cn.
z163picipv6.v.bsgslb.cn. 4 IN CNAME z163picipv6.v.sdlt.diansu-cdn.net.
z163picipv6.v.sdlt.diansu-cdn.net. 4 IN A 123.130.122.240
z163picipv6.v.sdlt.diansu-cdn.net. 4 IN A 123.130.122.239
>>> data = dns.resolver.resolve('163.com', 'MX')      # 查询邮件服务器
>>> for item in data.response.answer:
...    print(item)
...
163.com. 5 IN MX 50 163mx00.mxmail.netease.com.
163.com. 5 IN MX 10 163mx02.mxmail.netease.com.
163.com. 5 IN MX 10 163mx01.mxmail.netease.com.
163.com. 5 IN MX 10 163mx03.mxmail.netease.com.
>>> data = dns.resolver.resolve('163.com', 'SOA')   # 查询起始授权机构
>>> for item in data.response.answer:
...    print(item)
...
163.com. 5 IN SOA ns4.nease.net. admin.nease.net. 20208823 7200 1800 1209600 60
```

除了域名解析外，dnspython 库还可用来创建 DNS 服务器、管理 DNS 区域。

任务实现

任务 7.1.1　使用 IPy 库解析 IP 地址

了解 IPy 库的用法之后，我们编写一个 Python 程序来解析 IP 地址，解析用户输入的 IP 地址或网络地址，输出该地址的网络地址、子网掩码、前缀长度、反向解析地址、二进制形式、IP 地址类型等信息。文件命名为 ipy_rslv.py，程序如下。

```
from IPy import IP
while True:
    ip_inp = input('请输入 IP 地址或网络地址（输入"q"退出）: ')
    if ip_inp == 'q':
        break                  # 退出
    try:
        ips = IP(ip_inp)
    except Exception as e:
        print(e)
        continue
    if len(ips) > 1:                   # IP 地址个数大于 1
        print('网络地址: %s' % ips.net())
        print('子网掩码: %s' % ips.netmask())
        print('前缀长度: %s' % ips.prefixlen())
        print('广播地址: %s' % ips.broadcast())
        print('反向解析地址: %s' % ips.reverseNames()[0])
        print('子网 IP 地址数: %s' % len(ips))
    else:                              # 单个 IP 地址的情形
        print('反向解析地址: %s' % ips.reverseName())
    print('整数形式: %s' % ips.int())
```

```
print('十六进制形式: %s' % ips.strHex())
print('二进制形式: %s' % ips.strBin())
print('IP 地址类型: %s' % ips.iptype())
```

注意其中针对网络地址和单个地址的反向地址解析使用了不同的方法。

运行该程序，测试地址 192.168.9.0/28 的解析结果如下。

```
请输入 IP 地址或网络地址（输入"q"退出）: 192.168.9.0/28
网络地址: 192.168.9.0
子网掩码: 255.255.255.240
前缀长度: 28
广播地址: 192.168.9.15
反向解析地址: 0.9.168.192.in-addr.arpa.
子网 IP 地址数: 16
整数形式: 3232237824
十六进制形式: 0xc0a80900
二进制形式: 11000000101010000000100100000000
IP 地址类型: PRIVATE
```

使用 dnspython 库
解析 DNS 记录

任务 7.1.2 使用 dnspython 库解析 DNS 记录

了解 dnspython 库的用法之后，我们编写一个 Python 程序来解析 DNS
记录，解析用户输入的域名，输出该域名的 IP 地址、别名、邮件服务器和名称
服务器等信息。文件命名为 dns_rslv.py，程序如下。

```python
import dns.resolver
while True:
    domain = input('请输入要解析的域名（输入"q"退出): ')
    if domain == 'q':
        break
    print('*******主机记录解析*********')
    try:
        A = dns.resolver.resolve(domain, 'A')   # 解析类型为 A 记录
        for m in A.response.answer:
            for n in m.items:
                # 通过判断排除没有 IP 地址的 CNAME 对象
                if n.rdtype == 1:
                    print('IP 地址: ',n.address)
    except Exception as e:
        print(e)
    print('*******别名记录解析*********')
    try:
        CNAME = dns.resolver.resolve(domain,'CNAME')     # 解析类型为 CNAME 记录
        for m in CNAME.response.answer:
            for n in m.items:
                print('别名: ',n.to_text())
    except Exception as e:
```

```
        print(e)
    print('*******邮件服务器记录解析*********')
    try:
        MX = dns.resolver.resolve(domain, 'MX')   # 解析类型为 MX 记录
        for m in MX:
            print('邮件服务器: ', m.exchange, '优先级: ', m.preference)
    except Exception as e:
        print(e)
    print('*******名称服务器记录解析*********')
    try:
        NS = dns.resolver.resolve(domain, 'NS')   # 解析类型为 NS 记录
        for m in NS.response.answer:
            for n in m.items:
                print('名称服务器: ',m.to_text())
    except Exception as e:
        print(e)
```

注意不是任何域名都能解析出特定类型的记录，因此程序中要提供错误处理机制。

运行该程序，测试域名 163.com 的解析结果如下。

```
请输入要解析的域名（输入"q"退出）: 163.com
*******主机记录解析*********
IP 地址:  123.58.180.7
IP 地址:  123.58.180.8
*******别名记录解析*********
The DNS response does not contain an answer to the question: 163.com. IN CNAME
*******邮件服务器记录解析*********
邮件服务器:  163mx00.mxmail.netease.com. 优先级:  50
邮件服务器:  163mx03.mxmail.netease.com. 优先级:  10
邮件服务器:  163mx01.mxmail.netease.com. 优先级:  10
邮件服务器:  163mx02.mxmail.netease.com. 优先级:  10
*******名称服务器记录解析*********
名称服务器:  ns8.166.com.
名称服务器:  ns5.nease.net.
…
```

任务 7.2 实现网络探测和安全扫描

任务要求

对系统运维工程师来说，安全管理一方面要做好安全配置，如配置防火墙、关闭不必要的服务、及时更新补丁；另一方面要进行安全测试，通过相关的安全工具进行安全检测，快速发现安全问题。一个端口就是一个潜在的通信通道，也就是一个入侵通道。2017年爆发的"永恒之蓝"（Wannacry）事件就是基于Windows网络共享协议，利用Windows系统的445端口实施攻击的，给全球计算机系统带来了严重威胁，但是只要封禁445端口就可以防范该蠕虫病毒的攻击。我们对目标计算机进行端口扫描，可以得到许多有用的信息，如系统打开了哪些

不必要的端口，以便处理安全隐患。nmap工具是广泛使用的网络探测和安全扫描程序，非常适用于安全测试。python-nmap库是对nmap工具的Python封装，便于我们编写Python程序来实现网络探测和安全扫描。要使用python-nmap，必须先了解nmap工具并熟悉其用法。本任务的基本要求如下。

（1）了解nmap工具的主要功能。

（2）了解nmap工具的基本用法。

（3）了解python-nmap库及其基本用法。

（4）掌握主机发现Python程序的编写方法。

（5）掌握服务和版本检测Python程序的编写方法。

相关知识

7.2.1　nmap 工具

nmap（Network Mapper）是开源的网络发现和安全审计实用工具。与系统漏洞评估软件Nessus 不同，nmap 工具以新颖的方式使用原始 IP 包进行探测，能够避开入侵检测系统的监视，不留痕迹地扫描目标主机的各种 TCP 端口的分配及提供的服务，并尽可能地不影响目标系统的正常运行。它旨在快速扫描大型网络，但也适合对单台主机的扫描。nmap 工具具有功能强大、跨平台、开源、文档丰富等优点，适用于 Windows、Linux 等主流的操作系统，在安全领域使用非常广泛。

1. nmap 工具的主要功能

nmap 工具主要具有以下功能。

- 主机发现（Host Discovery）：检测目标主机是否在线，确定网络上可用的主机。

- 端口扫描（Port Scanning）：检测端口状态和提供的服务。

- 版本检测（Version Detection）：检测端口提供服务的程序名称和版本信息。

- 操作系统检测（Operating System Detection）：检测目标主机使用的操作系统及其版本。

该工具还可以检测正在使用的数据包过滤器或防火墙的类型。

除了用于评估网络系统安全外，系统管理员还可以将 nmap 工具用于评估网络资产、管理服务升级计划、监控主机或服务正常运行时间等任务。在实际应用中，也有管理员利用 nmap 工具来探测工作环境中未经批准使用的服务器。

 提示　健全网络综合治理体系，推动形成良好网络生态。与多数网络安全工具一样，nmap 工具也是不少黑客使用的工具。管理员使用它进行安全检测，但黑客会利用它搜集目标计算机的网络设置来谋划攻击方法。我们应当遵纪守法，合法使用安全工具，不要以身试法，不要侵害国家利益，不要危害他人利益。依据《中华人民共和国刑法》，如有以下情形，情节严重构成犯罪：（1）侵入国家事务、国防建设、尖端科学技术领域的计算机信息系统；（2）对计算机信息系统功能进行删除、修改、增加、干扰，造成计算机信息系统不能正常运行；（3）对计算机信息系统中存储、处理或者传输的数据和应用程序进行删除、修改、增加的操作，后果严重的；（4）利用计算机实施金融诈骗、盗窃、贪污、挪用公款、窃取国家秘密或者其他犯罪的。

2. nmap 工具的基本用法

一般操作系统默认未安装 nmap 工具，因此使用之前需要先安装。在 Ubuntu 系统中执行 apt -y install nmap 命令进行安装。nmap 工具提供很多命令行选项，用法如下。

```
nmap [扫描类型] [选项] {扫描目标}
```

除了选项，所有出现在 nmap 命令行中的参数都用来定义要扫描的目标主机或网络。最简单的情况之一是指定一个目标 IP 地址、主机名或网络。nmap 工具支持 CIDR（Classless Inter-Domain Routing，无类别域间路由选择）风格的 IP 地址，如 192.168.10.0/24 表示会扫描网络地址为 192.168.10.0 的 C 类子网的 256 台主机（192.168.10.0～192.168.10.255）；IPv6 地址只能用规范的 IPv6 地址或主机名指定；可以使用地址范围，如 192.168.10.0～55。该工具还可以扫描不同类型的目标，如 www.abc.com 192.168.10.0/24，列出的目标用空格分隔。

除了使用参数指定扫描目标之外，还可以通过以下选项控制目标的选择。

- –iL <文件名>：从指定的文件中读取目标，该文件内容为扫描的主机列表，列表中的项可以是 nmap 命令行能够接受的任何格式，如 IP 地址、主机名、CIDR 地址、IPv6 地址等，各项必须以空格、制表符或换行符分开。如果要从标准输入读取主机列表，可以用"–"作为文件名。
- –iR <主机数量>：扫描随机生成的目标主机。
- ––exclude <主机 1>[,<主机 2>[,...]]：指定要排除的目标主机或网络。
- ––excludefile <文件名>：排除指定文件中列出的目标。

3. 使用 nmap 工具进行端口扫描

端口扫描是 nmap 工具最核心的功能之一，用于确定目标主机 TCP/UDP（User Datagram Protocol，用户数据报协议）端口的开放情况。不添加任何选项表示对主机进行端口扫描。在进行端口扫描时，nmap 工具提供了选项控制端口扫描。

（1）指定端口扫描类型

一般一次只用一种方法，端口扫描类型的选项格式是-s<C>，其中<C>是表示类型的字符。常用的扫描类型选项如表 7-3 所示。默认情况下，nmap 工具执行 SYN 扫描。

表 7-3 nmap 工具常用的扫描类型选项

选项	说明
–sS	TCP SYN 扫描，即半开扫描，不用打开一个完全的 TCP 连接。这种方式执行速度快，在没有入侵防火墙的快速网络上，每秒可以扫描数千个端口
–sT	TCP connect()扫描，即全开扫描。当 SYN 扫描不能用时，默认改用这种方式
–sU	UDP 扫描，可以和 TCP 扫描（如 SYN 扫描）结合使用，以便同时检查两种协议
–sO	IP 扫描，可以确定目标主机支持哪些 IP（如 TCP、ICMP、IGMP 等）
––scanflags	定制的 TCP 扫描，通过指定任意 TCP 标志位来设计扫描

这里重点讲解半开扫描和全开扫描。这两种方式与 TCP 连接的三次握手有关，所谓三次握手就是建立 TCP 连接时，需要客户端和服务器总共发送 3 个包以确认连接的建立。这 3 个包的发送过程如图 7-1 所示。

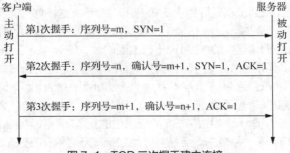

图 7-1 TCP 三次握手建立连接

在发起端口扫描的过程中，三次握手全部完成的扫描被称作全开扫描；仅完成前两次握手（源 SYN 目标 SYN/ACK 端口开放，源 SYN 目标 RST/ACK 端口关闭）的扫描被称作半开扫描。在实际的端口扫描中，半开扫描应用最多，这种扫描行为不容易被目标主机捕捉到日志记录，具有隐蔽性。全开扫描很少使用，因为防火墙或入侵检测系统能够有效拦截全开扫描，并产生大量日志。执行半开扫描需要使用-sS 选项，执行全开扫描需要使用-sT 选项。

（2）指定扫描端口

默认情况下，nmap 工具会扫描 1660 个常用的端口，包括 1～1024 号端口以及 nmap-services 文件中列出的端口。可以使用-p 选项指定需要扫描的端口或端口范围，指定多个端口时可以使用逗号分隔，端口范围需要用连接号表示，比如-p 1-1023,8000,8080。

如果要同时扫描 TCP 和 UDP 端口，可以指定特定的端口类型，端口号前加上 T:标识符表示 TCP 端口，加上 U:标识符表示 UDP 端口。例如，-p U:53,111,137,T:21-25,80,139,8080 将扫描 UDP 端口 53、111 和 137，同时扫描列出的 TCP 端口。

（3）快速扫描与顺序扫描

使用-F 选项可以启用对有限端口的快速扫描。

默认情况下，nmap 工具按随机顺序扫描端口，使用-r 选项则从最低到最高的端口顺序扫描。

（4）识别端口状态

与一些传统的端口扫描器只给出两种端口状态（开放和关闭）不同，nmap 工具提供更细粒度的端口扫描结果，将扫描检测的端口划分为 6 种状态，如表 7-4 所示。

表 7-4　nmap 工具扫描的端口状态

状态	说明
open	端口是开放的，程序正在该端口接收 TCP 连接或者 UDP 报文
closed	端口是关闭的，关闭的端口对于 nmap 工具也是可访问的，但没有程序在该端口监听
filtered	端口被防火墙 IDS/IPS 屏蔽，无法确认该端口是否开放
unfiltered	端口没有被屏蔽，但是否开放需要进一步确定
open|filtered	无法确定端口是开放的或被屏蔽的
closed|filtered	无法确定端口是关闭的或被屏蔽的

其中 IDS 和 IPS 分别是入侵检测系统（Intrusion Detection System）和入侵防御系统（Intrusion Prevention System）的英文缩写。

4. 使用 nmap 工具进行其他检测

除了端口扫描，nmap 工具还可实现其他安全检测。

（1）主机发现

我们可以使用 nmap 工具检查网络上所有在线的主机，常用的主机发现选项如下。

- -sL：列表扫描。仅列出指定网络上的每台主机，不发送任何报文到目标主机。
- -sn：ping 扫描。仅进行 ping 扫描（禁止端口扫描），然后列出对扫描进行响应的主机。
- -Pn：无 ping 扫描。该选项完全跳过主机发现阶段，使 nmap 工具对每一个指定的目标 IP 地址进行所要求的扫描。通常 nmap 工具在进行高强度的扫描时使用此方式确定正在运行的主机。
- -PR：ARP ping。使用 ARP（Address Resolution Protocol，地址解析协议）进行主机发现，比基于 IP 的扫描更快、更可靠。
- -PS [端口列表]: 发送一个设置了 SYN 标志位的空 TCP 包。默认目的端口为 80，可以指定一个以逗号分隔的端口列表，每个端口会被并发地扫描。无论 RST 还是 SYN/ACK 响应，nmap 工具都可以确认该主机正在运行。

• -PA [端口列表]：与-PS 选项类似，其设置的是 TCP 的 ACK 标志位而不是 SYN 标志位。ACK 包表示确认一个建立连接的尝试，但该连接尚未完全建立，所以远程主机应该总是回应一个 RST 包。-PA 选项使用和 SYN 探测相同的默认端口 80，也可以用相同的格式指定目标端口列表。提供 SYN 和 ACK 这两种 ping 探测是为了使通过防火墙的机会增大。

（2）服务和版本探测

nmap 工具在进行端口扫描时，还可以进行版本探测。版本探测功能用于确定开放端口上运行的程序及版本信息。常用的版本探测选项如下。

• -sV：版本探测。也可以用-A 选项同时打开操作系统探测和版本探测。

• --allports：扫描所有端口，不排除任何端口。

• --version-intensity <强度值>：版本扫描强度。强度值必须在 0 和 9 之间，默认是 7。强度值表明应该使用哪些探测报文，数值越高，服务越有可能被正确识别，但高强度扫描需要耗费更多的时间。

下面是一个版本探测的示例。

```
root@autowks:~# nmap -sV 192.168.10.50
Starting Nmap 7.80 ( https://nmap.org ) at 2022-05-27 10:23 CST
Nmap scan report for 192.168.10.50
Host is up (0.00034s latency).
Not shown: 996 filtered ports
PORT     STATE  SERVICE     VERSION
22/tcp   open   ssh         OpenSSH 8.0 (protocol 2.0)
80/tcp   open   http        Apache httpd 2.4.37 ((centos))
443/tcp  closed https
9090/tcp closed zeus-admin
MAC Address: 00:0C:29:57:DE:7B (VMware)
Service detection performed. Please report any incorrect results at
                                        https://nmap.org/submit/ .
Nmap done: 1 IP address (1 host up) scanned in 11.62 seconds
```

（3）操作系统探测

操作系统探测用于检测目标主机上运行的操作系统类型及设备类型等信息。Nmap 工具拥有丰富的系统数据库，可以识别 2600 多种操作系统与设备类型。常用的操作系统探测选项如下。

• -O：启用操作系统探测。

• --osscan-limit：仅针对可能性大的目标进行操作系统探测。如果发现目标主机上有至少一个打开和一个关闭的 TCP 端口，操作系统探测会更有效。此选项仅在使用-O 或-A 请求进行操作系统探测时起作用，特别是在使用-Pn 选项扫描多个主机时可以节省时间。

• --osscan-guess：推测操作系统探测结果，准确性会下降。

> **提示** nmap 工具提供躲避防火墙规则或"哄骗"IDS 的功能，这些功能可能会被攻击者滥用，然而管理员却可以利用这些功能来增强安全性。例如，-f 选项要求扫描时使用较小的 IP 包分段，使得包过滤器、IDS 和其他工具的检测更加困难；使用-S 选项可以进行源地址"哄骗"；使用--source-port 选项进行源端口"哄骗"；使用--spoof-mac 选项可以实施 MAC（Medium Access Control，介质访问控制）地址"哄骗"。我们应当遵守信息安全法规，不要滥用这些技术手段实施网络攻击。

（4）定制输出格式

nmap 工具支持多种不同的输出格式。默认的格式是交互式输出，将检测结果发送到标准输出。

我们可以使用-oN 选项将标准输出直接写入指定的文本文件，使用-oX 选项将标准输出直接写入指定的 XML 文件。

7.2.2 python-nmap 库

python-nmap 库是 Python 库，用来基于 nmap 工具进行端口自动化扫描。它将 nmap 工具的强大功能与 Python 语言优秀的表达能力进行结合，便于管理员编程实现自动执行扫描任务和生成报告。python-nmap 库改进了 nmap 工具输出结果的处理，将输出结果保存到 Python 的字典之中，无须和 Shell 脚本一样通过字符串处理和正则表达式来解析 nmap 工具的输出结果。

由于 python-nmap 库基于 nmap 命令，应在当前环境先安装 nmap 工具（参见前面的 nmap 工具安装），再安装该库，可执行以下命令安装该库。

```
pip install python-nmap
```

下面介绍 python-nmap 库的基本用法。

1. 实现端口扫描

PortScanner 类是 python-nmap 库最常用的类之一，是对 nmap 工具端口扫描功能的封装。使用 PortScanner 类实现端口扫描的步骤如下。

（1）实例化 PortScanner 类创建一个 PortScanner 对象。

```
nm = nmap.PortScanner()
```

创建 PortScanner 对象时 python-nmap 库会检查系统中是否已经安装了 nmap 工具，如果没有安装，则抛出 PortScannerError 异常。

（2）调用 PortScanner 对象的 scan()方法进行扫描。该方法的用法如下。

```
scan(hosts="127.0.0.1", ports=None, arguments="-sV", sudo=False, timeout=0)
```

scan()方法的参数及其说明如表 7-5 所示。

表 7-5 scan()方法的参数及其说明

参数	说明	示例
hosts	表示扫描的目的主机地址，可以是主机的域名、IP 地址、IP 地址范围、网络地址，默认为 127.0.0.1	"scanme.nmap.org"、"198.116.0-255.1-127"、"216.163.128.20/20"、"192.168.20.20,127.0.0.1"
ports	表示扫描的目的端口，可以是单个端口，也可以是多个端口或端口范围。如果不定义，nmap 工具将会扫描常用的端口	"22,53,110,143-4564"
arguments	表示扫描的方式，实际上就是 nmap 工具的选项，默认为-oX - -sV	"-sU -sX -sC"
sudo	表示是否使用 sudo 命令执行扫描	False（默认值）
timeout	允许扫描的时间（单位为秒），默认为 0 表示不限制时间	—

可以发现，hosts 和 ports 参数的规则符合 nmap 工具的目标主机和扫描端口定义规则。关键的参数是 arguments，其具体用法参见 nmap 工具的选项。

（3）获取扫描结果。

scan()方法返回一个字典类型的扫描结果。

```
>>> import nmap
>>> nm = nmap.PortScanner()
>>> nm.scan('127.0.0.1','1-1024')
{'nmap': {'command_line': 'nmap -oX - -p 1-1024 -sV 127.0.0.1', 'scaninfo': {'tcp':
{'method': 'syn', 'services': '1-1024'}}, 'scanstats': {'timestr': 'Thu May 26
10:25:56 2022', 'elapsed': '6.27', 'uphosts': '1', 'downhosts': '0', 'totalhosts':
```

```
'1'}}, 'scan': {'127.0.0.1': {'hostnames': [{'name': 'localhost', 'type':
'PTR'}], 'addresses': {'ipv4': '127.0.0.1'}, 'vendor': {}, 'status': {'state':
'up', 'reason': 'localhost-response'}, 'tcp': {631: {'state': 'open', 'reason':
'syn-ack', 'name': 'ipp', 'product': 'CUPS', 'version': '2.3', 'extrainfo': '',
                         'conf': '10', 'cpe': 'cpe:/a:apple:cups:2.3'}}}}}
```

我们可以直接解析字典类型的扫描结果，也可以使用 PortScanner 类提供的方法来更便捷地获取扫描的信息，下面举例说明。

```
>>> nm.command_line()            # 使用 command_line()方法获取本次扫描的 nmap 工具
'nmap -oX - -p 1-1024 -sV 127.0.0.1'
>>> nm.scaninfo()                # 使用 scaninfo()方法获取本次扫描的基本信息
{'tcp': {'method': 'syn', 'services': '1-1024'}}
>>> nm.all_hosts()               # 使用 all_hosts()方法获取扫描的主机清单
['127.0.0.1']
```

还可以使用 csv()方法将扫描结果导出为 CSV 格式。例如执行 nm.csv()返回的结果如下。

```
host;hostname;hostname_type;protocol;port;name;state;product;extrainfo;reason;
                                                        version;conf;cpe
127.0.0.1;localhost;PTR;tcp;631;ipp;open;CUPS;;syn-ack;2.3;10;cpe:/a:apple:
                                                            cups:2.3
```

2. 处理扫描结果

除了直接解析字典格式的扫描结果外，python-nmap 库还支持以主机地址为键，获取单台主机的详细信息，包括获取主机网络状态、所有的协议、所有打开的端口号，端口号对应的服务等，访问主机扫描结果的方法如表 7-6 所示。实际上这些功能是由 PortScannerHostDict 类实现的，该类用于存储与访问主机扫描结果。

表 7-6　访问主机扫描结果的方法

方法	说明	示例
hostname()	返回扫描对象的主机名	>>> nm['127.0.0.1'].hostname() 'localhost'
hostnames()	返回扫描对象的主机名列表	>>> nm['127.0.0.1'].hostnames() [{'name': 'localhost', 'type': 'PTR'}]
state()	返回扫描对象的状态,包括 4 种状态(up、down、unknown、skipped)	>>> nm['127.0.0.1'].state() 'up'
all_protocols()	返回扫描的协议,包括 IP、TCP、UDP、SCTP (流控制传输协议)	>>> nm['127.0.0.1'].all_protocols() ['tcp']
all_tcp()	返回 TCP 扫描的端口列表 (自动排序)	>>> nm['127.0.0.1'].all_tcp() [631]
tcp()	返回扫描对象某 TCP 端口的信息	>>> nm['127.0.0.1'].tcp(631) {'state': 'open', 'reason': 'syn-ack', 'name': 'ipp', 'product': 'CUPS', 'version': '2.3', 'extrainfo': ' ', 'conf': '10', 'cpe': 'cpe:/a:apple:cups:2.3'}
has_tcp()	是否含有扫描对象某 TCP 端口的信息	>>> nm['127.0.0.1'].has_tcp(631) True

除了使用 all_tcp()方法外，还可以使用 all_udp()、all_ip()或 all_sctp()方法获取相应协议的端口。与 has_tcp()类似的方法有 has_udp()、has_ip()或 has_sctp()。

也可以根据协议名称从返回的扫描结果字典中提取该协议的端口扫描结果，示例程序如下。

```
>>> nm['127.0.0.1']['tcp'].keys()
dict_keys([631])
```

通过以下命令获取指定端口的状态。

```
>>> nm['127.0.0.1']['tcp'][631]['state']
'open'
```

任务实现

任务 7.2.1　检测网络中在线状态的主机

检测网络中在线
状态的主机

在项目 1 中，我们通过 ping 命令来检测目标主机是否在线。python-nmap 库提供的主机发现功能可以用来快速检测出网络中所有处于在线状态的主机。这里编写 Python 程序，使用 python-nmap 库实现此功能，文件命名为 nmap_active.py，程序如下。

```python
import nmap
# 指定扫描目标网络
target = '192.168.10.0/24'
# 创建 PortScanner 对象
nm = nmap.PortScanner()
# 通过扫描检测子网中的主机状态
nm.scan(hosts=target, arguments='-n -sn -PE -PA21,23,80,3389')
# 定义输出格式
fm = "{:25}\t{:10}"
print( '--------------主机状态---------------')
print(fm.format(' 主机','状态'))
hosts = nm.all_hosts()    # 从扫描结果中获取主机列表
for host in hosts:
    state = nm[host].state()    # 获取指定主机的状态
    if state == 'up':
        print('\033[1;32m',fm.format(host,'正在运行'))    # 以绿色字体显示运行状态的主机
    else:
        print('\033[1;31m',fm.format(host,'已经停机'))    # 以红色字体显示停机状态的主机
```

上述程序中的关键是设置 scan()方法的 arguments 参数，也就是 nmap 工具的选项。其中-n 选项表示不对发现的活动 IP 地址进行反向域名解析以提高扫描效率；-sn 选项表示仅进行 ping 扫描（禁止端口扫描）；-PE 选项用于启用应答请求功能；-PA 选项表示设置 TCP 的 ACK 标志位，使用 ping 命令探测通过防火墙的机会尽可能大。

笔者在自己的实验环境中执行该程序的结果如图 7-2 所示。

```
--------------主机状态---------------
主机                          状态
192.168.10.1                正在运行
192.168.10.2                正在运行
192.168.10.20               正在运行
192.168.10.254              正在运行
192.168.10.50               正在运行
192.168.10.51               正在运行
```

图 7-2　在线状态的主机列表

任务 7.2.2　检测主机的服务及版本

检测主机的服务及
版本

使用 python-nmap 库进行版本探测可以确定扫描到的端口上运行的程序及版本信息。下面编写 Python 程序对指定的目标主机进行版本探测，并将结果以美观的表格形式输出到控制台，便于查看和分析。这里使用了第三方库 PrettyTable（该库可执行 pip install PrettyTable 命令进行安装）在控制台命令行中生成 ASCII 格式表格。程序文件命名为 nmap_service.py，程序如下。

```python
import nmap
from prettytable import PrettyTable
```

```
# 定义报表用表格的 PrettyTable 对象并添加表头
Report_Table = PrettyTable(["Host", "Services", "State", "Version"])
# 指定扫描目标（这里是一个子网）
target = '192.168.10.0/24'
nm = nmap.PortScanner()
# 通过扫描检测主机中的服务、状态和版本
nm.scan(target, arguments='-sV')
# 遍历扫描结果中的主机列表
for host in nm.all_hosts():
    # 编辑指定主机的协议列表
    for proto in nm[host].all_protocols():
        # 初始化表示服务、状态和版本的序列
        services, states , versions = [], [], []
        # 获取指定主机指定协议的端口列表
        ports = nm[host][proto].keys()
        # 遍历端口列表并将服务、状态和版本数据添加到相应序列
        for port in ports:
            services.append(nm[host][proto][port]['name'])
            states.append(nm[host][proto][port]['state'])
            versions.append(nm[host][proto][port]['product'] + ' ' +
                                        nm[host][proto][port]['version'])
        # 将一台主机的数据添加到 PrettyTable 表格
        Report_Table.add_row([host, '\n'.join(services), '\n'.join(states),
                                        '\n'.join(versions)])
print(Report_Table)
```

笔者在自己的实验环境中执行该程序，测试结果如图 7-3 所示。

```
+---------------+--------------+--------+-------------------------------------+
|      Host     |   Services   |  State |               Version               |
+---------------+--------------+--------+-------------------------------------+
|  192.168.10.1 |    msrpc     |  open  |         Microsoft Windows RPC       |
|               | netbios-ssn  |  open  |     Microsoft Windows netbios-ssn   |
|               | microsoft-ds |  open  | Microsoft Windows 7 - 10 microsoft-ds |
|               |  vmware-auth |  open  |   VMware Authentication Daemon 1.10 |
|               |     http     |  open  |      Microsoft HTTPAPI httpd 2.0    |
|               |  scp-config  |  open  |                                     |
|  192.168.10.2 |  tcpwrapped  |  open  |                                     |
| 192.168.10.50 |     ssh      |  open  |             OpenSSH 8.0             |
|               |     http     |  open  |          Apache httpd 2.4.37        |
|               |    https     | closed |                                     |
|               |  zeus-admin  | closed |                                     |
| 192.168.10.51 |     ssh      |  open  |             OpenSSH 8.0             |
|               |     http     |  open  |          Apache httpd 2.4.37        |
|               |    https     | closed |                                     |
|               |  zeus-admin  | closed |                                     |
+---------------+--------------+--------+-------------------------------------+
```

图 7-3　目标主机的服务、状态及版本

任务 7.3　使用 Scapy 库处理网络数据包

任务要求

除了网络探测和安全扫描之外，网络安全还涉及网络数据包的解析和处理，可以更清楚地

了解网络安全行为，这方面比较常用的工具是wireshark和tcpdump。如果需要编写程序来自动完成数据包的处理，则可以考虑使用Scapy这个Python库。除了具备wireshark和tcpdump抓取和解析网络数据包的功能，Scapy库还能构造甚至伪造数据包、发送或重放数据包。Scapy库通过处理底层网络数据包来灵活地实现多种安全功能，如安全扫描、网络嗅探、检测网络问题、检查信息安全。本任务的基本要求如下。

（1）了解Scapy库的功能和安装方法。

（2）了解Scapy库的基本用法。

（3）学会使用Scapy库编写Python程序实现安全功能。

相关知识

7.3.1　Scapy 库简介

Scapy 是一个用于处理底层网络数据包的 Python 库，也是一个交互式工具。Scapy 库可以轻松地处理扫描、跟踪、探测、单元测试、攻击或网络发现等大多数传统的网络安全任务，可以代替 hping、arpsoof、arp-sk、arping、p0f 等工具，甚至能够实现 nmap、tcpdump 和 wireshark 等工具的部分功能。Scapy 库还具有其他工具无法提供的特殊功能，如发送无效数据帧、注入修改的 802.11 帧、ARP 缓存攻击。

Scapy 库在网络安全领域具有非常广泛的应用，如防止漏洞利用、防范数据泄露、监听网络、入侵检测和流量分析等。用户可以通过 Scapy 库发送、嗅探、分析和伪造网络数据包。Scapy 库与数据可视化和报告生成组件进行集成，可以方便地展示结果和数据。网络攻防就是矛与盾的关系，黑客可利用 Scapy 库探测、扫描或攻击网络，管理员也可使用它来检测这些恶意行为，或者发现系统安全漏洞，以便加强防范。

首先我们需要通过 pip 安装 Scapy 库，建议使用以下命令安装 Scapy 库和 IPython（Python 的交互式 Shell）。

```
pip install --pre scapy[basic]
```

如果要安装 Scapy 库及其所有主要依赖项，则可以执行以下命令。

```
pip install --pre scapy[complete]
```

Linux 系统中还要安装 tcpdump 软件包才能运行 Scapy 库。

7.3.2　Scapy 库的基本使用方法

Scapy 库作为 Python 库在 Python 程序中使用时，通常使用以下语句导入。

```
from scapy.all import *
from scapy.layers.inet import *
```

Scapy 库还为我们提供了一种命令行的交互方式，要使用这种方式需要在安装 Scapy 库的 Python（虚拟）环境中执行 scapy 命令，示例代码如下。

```
(venv) root@autowks:/autom/07net# scapy
...              aSPY//YASa
          apyyyyCY//////////YCa          |
         sY//////YSpcs  scpCY//Pp        | Welcome to Scapy
   ayp ayyyyyyySCP//Pp         syY//C    | Version 2.4.5
   AYAsAYYYYYYYY///Ps          cY//S     |
       pCCCCY//p        cSSps y//Y       | https://github.com/secdev/scapy
        SPPPP///a       pP///AC//Y       |
```

```
      A//A            cyP////C  | Have fun!
      p///Ac          sC///a    |
      P////YCpc            A//A  | To craft a packet, you have to be a
  sccccccp///pSP///p        p//Y | packet, and learn how to swim in
 sY/////////y  caa          S//P | the wires and in the waves.
 cayCyayP//Ya          pY/Ya     |         -- Jean-Claude Van Damme
  sY/PsY////YCc        aC//Yp    |
    sc  sccaCY//PCypaapyCP//YSs
          spCPY//////YPSps
              ccaacs
                        using IPython 8.3.0
>>>                # 可执行命令
```

这相当于进入 Python 交互式环境并导入 Scapy 库。

Scapy 库主要用于构造(伪造)或解码数据包、通过网络发送数据包和接收应答包、捕获数据包等。下面介绍其基本用法,并在交互式环境中进行示范。

1. 常用的辅助命令

使用以下命令可以帮助我们了解 Scapy 库的函数和命令的用法。

- ls():不带参数可查看 Scapy 库支持的所有协议;通过参数指定要查看的协议,可以查询该协议的数据包结构,例如 ls(TCP)可以查看 TCP 包的结构。
- lsc():查看当前 Scapy 库的所有命令列表。
- help():查看函数或命令的帮助信息,例如 help(sniff)可以查看 sniff()函数的功能和参数。
- conf:查看当前的配置信息,有些函数没有指定参数时,默认值都取自此配置。

2. 构造数据包

Scapy 库为 TCP/IP 各层协议提供了辅助类,每一种协议都可以通过实例化相应的类来构造相应的数据包,常用的有 IP、TCP、UDP、ICMP(Internet Control Message Protocol,互联网控制报文协议)、ARP 等。其他协议数据包可以用 ls()命令查看。

对于未指定的参数,每个类在实例化时都会采用默认值。构造数据包之后,可以通过包的属性值来修改参数值,还可以使用 del 命令删除该参数值,使其恢复默认值。下面给出一个示例。

```
>>> ip = IP(dst='10.168.10.51')     # 构造 IP 包
>>> ip.dst                          # 查看该包的目的地址
'10.168.10.51'
>>> ip.dst ='10.168.10.50'          # 修改该包的目的地址
>>> del ip.dst                      # 删除该包的目的地址
>>> ip.dst                          # 再次查看该包的目的地址,发现恢复默认值
'127.0.0.1'
```

Scapy 库使用 "/" 运算符进行相邻两个协议层的合成以实现协议层堆叠,这样下层协议可以根据上层协议重载一个或多个默认值。字符串可以用作原始层。下面的示例中构造一个原始的数据包,通过 show()函数可以查看该数据包的构成。

```
>>> pkt=Ether()/IP(dst='192.168.10.50')/TCP()/'hello world!'
>>> pkt
<Ether  type=IPv4 |<IP  frag=0 proto=tcp dst=192.168.10.50 |<TCP  |<Raw
                                           load='hello world!' |>>>>
>>> pkt.show()
###[ Ethernet ]###
  dst      = ff:ff:ff:ff:ff:ff
```

```
    src        = 00:0c:29:c7:96:44
    type       = IPv4
###[ IP ]###
    version    = 4
    ihl        = None
    tos        = 0x0
    len        = None
    id         = 1
    flags      =
    frag       = 0
    ttl        = 64
    proto      = tcp
    chksum     = None
    src        = 192.168.10.20
    dst        = 192.168.10.50
    \options   \
###[ TCP ]###
     sport      = ftp_data
     dport      = http
     seq        = 0
     ack        = 0
     dataofs    = None
     reserved   = 0
     flags      = S
     window     = 8192
     chksum     = None
     urgptr     = 0
     options    = ''
###[ Raw ]###
      load       = 'hello world!'
```

> **提示** 可以构造一个使用默认参数的数据包，通过 show()函数查看该数据包的构成以了解
> 其主要参数，然后构造所需的包。使用"/"运算符时还可以不按协议层顺序实现层
> 堆叠，构造任意的数据包，即故意损坏的包，这在某些测试和应用中很有用，如漏
> 洞测试。

前面构造的是单个数据包，我们还可以构造一组数据包，这需要指定数据包集。数据包（任何层）的每个字段都可以是一个集合，这可用于隐式定义一组数据包，在所有字段之间使用笛卡儿乘积。下面的示例中一次性构造 4 个数据包。

```
>>> ip_pkts = IP(dst=['10.168.10.50','192.168.10.51'])    # 构造 2 个 IP 包
>>> tcp_pkts = TCP(dport=[80,443])                         # 构造 2 个 TCP 包
>>> [p for p in ip_pkts/tcp_pkts]                          # 通过层堆叠构成 4（2×2）个包
[<IP  frag=0 proto=tcp dst=10.168.10.50 |<TCP  dport=http |>>,
 <IP  frag=0 proto=tcp dst=10.168.10.50 |<TCP  dport=https |>>,
 <IP  frag=0 proto=tcp dst=192.168.10.51 |<TCP  dport=http |>>,
 <IP  frag=0 proto=tcp dst=192.168.10.51 |<TCP  dport=https |>>]
```

完成数据包或数据包集的构造之后，可以使用函数进一步查看和处理它们，常用的数据包查看和处理函数如表 7-7 所示。

表 7-7　常用的数据包查看和处理函数

函数	功能
summary()	显示每个数据包的摘要列表
nsummary()	在 summary()函数返回结果的基础上加上数据包编号
show()	以首选的表示形式（通常为 nsummary()）显示
filter()	返回用 lambda()函数过滤的数据包列表
hexdump()	返回所有数据包的十六进制
hexraw()	返回所有数据包的 Raw 层的十六进制
make_table()	根据 lambda()函数的定义以表格形式显示结果

还可以将数据包集移动到 PacketList 对象中，该对象提供对数据包列表的一些操作，示例代码如下。

```
>>> ip_pkts = IP(dst=['10.168.10.50','192.168.10.51'])
>>> p = PacketList(ip_pkts)
>>> p
<PacketList: TCP:0 UDP:0 ICMP:0 Other:2>
```

3. 发送数据包

Scapy 库中用于发送数据包的函数如下。

- sendp()：仅发送第 2 层数据包（以太网、802.3 等），要选择正确的网络接口和正确的链路层协议。

- send()：仅发送第 3 层数据包（IP、ARP 等），会自动处理路由和第 2 层协议。

这两个函数如果加上 return_packets=True 参数则会返回已发送的包列表，示例代码如下。

```
>>> pkt = IP(dst='192.168.10.50')/ICMP()/b'Hello!'
>>> sendp(pkt)
.
Sent 1 packets.
>>> sp = sendp(pkt,return_packets=True)
.
Sent 1 packets.
>>> sp.show()
0000 IP / ICMP 192.168.10.20 > 192.168.10.50 echo-request 0 / Raw
```

这两个函数也会经常用到以下参数。

- iface：指定发送数据包的网络接口，例如 iface='ens33'。

- loop：设置是否启用循环发送，例如 loop=1。

- inter：设置两个数据包之间等待的时间间隔（以秒为单位），例如 inter=0.2 表示每 0.2 秒发送一次。

4. 发送并接收数据包

Scapy 库中用于发送并接收数据包的函数如下。

- srp()：发送第 2 层数据包，并且等待接收应答包。

- sr()：发送第 3 层数据包，等待接收一个或多个应答包。

- sr1()：发送第 3 层数据包，仅等待接收一个应答包。

这类函数是 Scapy 库的核心函数，返回的是一个元组，其中两个元素都是列表，第 1 个是成对的列表（发送包、应答包），第 2 个是未应答数据包的列表。这两个元素虽是列表，但它们被对象包装，以便更好地呈现和解析。下面给出一个简单的示例，构造用于 ping 目标主机的 ICMP 包并发送，然后解析返回的应答包。

171

```
>>> pkt = sr(IP(dst="www.163.com")/ICMP()/"Hello!")
Begin emission:
Finished sending 1 packets.
.*
Received 2 packets, got 1 answers, remaining 0 packets
>>> pkt                                  # 返回包括两个列表的元组
(<Results: TCP:0 UDP:0 ICMP:1 Other:0>,
 <Unanswered: TCP:0 UDP:0 ICMP:0 Other:0>)
>>> pkt[0].show()
0000 IP / ICMP 192.168.10.20 > 123.130.122.239 echo-request 0 / Raw ==> IP / ICMP
             123.130.122.239 > 192.168.10.20 echo-reply 0 / Raw / Padding
>>> pkt[0][0]
QueryAnswer(query=<IP  frag=0 proto=icmp dst=123.130.122.239 |<ICMP  |<Raw
load='Hello!' |>>>, answer=<IP  version=4 ihl=5 tos=0x0 len=34 id=64301 flags=
frag=0 ttl=128 proto=icmp chksum=0x7e7f src=123.130.122.239 dst=192.168.10.20
 |<ICMP  type=echo-reply code=0 chksum=0xdc0c id=0x0 seq=0x0 unused='' |<Raw
 load='Hello!' |<Padding  load='\x00\x00\x00\x00\x00\x00\x00\x00\x00\x00\x00\
                                                    x00' |>>>>)
>>> pkt[1].show()
```

如果目标主机没有应答，则达到超时时间后将为应答包分配一个 None 值。

再来看一个构造 DNS 查询请求包的示例，其中 DNS 包中的 rd=1 表示需要递归查询，IP 包中的 dst 参数指定是 DNS 服务器。

```
>>>sr1(IP(dst="114.114.114.114")/UDP()/DNS(rd=1,qd=DNSQR(qname="www.baidu.com")))
Begin emission:
Finished sending 1 packets.
*
Received 1 packets, got 1 answers, remaining 0 packets
<IP  version=4 ihl=5 tos=0x0 len=118 id=64259 flags= frag=0 ttl=128 proto=udp
   chksum=0x8fd2 src=114.114.114.114 dst=192.168.10.20 |<UDP  sport=domain dport=
domain len=98 chksum=0x42b2 |<DNS  id=0 qr=1 opcode=QUERY aa=0 tc=0 rd=1 ra=1 z=0
       ad=0 cd=0 rcode=ok qdcount=1 ancount=3 nscount=0 arcount=0 qd=<DNSQR
qname='www.baidu.com.' qtype=A qclass=IN |> an=<DNSRR  rrname='www.baidu.com.'
 type=CNAME rclass=IN ttl=628 rdlen=None rdata='www.a.shifen.com.' |<DNSRR
      rrname='www.a.shifen.com.' type=A rclass=IN ttl=256 rdlen=None rdata=
   110.242.68.3 |<DNSRR  rrname='www.a.shifen.com.' type=A rclass=IN ttl=256
             rdlen=None rdata=110.242.68.4 |>>> ns=None ar=None |>>>
```

可以通过 timeout 参数设置发送最后一个数据包后等待的时间，通过 retry 参数设置重试次数。如果某些数据包丢失或指定间隔不够，则可以重新发送所有未应答的数据包，方法是再次调用该函数，直接使用未应答列表，或指定重试参数。例如，如果 retry 参数的值为 3，Scapy 库将尝试重新发送 3 次未应答的数据包；如果 retry 参数的值为 – 3，Scapy 库将重新发送未应答的数据包，直到同一组未应答数据包连续 3 次没有给出任何应答。

5. 数据包的随机替换和字节注入

Scapy 库中还提供 fuzz()函数通过随机数值替换某一层的内容。该函数可以更改任何默认值，该值是随机的，并且其类型与字段相适应，该值不能由对象计算（如校验和）。这使得快速构建模糊模板并在循环中发送它们得以实现。下面给出一个简单的示例，其中 IP 层是正常的，而 UDP 和 NTP（Network Time Protocol，网络时间协议）层是模糊的。UDP 校验和将会是正确的，UDP 目标端口将被 NTP 重载，并且 NTP 版本值将被强制设为 4。

```
>>> pkt= srp(IP(dst='www.163.com')/fuzz(UDP()/NTP(version=4)))
Begin emission:
Finished sending 1 packets.
........^C
Received 8 packets, got 0 answers, remaining 1 packets
>>> pkt[1][0][UDP].show()
###[ UDP ]###
  sport     = ntp
  dport     = ntp
  len       = None
  chksum    = None
###[ NTPHeader ]###
leap      = last minute of the day has 61 seconds
    version   = 4
```

在数据包中，每个字段都有特定的数据类型，例如，IP 包的 len 字段值应使用整数。有时可能要注入一些不适合该数据类型的值。使用 RawVal()函数即可实现字节注入。下面给出一个简单的示例。

```
>>> pkt = IP(len=RawVal(b"NotAnInteger"), src="127.0.0.1")
>>> bytes(pkt)
b'H\x00NotAnInt\x0f\xb3er\x00\x01\x00\x00@\x00\x00\x00\x7f\x00\x00\x01\x7f\x00\
                                              x00\x01\x00\x00\x00'
```

6. 抓包

抓包是网络嗅探的通俗说法，指利用本地的网络接口截获其他计算机的数据包，是网络监控系统的实现基础。网络程序都是以数据包的形式在网络中进行传输的，通过抓取数据包并进行协议分析，我们可以掌握网络的实际情况，查找网络漏洞和检测网络性能。wireshark 和 tcpdump 是两款主流的抓包工具，Scapy 库则使用 sniff()函数实现抓包功能。该函数主要包括以下参数。

• filter：设置对数据包进行过滤的条件，其用法与 wireshark 相同，遵循伯克利包过滤（Berkeley Packet Filter，BPF）语法定义的过滤规则。最简单的过滤规则通常由一个 ID（名称或序号）加上一个或多个限定符组成。其中，"type"限定符指定数据类型，如 host、net、prot 和 protrange；"dir"限定符指定数据包流进、流出或两种兼有，如 src（源地址）和 dst（目的地址）；"proto"限定符指定所匹配的协议，如 ether、ip、ipv6、tcp、udp 等。例如 filter= 'src host 192.168.0.1 and tcp and (port 138 or port 139 or port 445)'表示仅抓取源 IP 地址为 192.168.0.1 的计算机在 138、139 和 445 端口上发送的所有 TCP 数据包。

• iface：指定抓包的网络接口（网卡）。可以通过 Scapy 库的 show_interfaces()函数获取本机上的网络接口列表。默认不指定网络接口，表示抓取所有网络接口的数据包。

• prn：指定捕获到数据包时所调用的回调函数，该函数只能接收一个参数，表示所捕获到的包。简单的处理使用 lambda 表达式来编写匿名函数，更复杂的处理可以编写回调函数。

• count：设置需抓取的包数量，捕获指定数量的包则停止捕获，默认为 0，表示一直抓取。

• timeout：设置抓包的限制时间，超时则停止捕获。默认为 None，表示不限制时间。

如果不加限制，执行 sniff()函数后会一直处于捕获状态，可以按<Ctrl>+<C>组合键强制中止。

sniff()函数返回的是一个包列表，可以使用 show()函数查看具体的列表内容。

下面给出一个交互操作的示例，抓取 IP 地址为 192.168.10.50 的计算机收发的所有 ICMP 包并使用 summary()函数列出其内容。运行该函数后，打开另一个命令行窗口执行 ping 192.168.10.50 命令进行抓包测试。

```
>>> sniff(filter="host 192.168.10.50 and icmp",prn=lambda x:x.summary(),count=3)
Ether / IP / ICMP 192.168.10.20 > 192.168.10.50 echo-request 0 / Raw
Ether / IP / ICMP 192.168.10.50 > 192.168.10.20 echo-reply 0 / Raw
```

```
Ether / IP / ICMP 192.168.10.20 > 192.168.10.50 echo-request 0 / Raw
<Sniffed: TCP:0 UDP:0 ICMP:3 Other:0>
```

可以使用 wrpcap()函数将抓取的数据包列表保存到 PCAP 格式的文件中。PCAP 是常用的数据包存储文件格式，wireshark 使用的就是这种格式。

Scapy 库也支持 PCAP 文件读取，使用 sniff()函数的 offline 参数指定要读取的 PCAP 文件即可从 PCAP 文件中读取数据包，而不进行抓包。也可以使用 rdpcap()函数直接读取 PCAP 文件。

7. 数据可视化

Scapy 库也支持通过 PyX（需要预先安装模块）对数据进行可视化。可以将一个数据包或数据包列表以 PostScript 或 PDF 格式的图形输出。

任务实现

任务 7.3.1　使用 Scapy 库进行 SYN 扫描

使用 Scapy 库进行
SYN 扫描

　　SYN 扫描即所谓的半开扫描，不用建立完全连接就可用来判断通信端口状态。扫描程序向目标主机的一个端口发送请求连接的 SYN 数据包，对方收到 SYN 数据包后，如果该端口处于监听状态，则会回复一个 SYN/ACK 数据包；如果该端口未处于监听状态，则会回复一个 RST 数据包，这样我们就可以判断对方端口是否打开，而不用再向对方回复 ACK 数据包以建立连接。前面介绍的 nmap 命令可以直接进行 SYN 扫描，这里使用 Scapy 库编写 Python 程序，通过更底层的程序实现 SYN 扫描。程序文件命名为 scapy_scan.py，程序如下。

```python
# 从 scapy.all 导入所有函数
from scapy.all import *
# 从 scapy.layers.inet 导入 IP 等类
from scapy.layers.inet import IP, TCP
# 定义要扫描的目标主机和端口
target = ['192.168.10.50', 'www.163.com']
port = [22, 53, 80, 443]
# 构建 SYN 数据包并发送到目标主机和端口，由一个元组获取返回的数据包
ans, unans = sr(IP(dst=target) / TCP(dport=port, flags='S'), timeout=30)
# 将获取的 ACK 数据包使用 make_table()函数输出报表
ans.make_table(
    lambda s, r: (s.dst, s.dport, r.sprintf('打开')) if r.sprintf('%TCP.flags%')
                        == 'SA' else (s.dst, s.dport, r.sprintf('关闭')))
```

使用 make_table()函数输出报表时使用匿名函数指定要返回的数据，通过返回的 TCP 标志位来判断端口是否打开。运行该程序进行测试，返回的结果如下。

```
Begin emission:
Finished sending 8 packets.
.****........................**.............
Received 45 packets, got 6 answers, remaining 2 packets
    123.130.122.240 192.168.10.50
22  -                        打开
53  -                        关闭
80  打开                     打开
443 打开                     关闭
```

任务 7.3.2　使用 Scapy 库进行 TCP 路由跟踪

Scapy 库提供了 traceroute() 函数进行即时 TCP 路由跟踪，其用法如下：

使用 Scapy 库进行
TCP 路由跟踪

```
traceroute(target, dport=80, minttl=1, maxttl=30, sport=
<RandShort>, l4=None,
                filter=None, timeout=2, verbose=None, **kargs)
```

其中 minttl 参数表示最小生存期，默认为 1 跳；maxttl 参数表示最大生存期，默认为 30 跳；sport 参数指定 TCP 源端口，默认随机产生；l4 参数表示使用 Scapy 数据包代替 TCP 数据包；filter 参数设置过滤、接收数据包的规则；timeout 参数设置等待应答的超时时间，默认为 2 秒。该函数返回一个元组，包括已跟踪的路由列表和未应答的包列表。下面给出一个使用 traceroute() 函数的简单示例。

```
>>> traceroute('www.163.com')
Begin emission:
Finished sending 30 packets.
*****************************
Received 30 packets, got 30 answers, remaining 0 packets
  123.130.122.240:tcp80
1 192.168.10.2     11
2 123.130.122.240 SA
…
30 123.130.122.240 SA
(<Traceroute: TCP:29 UDP:0 ICMP:1 Other:0>,
 <Unanswered: TCP:0 UDP:0 ICMP:0 Other:0>)
```

接下来编写 Python 程序，通过更底层的程序实现 TCP 路由跟踪。程序文件命名为 scapy_route.py，程序如下。

```
from scapy.all import *
from scapy.layers.inet import IP,TCP
# 指定目标主机
target='www.163.com'
# 构造自己的数据包去跟踪 1 至 20 跳的路由
ans, unans = sr(IP(dst=target, ttl=(1,20),id=RandShort())/TCP(flags=0x2),
                                                            timeout=60)
# 显示返回的路由，isinstance() 函数用于判断返回包的载荷是否属于 TCP 类型
for snd,rcv in ans:
    print (snd.ttl, rcv.src, isinstance(rcv.payload, TCP))
```

其中 TCP 数据包的 flags 参数表示的是控制标志，一共有 6 位，从左向右依次是 URG（紧急指针）、ACK（确认序号）、PSH（接收方应该尽快将此包交给应用层）、RST（重建连接）、SYN（发起一个连接）和 FIN（完成任务），每一位设置为 1 时表示有效，设置为 0 时表示无效。flags=0x2 表示 SYN 有效，该数据包发送的是一个同步序号，用来发起一个新的连接，与前面的 flags='S' 的含义一样。

任务 7.3.3　使用 Scapy 库进行抓包重放

使用 Scapy 库进行
抓包重放

重放（Replay）又称重播和回放，是指将抓取的数据包重新发送，是黑客常用的工具手段，例如截取加密后的密码然后将其重放，以便攻击目标主机。重放可分为直接重放、反向重放和第三方重放。管理员也可以使用重放来测试系统的安全设置。下面编写 Python 程序，使用 Scapy 库抓取 ICMP 包并将其保存到 PCAP 文件中，然后从该文件读取数据包，修改之后将其重放到其他主机。

抓包通常使用 wireshark 或 tcpdump 工具，这里编写 Python 程序实现，文件命名为 scapy_sniff.py，程序如下。

```
from scapy.all import *
print('开始抓取数据包……')
target = '192.168.10.50'
pkts = sniff(filter='host '+ target + ' and icmp', prn=lambda x:x.summary())
# 将抓取的数据包存入 PCAP 文件
wrpcap('icmp_test.pcap', pkts)
```

读者可以根据自己的实验环境替换目标主机，运行该程序，打开另一个命令行窗口执行 ping 192.168.10.50 命令。抓取一定数量的数据包后，停止该程序的运行。

再编写 Python 程序实现数据包重放，文件命名为 scapy_replay.py，程序如下。

```
from scapy.all import *
from scapy.layers.inet import *
# 从 PCAP 文件中读取数据包
pkts_sniff = rdpcap('icmp_test.pcap')
pkts_replay = []
# 遍历数据包列表，并修改数据包进行第三方重放
for pkt in pkts_sniff:
    new_pkt = pkt.payload
    # 仅加入目标主机为 192.168.10.50 的数据包
    if new_pkt[IP].dst == '192.168.10.50':
     try:
        # 更改数据包的源地址和目标地址
        new_pkt[IP].src = '192.168.10.50'
        new_pkt[IP].dst = 'www.163.com'
        # 将 IP 包和 ICMP 包的校验和恢复默认值
        del (new_pkt[IP].chksum)
        del (new_pkt[ICMP].chksum)
     except:
        pass
    # 将修改后的数据包加入重放的数据包列表
    pkts_replay.append(new_pkt)
# 重放数据包并显示返回的结果
ans, unans = sr(PacketList(pkts_replay), timeout=20)
ans.summary(lambda s, r: r.sprintf('%IP.src% \t%IP.dst% \t %ICMP.type% \
                                    t %ICMP.code%'))
```

读者可以根据自己的实验环境替换参数，运行该程序，将 ICMP 包按修改后的源地址和目标地址重放，本任务的结果如下。

```
Begin emission:
Finished sending 4 packets.
.****
Received 5 packets, got 4 answers, remaining 0 packets
123.130.122.240  192.168.10.50    echo-reply       0
123.130.122.240  192.168.10.50    echo-reply       0
123.130.122.240  192.168.10.50    echo-reply       0
123.130.122.240  192.168.10.50    echo-reply       0
```

强调一下，本任务仅演示重放功能的实现。

项目小结

本项目涉及 Python 系统运维的另一个领域——计算机网络管理。

在 Python 程序中，我们可以使用第三方库 IPy 进行 IP 地址规划和管理，使用第三方库 dnspython 进行 DNS 相关的业务。

端口扫描用于系统安全检测、发现潜在的安全问题，便于管理员及时加强防范措施。我们可以利用第三方库 python-nmap 编写 Python 程序，基于 nmap 工具实现端口自动化扫描，评估网络系统安全，或者评估网络资产、管理服务升级计划。

Scapy 库是处理底层网络数据包的第三方库，可以用来编写实现多种安全功能的 Python 程序。学习和应用 Scapy 库的前提是需要熟悉 TCP/IP。

完成本项目的各项任务之后，读者应可以编写 Python 程序来实现基本的网络管理和网络安全测试。项目 8 是本书的最后一个项目，将介绍系统综合运维。

课后练习

1. 使用 IPy 库的 IP 类的 strNormal()方法根据子网返回 IP 地址范围，IP('10.1.1.0/24').strNormal(1)的值是（　　）。

    A. '10.1.1.0'　　　　　　　　　　　　　　B. '10.1.1.0-10.1.1.255'

    C. '10.1.1.0/24'　　　　　　　　　　　　D. '10.1.1.0/255.255.255.0'

2. 使用 IPy 库的 IP 类的 len()方法计算子网的个数，IP('192.168.1.0/30').len()的值是（　　）。

    A. 2　　　　　　　　B. 4　　　　　　　　C. 8　　　　　　　　D. 1

3. 使用 IPy 库的 IP 类计算 IP 地址，以下计算不正确的是（　　）。

    A. IP("10.20.6.5").reverseName()的值是'5.6.20.10.in-addr.arpa.'

    B. 192.168.111.101' in IP('192.168.111.0/24')的值是 True

    C. IP('10.10.0.11').make_net('255.255.0.0')的值是 IP('10.10.0.0/16')

    D. IP('192.168.8.0/24').overlaps('192.168.8.0/26')的值是 True

4. 以下关于 dnspython 库的说法中，不正确的是（　　）。

    A. 能编程实现 nslookup 和 dig 等 DNS 工具的功能

    B. dnspython 库只能用于 DNS 解析和查询

    C. dnspython 库可以监控 DNS 服务

    D. dnspython 库可以创建 DNS 服务器、管理 DNS 区域

5. nmap 命令用于全开扫描的选项是（　　）。

    A. -St　　　　　　　B. -sS　　　　　　　C. -sU　　　　　　　D. -sO

6. 以下关于 nmap 扫描的端口状态的说法中，不正确的是（　　）。

    A. closed 表明端口是关闭的，不能被访问

    B. filtered 表明端口被屏蔽，不一定不能访问

    C. open 表明端口是开放的，可以被访问

    D. unfiltered 表明端口没有被屏蔽，能够被访问

7. 以下功能中 python-nmap 库不支持的是（　　）。

    A. 端口扫描　　　　B. 主机发现　　　　C. 恶意代码检测　　　D. 版本检测

8. 以下功能中 Scapy 库不支持的是（　　）。

    A. 网络嗅探　　　　B. 解析网络数据包　　C. 伪造网络数据包　　D. IP 地址计算

9. Scapy 库用于发送第 3 层数据包并等待接收响应包的函数是（　　　）。

    A. sr()   B. srp()   C. send()   D. sendp()

10. 以下关于使用 Scapy 库构造网络数据包的说法中，不正确的是（　　　）。

    A. 可以构造单个数据包，也可以构造一组数据包

    B. 构造数据包时，默认是按协议层顺序构造的

    C. 使用 TCP()函数构造的数据包不包括 IP 层

    D. 使用 "/" 运算符可以构造任意的数据包

项目实训

实训 1　检测主机的服务及版本并将结果生成 HTML 报表

实训目的

（1）了解 python-nmap 库的基本用法。

（2）学会使用 python-nmap 库编写安全扫描程序。

建议在任务 7.2.2 的程序的基础上进行改写。

实训内容

（1）安装 python-nmap 库。

（2）安装 Jinja2 模板。

（3）编写用于呈现 HTML 表格的 Jinja2 模板文件。

（4）编写 Python 程序，扫描检测主机中的服务、状态和版本。

（5）处理扫描结果，记录主机、服务、版本、端口、状态等信息。

（6）使用扫描结果信息渲染上述 Jinja2 模板文件。

（7）打开生成的 HTML 文件进行验证。

实训 2　使用 Scapy 库抓取网络数据包并进行处理

实训目的

（1）了解 Scapy 库的用法。

（2）学会使用 Scapy 库编写网络数据包分析和处理程序。

实训内容

（1）安装 Scapy 库。

（2）编写 Python 程序，定义抓包结果的处理函数。在控制台格式化输出 TCP 包的源地址和端口、目的地址和端口，以及包的原始内容（Raw）。

（3）使用 Scapy 库的 sinff()函数抓取 TCP 包，并调用上述处理函数。

（4）运行该程序，进入抓包状态。

（5）使用浏览器访问网站。

（6）观察抓包处理结果。

项目8
企业级系统综合运维

移动互联网、云计算、大数据、"互联网+"等技术的发展催生了一批成熟的大规模自动化运维工具,如Puppet、Chef、SaltStack、CFEngine等。而Ansible作为此类工具的后起之秀,备受广大企业、用户的青睐,并被广泛应用于配置管理、流程控制、应用部署等多方面的自动化运维。通过使用Ansible,无论是系统管理员、运维工程师、基础架构管理员、开发者,还是其他任何需要基础架构自动化的用户都可以从中受益。项目6介绍的Fabric库可以实现服务器批量管理和运维,但还需要使用Shell命令。而Ansible功能更强大、自动化程度更高,使用其丰富的模块即可便捷地实现企业级的系统综合运维。本项目将通过4个典型任务,引领读者熟悉Ansible的特点和用法,并掌握Ansible的自动化运维实施方法。本项目沿用项目6的实验环境。

课堂学习目标

知识目标
- 了解Ansible的特点和功能。
- 了解Ansible的基本组件。
- 了解Playbook的基本用法。
- 了解Ansible角色的基本用法。

技能目标
- 学会使用Ansible的即席命令执行运维任务。
- 学会编写Ansible的Playbook执行自动化任务。
- 学会创建Ansible角色实现复杂的运维功能。
- 学会利用Ansible Galaxy的角色实现自动化运维。
- 掌握Zabbix监控平台的部署。

素养目标
- 全面提高综合运维技能水平。
- 培养组织协调、统筹安排的能力。
- 培养系统思维和全局观念。

任务 8.1 熟悉 Ansible 的基本用法

任务要求

Ansible是简单、易用的自动化运维工具。它本身是基于Python开发的,可以用来实现各种IT任务自动化,如服务器的初始化配置、安全基线配置、安全更新、配置项管理、软件包安装等。Ansible功能丰富，涉及的内容很多，我们首先需要熟悉其基本概念和用法。本任务的基本要求如下。

（1）了解Ansible的特点。
（2）了解Ansible的基本概念。
（3）掌握主机清单文件的编写。
（4）掌握Ansible的安装。
（5）掌握Ansible的即席命令。

相关知识

8.1.1　Ansible 的特点和应用

1. Ansible 的主要特点

• 架构相对简单，轻量级部署，无须在受管节点上部署客户端，仅需通过 SSH 连接远程执行任务。像 Saltstack 这样的工具需要在受管节点上安装代理软件。

• 基于推送方式操控受管节点。Ansible 连接到远程受管节点并按照脚本要求执行操作。这种方式更具主动性，由管理员掌控运维安排，可以很方便地根据需要动态增减或删除受管节点。

• 通过模块简化任务的实施。Ansible 内置大量的模块，并且支持自定义模块，可使用几乎任何编程语言编写模块。Ansible 模块是声明式的（Declarative），用户只需使用这些模块来声明期望受管节点达到的状态，这可以大大简化运维任务的实施。

• 支持任务的幂等性（Idempotent）。幂等性意味着一个任务执行一次和执行多次效果一样，不因重复执行带来意外情况，这对自动化维护至关重要。举例说明，使用 user 模块创建一个用户账户，如果目标主机上不存在该账户，Ansible 则自动创建该账户；如果目标主机上已存在该账户，Ansible 则什么也不做。如果直接执行操作系统脚本，多次执行可能会产生不同的、非预期的结果。

• 支持 Playbook 编排任务。Playbook 是采用 YAML 格式的任务配置文件，支持丰富的数据结构。Playbook 提供有序的任务列表，以便管理员按顺序重复运行其中的若干任务。

• 通过角色提供功能强大的多层解决方案。角色整合 Playbook，为运维提供了更好的重用方式。

• 具有伸缩性。Ansible 既可以管理成千上万台主机，又可以管理小规模集群甚至单台主机。

• 形成了自己的生态系统，为管理员提供大量的共享资源。官方的 Ansible Galaxy 收录了大量在线的角色资源库，包括来自 Ansible 社区贡献的资源，管理员可以直接使用 Ansible Galaxy 快速启动自动化项目。

2. Ansible 的应用

Ansible 的应用领域非常广泛，从功能上看，主要用于实现以下运维目标。

• 自动化管理配置项。其目标是确保被管理的主机尽可能快速达到配置文件中描述的状态，这对 IT 环境的管理至关重要。

• 自动化部署应用。Ansible 支持滚动式部署应用，其目标是尽可能实现零停机部署应用。结合 DevOps 工具，Ansible 还可支持应用的持续集成和持续交付。Ansible 也可以实现自动创建、交付和管理基础架构层应用。

• 即时开通服务器。数据中心、虚拟化环境、云计算环境等都需要快速开通新的服务器，Ansible 支持在服务器上架后无须额外操作就可以直接完成服务器的初始化配置。借助服务器自动化搭建和维护过程，Ansible 可以大大减少甚至消除服务器手动交付的过程。

• 支持流程编排。其目标是部署时保证 IT 基础架构中的各种组件协调一致。

- 支持网络管理。Ansible 的网络资源模块可简化不同网络设备的管理方式，并对其进行标准化，为网络管理员提供跨不同网络设备的一致体验。

8.1.2　Ansible 的基本架构

Ansible 的基本架构如图 8-1 所示。Ansible 环境中的节点分为控制节点（Control Node）和受管节点（Managed Node）两种类型。

- 控制节点。控制节点也就是主控端，管理员可以在控制节点上运行 Ansible 命令来管控受管节点。几乎任何安装了 Python 和 Ansible 所需的各种依赖库的 Linux 主机都可以作为控制节点，如笔记本计算机、共享桌面或服务器。目前 Windows 主机不能用作控制节点。控制节点可以有多个。
- 受管节点。这是被 Ansible 管控的远程系统，即被控端，可以是服务器，也可以是网络设备。受管节点上无须安装 Ansible 或代理软件，但需要安装 Python 解释器。另外受管节点与控制节点之间必须能够建立 SSH 连接，这样我们才能在控制节点上实现对受管节点的远程操作。

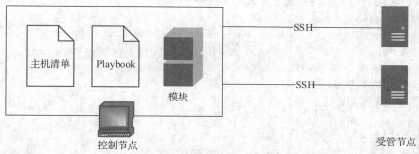

图 8-1　Ansible 基本架构

Ansible 的基本架构还包括与节点有关的以下组件。

- 清单文件。该文件用于统一管理受管节点，可以指定每个受管节点的 IP 地址等信息，还可以对受管节点进行分组管理。管理员在控制节点上必须创建清单文件，向 Ansible 描述主机部署。被管控的主机必须纳入清单文件管理。最简单的清单文件之一就是一个要被管理的主机列表。
- 模块。模块是 Ansible 运行的代码单元。每个模块都有特定的用途，管理员可以使用任务调用单个模块，或调用 Playbook 中的多个不同模块。一个模块执行一项任务。Ansible 本身并没有部署和运维的能力，这种能力实际上是 Ansible 所运行的模块提供的，而 Ansible 只提供一种框架。
- Playbook。Playbook 可译为剧本，是用于编排任务集的 YAML 格式文件，易于阅读、编写、共享和理解。批量、自动化的任务及其所需的其他资源都可以通过 Playbook 按一定的逻辑进行组织。Ansible 按照 Playbook 对受管节点执行远程操作。
- 任务。这是 Ansible 中的动作单位，也就是要执行的操作。可以使用 Ad Hoc 单行命令执行一个任务，也可以通过 Playbook 安排若干任务的执行。
- 角色。角色用于层次性、结构化地组织 Playbook，适合代码共享和团队协作。

8.1.3　安装 Ansible

从 2.10 版开始，Ansible 提供两个发行版本：一个是社区版本，包括 Ansible 语言、运行时环境和大量的社区贡献的集合；另一个是核心版本（ansible-core），除 Ansible 语言和运行时环境外，仅提供少量核心模块和插件（Plugin）。可以使用操作系统的包管理器安装最新版本的 Ansible，也可以使用 pip（Python 包管理器）安装，还可以通过源码包编译安装。建议初学者选择社区版本，使用操作系统的包管理器进行安装。

1. 安装要求

在安装 Ansible 之前，检查控制节点和受管节点是否满足软件环境要求。运行 Ansible 的控制节点的软件环境要求如下。

- Linux、macOS、任何 BSD 版本，但不支持 Windows。
- Python 3.8 或更高版本。

受管节点（服务器或设备）的软件环境要求如下。

- 能够提供 SSH 连接并使用 SFTP 传输模块。
- 安装 Python 2（2.6 或更高版本）或 Python 3（3.5 或更高版本）。
- 启用 SELinux 的节点需要安装 libselinux-python。

2. 在控制节点上安装 Ansible

Red Hat Enterprise Linux、CentOS、Fedora、Debian、Ubuntu 等版本的操作系统都可以使用包管理器安装 Ansible。这里以 Ubuntu 为例进行介绍，依次执行以下命令配置 PPA（Personal Package Archives，个人软件包集）安装源并安装 Ansible。

```
sudo apt update
sudo apt install software-properties-common
sudo add-apt-repository --yes --update ppa:ansible/ansible
sudo apt install ansible
```

安装完毕，可以检查安装的版本。

```
root@autowks:~# ansible --version
ansible [core 2.12.6]
 config file = /etc/ansible/ansible.cfg
 configured module search path = ['/root/.ansible/plugins/modules',
                                  '/usr/share/ansible/plugins/modules']
 ansible python module location = /usr/lib/python3/dist-packages/ansible
 ansible collection location = /root/.ansible/collections:/usr/share/ansible/
                                                                  collections
 executable location = /usr/bin/ansible
 python version = 3.8.10 (default, Mar 15 2022, 12:22:08) [GCC 8.4.0]
 jinja version = 2.10.1
 libyaml = True
```

8.1.4　配置 Ansible

可以在多处配置 Ansible，按照优先级从低到高依次为配置文件、环境变量和命令行选项。

Ansible 配置文件以 INI 格式存储配置项。默认的配置文件为/etc/ansible/ansible.cfg。如果当前用户主目录存在 ansible.cfg 配置文件，Ansible 还会应用其中的配置项覆盖对应的默认配置项。

Ansible 的某些配置可通过配置文件进行调整。对大多数用户来说，采用默认配置即可。

大多数的 Ansible 配置项可以通过设置以 ANSIBLE_开头的环境变量进行设置，参数名称必须都是大写字母，例如以下命令用于设置默认 sudo 账户的环境变量：

```
export ANSIBLE_SUDO_USER=root
```

设置环境变量之后，可以在 Playbook 中直接引用。

命令行选项的设置将覆盖配置文件和环境变量的设置。并非所有的 Ansible 配置项都有对应的命令行选项，只有有用或常见的配置项才有对应的命令行选项，可以使用 ansible-config 命令列出可用的命令行选项并检查当前设置值。

8.1.5　编写清单文件

Ansible 使用清单文件组织受管节点。/etc/ansible/hosts 是 Ansible 全局清单文件，默认情况下，Ansible 自动从该文件中搜索受管节点。管理员可以在任意位置创建以任意名称命名的清单文件，执行 Ansible 命令时使用-i 选项指定清单文件的正确路径即可。

1. 清单文件格式

清单文件可以采用多种格式，常用的格式是 INI 和 YAML。建议初学者使用较简单的 INI 格式。下面给出 INI 格式示例，将/etc/ansible/hosts 文件的内容修改如下。

```
mail.abc.com
192.168.1.10

[webservers]
www.abc.com
news.abc.com

[dbservers]
db1.abc.com
db2.abc.com
db3.abc.com
```

方括号中的标题是组名，用于对主机进行分组。前面两行是未分组的主机，节点可以使用 IP 地址或域名表示。一个主机可以放在多个组中。

Ansible 有两个无须显式声明的默认组（all 和 ungrouped）。all 组包含所有主机。ungrouped 组包含未纳入特定分组的所有主机。这两个分组是 Ansible 隐含的。

编写清单文件之后，可以验证清单中的主机，基本用法如下。

```
ansible 清单中组名称 [-i 清单文件]  --list-hosts
```

下面给出一个示例。

```
root@autowks:~# ansible all --list-hosts
  hosts (7):
    mail.abc.com
    192.168.1.10
    www.abc.com
    news.abc.com
    db1.abc.com
    db2.abc.com
    db3.abc.com
```

如果需要管理很多具有相似模式的主机，可以使用一个范围来表示它们，而不必单独列出每个主机名，示例代码如下。

```
[dbservers]
db[1:3].abc.com            # 表示db1.abc.com、db2.abc.com 和 db3.abc.com
192.168.0.[101:120]        # 表示 192.168.0.101 至 192.168.0.120 的 20 个 IP 地址
```

还可以定义字母范围，示例代码如下。

```
db-[a:f].example.com
```

2. 将变量添加到清单文件

可以在清单文件中存储与特定主机或组相关的变量值。比如，将变量分配给单个主机，然后在

Playbook 中使用它。下面是一个简单的示例，分别为两个主机分配了两个变量。

```
[sales]
host1 http_port=80 maxRequestsPerChild=808
host2 http_port=303 maxRequestsPerChild=909
```

将变量分配给多台机器，需使用分组变量，该变量应用于整个组。在下面的示例中，[sales:vars]节的两个变量将应用于 sales 组的每个成员主机。

```
[sales]
host1
host2
[sales:vars]
ntp_server=ntp.abc.com
proxy=proxy.abc.com
```

3. 使用别名

可以在清单中定义别名，代码如下。

```
server_hm ansible_port=5555 ansible_host=192.0.2.50
```

8.1.6 配置 SSH 连接

Ansible 连接到受管节点必须设置 SSH 连接。

1. 管理主机密钥检查

Ansible 默认启用主机密钥检查，以防止服务器被欺骗和中间人攻击。如果添加的受管节点没有在 known_hosts 文件中被初始化，控制节点可能会提示用户确认密钥。如果受管节点重新安装系统，且 known_hosts 文件中的是该主机之前的密钥信息，就会提示密钥不匹配，直到被更正为止。如果不希望有这类交互式体验，则可以通过 Ansible 配置项禁用主机密钥检查。

可以编辑/etc/ansible/ansible.cfg 或 ~/.ansible.cfg 文件，修改 host_key_checking 选项值。

```
[defaults]
host_key_checking = False
```

或者修改 ANSIBLE_HOST_KEY_CHECKING 环境变量。

```
export ANSIBLE_HOST_KEY_CHECKING=False
```

2. 配置 Linux 主机 SSH 免密码访问

默认情况下，Ansible 尝试使用 SSH 密钥连接到远程系统。但是，也可以使用用户账户及其密码进行验证，前提是提供受管节点的登录密码。因此，目前较好的方案是在控制节点与受管节点之间配置 SSH 互信（SSH 免密码登录），以实现基于 SSH 密钥的远程连接。推荐使用 ssh-keygen 与 ssh-copy-id 命令来快速生成密钥对并发布公钥。具体的实现方法和过程请参见项目 6 的任务 6.1.2。

3. 设置远程用户

默认情况下，Ansible 使用控制节点上当前登录的用户名连接所有受管节点。如果远程系统上不存在该用户名，则可以为连接设置不同的用户名。如果只需要以其他用户身份执行某些任务，则可以考虑提权操作（后面将进一步介绍）。

4. 设置 SSH 连接的行为参数

行为参数主要控制 Ansible 与远程主机的交互。Ansible 提供了 4 种控制这种交互行为的方法，按照优先级从低到高的顺序依次是配置设置、命令行选项、Playbook 关键字、变量。命令行选项对当前命令操作的所有主机都有效，而清单文件可以针对特定的主机或组进行控制。这里主要介绍在清单文件中有关行为参数的配置设置。下面的示例为主机设置行为参数。

```
some_host        ansible_port=2222      ansible_user=manager
ali_host         ansible_ssh_private_key_file=/home/example/.ssh/ali.pem
freebsd_host     ansible_python_interpreter=/usr/local/bin/python
```

表 8-1 列出了常用的行为参数。

表 8-1　常用的行为参数

参数	默认值	说明
ansible_connection	smart	与主机的连接类型，可以是 smart、ssh 或 paramiko
ansible_host	无	要连接的主机的名称或 IP 地址
ansible_port	22	连接端口号
ansible_user	root	连接到主机时使用的用户名
ansible_password	无	用于对主机进行身份验证的密码
ansible_ssh_private_key_file	无	SSH 连接使用的私钥文件。如果使用多个密钥并且不想使用 SSH 代理，则可以考虑使用此参数
ansible_shell_type	sh	目标系统的 Shell 类型
ansible_python_interpreter	/usr/bin/python	目标主机 Python 解释器的路径
ansible_become	no	是否允许强制提权操作，等同于 ansible_sudo 或 ansible_su
ansible_become_method	sudo	提权操作所使用的方法
ansible_become_user	root	提权操作的目标用户账户，等同于 ansible_sudo_user 或 ansible_su_user
ansible_become_password	无	提权操作的密码，等同于 ansible_sudo_password 或 ansible_su_password

8.1.7　Ansible 的模块

模块是 Ansible 执行特定任务的离散代码块。Ansible 提供的大量模块（又称模块库）可以直接在远程主机上或通过 Playbook 执行。用户也可以编写自己的模块。这些模块可以控制系统资源（如服务、包或文件），或者执行系统命令。

模块一般比较小，具有良好的定义，容易实现，方便共享。模块的选择往往与特定的操作系统相关，例如要安装软件包，在 Debian 系列的 Linux 系统上使用基于 APT 包管理器的 apt 模块，而在 RedHat 系列的 Linux 系统上使用基于 YUM 包管理器的 yum 模块。

模块可以接收参数。几乎所有模块都接收键值对形式"键=值"的参数，多个键值对以空格分隔。有些模块不带参数，例如 command、shell 模块只需要运行命令的字符串。

Ansible 执行模块通常返回一个 JSON 格式的数据，该数据可以注册到变量中，或者由 Ansible 命令行直接回显。Ansible 执行模块时可以收集返回值。

前面提到过，大部分模块具有幂等性，如果模块在目标主机上检测到当前状态与期望的最终状态匹配，则避免进行任何更改。

> **提示** 从 Ansible 2.10 开始，模块被归并到集合（Collection）中。每个集合的分发方法反映了对该集合中模块的维护和支持。ansible.builtin 集合包含 ansible-core 的所有模块和插件，我们常用的模块都位于该集合中。Ansible 命名空间的集合还有 ansible.netcommon、ansible.posix、ansible.utils、ansible.windows。我们需要使用集合及其模块时可以直接到官网上查找。另外，Ansible 项目是非常开放的，会经常接纳社区贡献的模块代码。

查看模块和获取模块帮助主要使用 ansible-doc 命令。例如，使用 ansible-doc –l 命令列出当前环境下可用的全部模块，使用 ansible-doc [模块名]命令获取指定模块的帮助信息和使用方式。

8.1.8 使用 Ansible 即席命令

Ansible 最简单的用法之一是使用 Ad Hoc 命令。Ad Hoc 可译为即席或临时。即席命令在一个或多个受管节点自动执行一次任务。这种方式简单易用，无须编写 Playbook，即可在 Ansible 中执行单行程序。即席命令主要用于临时使用的场景，非常适合重复很少的任务，例如，一次性关闭所有的服务器、重新启动服务器、复制文件、管理包和用户等。即席命令几乎可以使用任何 Ansible 模块，便于我们使用模块进行任务测试，然后将模块的用法移植到 Playbook。

1. 即席命令的用法
ansible 是即席命令，其基本用法如下。

```
ansible [模式] -m [模块] -a "[模块选项]"
```

（1）模式是 ansible 的参数，通常是命令行中的第 2 个元素，用于定义要执行 Ansible 任务的受管节点。模式可以引用单个主机、IP 地址、清单组、多个组或清单中的所有主机。

模式中的 all 或*表示清单中的所有主机。多个主机或组使用逗号或冒号分隔，如 host1:host2。使用“!”排除某组，如 webservers:!corp 表示 webservers 组中不属于 corp 组的成员主机；使用“&”表示组的交集，如 webservers:&staging 表示同属于这两个组的成员主机。

在表示域名或 IP 地址的模式中可以使用通配符，如 192.0.*或*.abc.com。

模式取决于清单文件。清单文件中未列出的主机或组不能使用模式来定位。模式必须与清单语法相匹配。如果清单文件中将主机定义为别名，在模式中也必须使用别名。

（2）要执行的模块由-m 选项指定。应当尽可能使用具有完整命名空间的长模块名称，以免与可能具有相同模块名称的其他集合发生冲突。例如，早期版本使用的短模块名称 yum 应改用长模块名称 ansible.builtin.yum。

模块本身的选项及其参数则由-a 选项指定。例如，下面的命令用于启动 webservers 组的服务器上的 Web 服务。

```
ansible webservers -m ansible.builtin.service -a "name=httpd state=started"
```

如果不提供模块，则 ansible 命令默认执行的模块是 ansible.builtin.command。

（3）该命令提供若干命令行选项来控制其行为，这些命令行选项会覆盖 Ansible 配置文件的设置。这些选项包括选项参数、提权选项、连接选项等。

例如，--limit 选项用于更改模式的行为，进一步限制受管节点，下面的示例将模块限制到 host1主机上运行。

```
ansible -m [模块] -a "[模块选项]" --limit "host1"
```

即席命令默认读取/etc/ansible/hosts 清单文件，可以使用-i 选项指定要读取的清单文件。

Ansible 默认是基于密钥验证的。如果改用密码验证，则可以使用-k（--ask-pass）选项提示用户输入 SSH 连接密码。

可以使用-T（--timeout）选项设置执行命令的超时时间，默认为 10 秒。

2. 即席命令的执行过程
即席命令的执行过程如下。
（1）加载 Ansible 配置文件。
（2）加载对应的模块文件。
（3）通过 Ansible 将模块生成对应的临时.py 文件，并将该文件传输至远程主机，目标路径为执行该操作的远程用户主目录下的.ansible/tmp/ansible-tmp-数字编号/.py 文件。

（4）在远程主机上给该临时文件赋予执行权限。

（5）在远程主机上执行该临时.py 文件并返回结果。

（6）在远程主机上删除临时.py 文件（命令中途执行失败也会自动删除），并调用 sleep(0)函数退出。

执行即席命令收到的回显结果使用颜色区分：绿色表示执行成功并且不需要进行变更操作；黄色表示执行成功并且对目标主机进行了变更操作；红色表示执行失败。

8.1.9　命令执行模块

命令执行模块可以用于在受管节点上执行指定的命令，具有一定的灵活性。下面简单介绍主要的命令执行模块。

- ansible.builtin.command。这是 Ansible 默认的模块，仅支持简单的 Linux 命令。该模块执行的命令并不是通过 Shell 执行的，因此不能获取环境变量，不支持管道、重定向等操作。

- ansible.builtin.shell。此模块的命令通过/bin/bash 执行，支持各种 Shell 操作。例如，使用以下命令可以获取 httpd 进程的信息。

```
root@autowks:~# ansible 192.168.10.50 -m ansible.builtin.shell -a "ps -ef | grep httpd"
192.168.10.50 | CHANGED | rc=0 >>
root          1503        1  0 Jun16 ?        00:00:23 /usr/sbin/httpd -DFOREGROUND
apache      205057     1503  0 Jun19 ?        00:00:00 /usr/sbin/httpd -DFOREGROUND
root        462304   462302  0 11:01 pts/1    00:00:00 grep httpd
```

- ansible.builtin.script。尽管 ansible.builtin.shell 模块可以使用 ";" "|" "&&" "||" 等 Shell 操作符一次性执行多条命令，但是要执行的命令过多，或者需要控制命令的流程，则可以考虑将要执行的命令写成脚本，使用 ansible.builtin.script 模块运行脚本。

- ansible.builtin.raw。Ansible 虽然不要求受管节点安装客户端，但是大多模块要求受管节点安装 Python 解释器作为运行环境。而 ansible.builtin.raw 模块并不依赖 Python 执行。比如，要对一些没有安装任何 Python 的设备（路由器等）使用 Ansible 进行操控，就可以先采用该模块为其批量安装 Python。

> **提 示**　以上这几个模块不具备幂等性。此类模块在执行任务时并不会检测状态，重复执行此类模块的命令时，每次都会重复执行，产生的效果也不同。

任务实现

任务 8.1.1　使用 Ansible 在目标主机上执行 Shell 脚本

复杂的 Shell 命令组合应使用脚本实现。ansible.builtin.shell 模块可以在目标主机上执行 Shell 脚本，前提是要自行将脚本文件复制到目标主机上。若改用 ansible.builtin.script 模块，则位于控制节点的本地脚本将会被自动传输到受管节点，执行完毕后会自动删除该脚本。ansible.builtin.script 模块也很特殊，与 ansible.builtin.raw 模块一样，无须依赖远程系统上的 Python 环境运行。ansible.builtin.script 模块支持多个参数，如 chdir 参数指定执行脚本之前要切换的目录；cmd 参数指定要运行的本地脚本的路径，后面带可选的 Shell 脚本参数。下面介绍使用 ansible.builtin.script 模块执行脚本的操作步骤。

使用 Ansible 在目标主机上执行 Shell 脚本

（1）编写清单文件。这里直接修改默认的清单文件/etc/ansible/hosts，在其中添加以下内容，分别为两台主机指定 SSH 登录用户名。

```
[centossrvs]
192.168.10.50  ansible_user=root
192.168.10.51  ansible_user=root
```

（2）配置 SSH 连接。为简化操作，配置控制节点（Ubuntu 工作站）与受管节点（两台 CentOS 服务器）的 SSH 互信。

项目 6 介绍过相关的配置，这里在公钥分发环节改用 Ansible 实现，具体采用 ansible.posix. authorized_key 模块向受管节点添加 SSH 授权密钥。在控制节点创建密钥对之后，执行以下操作将公钥复制到远程主机上。

```
root@autowks:/autom/08comp# ansible centossrvs -m ansible.posix.authorized_key -a
              "user=root key='{{ lookup('file', '/root/.ssh/id_rsa.pub') }}'
                    path=/root/.ssh/authorized_keys manage_dir=no" --ask-pass
SSH password:
192.168.10.50 | SUCCESS => {
    "ansible_facts": {
        "discovered_interpreter_python": "/usr/libexec/platform-python"
    },
    "changed": false,
    "comment": null,
    "exclusive": false,
    "follow": false,
    "gid": 0,
    "group": "root",
    "key": "ssh-rsa AAAAB3NzaC1yc2EAAAADAQABAAABgQDXZ5It+sZBQRFZW3oZ9jAWY
7ezlGOnZuIQYM21C67WvqPrjjpj2aqEoKeKfqA1sPbBARHwu/x7bvDlsdP8V3NjPA64kxUHlRnPE
svelIHiCyc6T/EZ5JOILBJAveEOqjflZmatZCi7U7Efkf6v2LCctqcEjf7IdbaNs2DwH3h4zULeZ
QF8TFBfF5JQRhn8o5ArNO2Ff4Pj1zp1fX/eNQ70ycOgAR+6SBF6uvp82tzzSVhJc9fxIyAVsuhti
Fb4vW4f9hAewDs01FneTJB372gwhc0usHg0NsyDVJVSSFjF6ERrEo2fi76mOZd5rhawNe0tn6K70
tSQ3FS9DYfOesnFKOs8jHdfemHNKF/ULJSVJZx+YNMVNyFEjbvXVkvh7geZW7m0kX5O57FxF9+Xn
HSd1a74+E1cU6YXnu86p3U1gxrGoqocaU7ludoQeYkKD/WtMfDaIrfXRbwhiAmc5DhTSSuy1p1Y4
                    ss/J0h4fy3xMlxjFyOKu6GpQcj5Os19Tus= root@autowks",
    "key_options": null,
    "keyfile": "/root/.ssh/authorized_keys",
    "manage_dir": false,
    "mode": "0600",
    "owner": "root",
    "path": "/root/.ssh/authorized_keys",
    "secontext": "system_u:object_r:ssh_home_t:s0",
    "size": 566,
    "state": "file",
    "uid": 0,
    "user": "root",
    "validate_certs": true
}
192.168.10.51 | SUCCESS => {
…
```

该模块的 manage_dir 参数设置含义为是否在目标主机上创建授权密钥文件目录，默认值为 yes，这里改为 no。

　　以上命令执行过程中需要输入目标主机的密码。本任务中两台主机密码相同，可一次性输入完成。实际应用中如果多台目标主机密码不一致，对于分发失败的主机只需再执行一遍命令，并输入正确的密码。另外，也可以考虑先将密码相同的主机进行分组，然后分批对指定的主机组执行命令分发公钥。

　　Ansible 默认启用主机密钥检查，命令执行过程中如果报出 "Using a SSH password instead of a key is not possible because Host Key checking is enabled and sshpass does not support this." 这样的错误信息，则需要禁用主机密钥检查，然后再次执行命令。

　　默认情况下，该模块通过追加的方式来将公钥复制到 authorized_keys 文件，可以通过以下命令查看目标主机上的公钥是否成功复制。

```
ansible centossrvs -m ansible.builtin.shell -a "cat .ssh/authorized_keys"
```

（3）编写要执行的 Shell 脚本文件，本任务要实现的功能是检测内存使用率。文件命名为mem_usage.sh，程序如下。

```bash
#!/bin/bash
# 获取主机名
host_name=` hostname `
mem_total=$( free -m  |awk 'NR==2 {print $2}' )
mem_used=$( free -m  |awk 'NR==2 {print $3}' )
# 计算内存使用率
mem_percent=$[ ($mem_used * 100) / $mem_total ]
echo "$host_name 主机内存使用率: $mem_percent%"
```

（4）使用即席命令通过 ansible.builtin.script 模块在目标主机上运行该脚本，结果如下。

```
root@autowks:/autoom/08comp# ansible centossrvs -m ansible.bultin.script -a
                                                          'mem_usage.sh'
192.168.10.50 | CHANGED => {
    "changed": true,
    "rc": 0,
    "stderr": "Shared connection to 192.168.10.50 closed.\r\n",
    "stderr_lines": [
        "Shared connection to 192.168.10.50 closed."
    ],
    "stdout": "centossrv-a 主机内存使用率: 17%\r\n",
    "stdout_lines": [
        "centossrv-a 主机内存使用率: 17%"
    ]
}
192.168.10.51 | CHANGED => {
    "changed": true,
    "rc": 0,
    "stderr": "Shared connection to 192.168.10.51 closed.\r\n",
    "stderr_lines": [
        "Shared connection to 192.168.10.51 closed."
    ],
    "stdout": "centossrv-b 主机内存使用率: 49%\r\n",
    "stdout_lines": [
        "centossrv-b 主机内存使用率: 49%"
    ]
}
```

任务 8.1.2 使用 Ansible 提权操作目标主机

使用 Ansible 提权
操作目标主机

在生产环境中，为了安全通常不会直接使用 root 账户登录 Linux 服务器，比如 Ubuntu 服务器默认不允许以 root 账户登录。在执行需要 root 特权的操作时，管理员可以使用 sudo 命令临时切换到 root 账户，而 Ansible 将这种操作方法称为权限提升（Privilege Escalation），简称提权。

对于提权操作，Ansible 在新版本中已经不再支持 sudo 参数，统一改为使用 become 关键字来实现。become 除了默认使用 sudo 命令之外，还可以使用 su、pfexec、doas、ksu、runas 等命令进行提权操作。表 8-1 中名称以 ansible_become 开头的行为参数可以用来设置提权操作，在 Playbook 中对应的关键字则直接以 become 开头。

ansible 命令也提供--become-method、--become-user 和-b（--become）命令行选项设置提权操作，其中-b（--become）选项表示使用 become 方式执行操作，但不会给出密码登录提示。而使用-K（--ask-become-pass）选项要求提供提权密码，此密码将用于所操作的全部主机。

下面介绍使用 become 相关参数进行提权操作。

（1）编写清单文件。这里在清单文件/etc/ansible/hosts 中添加以下内容，为 Ubuntu 主机指定 SSH 登录用户名及其密码。

```
[ubuntusrvs]
192.168.10.60 ansible_user=gly ansible_password=abc123
```

（2）执行以下命令通过--become 命令行选项指示进行提权操作。

```
root@autowks:/autoom/08comp# ansible ubuntusrvs --become -m
                                ansible.builtin.shell -a "cat /etc/shadow"
192.168.10.60 | FAILED | rc=-1 >>
Missing sudo password
```

由于缺乏提权（sudo）密码，操作失败。

（3）在命令行中加入--ask-become-pass 选项要求输入提权密码，则操作成功。

```
root@autowks:/autoom/08comp# ansible ubuntusrvs --become -m
            ansible.builtin.shell -a "cat /etc/shadow" --ask-become-pass
BECOME password:
192.168.10.60 | CHANGED | rc=0 >>
root:*:18863:0:99999:7:::
…
```

（4）修改清单文件，为 192.168.10.60 主机增加提权密码设置，即"ansible_become_password= abc123"，然后执行以下命令。

```
root@autowks:/autoom/08comp# ansible ubuntusrvs --become -m
                                ansible.builtin.shell -a "cat /etc/shadow"
192.168.10.60 | CHANGED | rc=0
…
```

由于清单文件提供提权密码，此处不再需要输入提权密码，操作也成功完成了。

任务 8.2 基于 Playbook 实现自动化任务

任务要求

Ad Hoc这种即席模式主要用于临时执行命令，而实现自动化、批处理任务则需要用到Ansible最核心的组件之一即Playbook。我们可以将Playbook看作剧本，用于编排要完成的任务和步骤，其中用到的Ansible模块就是执行任务的工具，清单文件定义的"演员"（主机）按照Playbook的编排去"表演"（执行任务）。Playbook采用YMAL这种易读的文本格式编排Ansible的配置、部署与运维功能，通常描述的是远程系统要实施的策略，或者部署与运维流程中的一系列步骤。使用Ansible的管理员在实际运维工作中应熟练掌握Playbook的编写和使用。本任务的基本要求如下。

（1）了解Playbook的基本语法。
（2）掌握运行Playbook的基本方法。
（3）掌握处理程序、变量、控制结构在Playbook中的用法。
（4）掌握Ansible内容加密的方法。
（5）能够编写Playbook完成系统自动化运维任务。

相关知识

8.2.1　Playbook 的基本语法

Ansible 的 Playbook 文件采用 YAML 格式，读者在编写 Playbook 之前需要对 YAML 语法有一定的了解，本书项目 3 中有相关的讲解。

Playbook 由一个或多个 Play 组成。Play 是 Ansible 执行的基本单元，包括可重用的 Ansible 内容，如任务、处理程序、变量、插件、模板和文件等。每个 Play 运行一个或多个任务，每个任务仅能调用一个 Ansible 模块。Playbook 按从上到下的顺序运行 Play。每个 Play 中包括针对清单中选定的主机运行的一组有序任务，这些任务也是按从上到下的顺序运行的。具有多个 Play 的 Playbook 可以实现多主机、多层次的部署。

下面给出一个来自 Ansible 官方的 Playbook 示例，其中包括两个 Play，分别用于更新 Web 服务器和数据库服务器，每个 Play 都包括两个任务。

```
---
- name: 更新 Web 服务器                    # 第 1 个 Play
  hosts: webservers                       # 受管节点
  remote_user: root

  tasks:                                  # 要执行的任务集
  - name: 使 Apache 保持最新版本
   ansible.builtin.yum:
    name: httpd
    state: latest                        # 如果不是最新的可用版本，将更新包
  - name: 通过模板文件定制 Apache 配置文件
   ansible.builtin.template:
    src: /srv/httpd.j2
    dest: /etc/httpd.conf

 - name: 更新数据库服务器                   # 第 2 个 Play
  hosts: databases                        # 受管节点
  remote_user: root

  tasks:                                  # 要执行的任务集
  - name: 使 postgresql 保持最新版本
   ansible.builtin.yum:
```

```
      name: postgresql
      state: latest
   - name: 启动 postgresql
     ansible.builtin.service:
      name: postgresql
      state: started
```

管理员可以在 Playbook、Play 或任务级别添加其他 Playbook 关键字来控制 Ansible 的行为方式，如控制连接插件、是否使用提权、如何处理错误等。每个 Play 至少包括两项定义，一项定义作为目标的受管节点，另一项定义要执行的任务。

1. 目标定义

每个 Play 至少定义一个目标，用于定义所属任务的目标及其附属信息。使用 hosts 参数指定的目标主机来自清单文件，使用模式表示。

还可以使用关键字定义目标的其他选项，如使用 name 定义 Play 的名称；使用 port 设置目标连接的端口；使用 remote_user 为每个 Play 设置用于 SSH 连接的用户账户；使用 become 设置是否提权；使用 become_user 设置提权操作的目标账户；使用 environment 设置远程主机上操作的环境变量。

2. 任务定义

每个 Play 至少包含一项任务定义。Play 中 tasks 关键字用于定义任务集（包括一个或多个任务），建议使用 name 关键字为其中每个任务明确定义一个名称。

每个任务指定要运行的 Ansible 模块。建议使用完全限定的集合名称以确保 Ansible 选择正确的模块，如使用 ansible.builtin.yum 代替传统的 yum。

将参数传递给模块的另一种方法是使用 YAML 语法，即所谓的复合参数。上述示例中为 ansible.builtin.yum 模块提供的参数就是这种形式的，name 值为 httpd，state 值为 latest。

管理员可以在任务级别使用其他 Playbook 关键字来控制任务的执行。有些 Play 级别的关键字也用于任务级别，如 remote_user、become_user。

3. 使用块对任务进行分组

在任务中使用块关键字 block 创建任务的逻辑分组。块中的所有任务都继承了块级别应用的指令。单个任务的大部分内容（循环除外）都可以在块级别进行应用。下面给出一个块示例，运行块中的任何一个任务之前都使用 when 指令评估条件。所有任务都继承提权指令，以 root 账户运行。最后，确保 Ansible 继续执行 Playbook，即使某些任务失败。

```
tasks:
  - name: Install, configure, and start Apache
    block:
      - name: Install httpd and memcached
        ansible.builtin.yum:
          name:
          - httpd
          - memcached
          state: present
      - name: Apply the foo config template
        ansible.builtin.template:
          src: templates/src.j2
          dest: /etc/foo.conf
    when: ansible_facts['distribution'] == 'CentOS'
    become: true
    ignore_errors: yes
```

块还提供了处理任务错误的方法，类似许多编程语言中的异常处理。下面给出块错误处理的示例，其中 rescue 指定救援，控制 Ansible 如何响应任务错误；always 表示无论前一个块的任务状态如何，该部分中的任务都会运行。

```
tasks:
 - name: 处理错误
   block:
    - name: 模拟一个错误
     ansible.builtin.command: /bin/false
   rescue:
    - name: 发生错误执行
     ansible.builtin.debug:
      msg: 'I caught an error, can do stuff here to fix it, :-)'
   always:
    - name: 无论是否发生错误总是执行
     ansible.builtin.debug:
      msg: "This always executes"
```

8.2.2 运行 Playbook

编写好的 Playbook 需要使用 ansible-playbook 命令运行，这样才能在目标主机上执行所定义的各项自动化任务。

1. ansible-playbook 命令的基本用法

该命令的基本用法如下。

```
ansible-playbook [选项] Playbook [Playbook ...]
```

其中参数是要执行的 Playbook，可以同时执行多个 Playbook，它们只需用空格隔开。

该命令的选项有些与 ansible 命令的相同，如--private-key 指定用于 SSH 连接认证的私钥文件；-f（--forks）指定要使用的并行进程数（默认值为 5）；-K（--ask-become-pass）要求提供提权密码。

运行 Playbook 时，Ansible 会返回有关连接的信息、所有 Play 和任务的名称、每个任务在每台计算机上是否执行成功，以及每个任务是否对每台计算机进行了更改。最后 Ansible 给出目标节点的摘要以及它们的执行方式，一般故障和严重的 "unreachable" 问题会被分别记录。

下面来看一个简单的示例。清单文件采用之前定义的，这里编写一个 Playbook，将文件命名为 test_playrun.yml，内容如下。

```
 - name: 测试 Playbook 运行
   hosts: 192.168.10.50
   tasks:
    - name: 对 CentOS 服务器执行 Ping 测试
     ansible.builtin.ping:
```

执行上述 Playbook 的过程如下。

```
root@autowks:~# ansible-playbook test_playrun.yml
PLAY [测试 Playbook 运行] ********************************************
TASK [Gathering Facts] *********************************************
ok: [192.168.10.50]
TASK [对 CentOS 服务器执行 Ping 测试] ***********************************
ok: [192.168.10.50]
```

```
PLAY RECAP *******************************************************
192.168.10.50        : ok=2    changed=0   unreachable=0   failed=0
                                      skipped=0   rescued=0   ignored=0
```

2. 回显模块运行返回的消息

正常情况下，运行 Playbook 并不会回显模块运行返回的消息。可以通过 register 关键字为任务注册一个包含任务状态和模块返回信息的变量，然后增加一个调用 ansible.builtin.debug 模块的任务，输出执行期间返回的消息。对上述 Playbook 修改的部分如下。

```
tasks:
  - name: 对 CentOS 服务器执行 Ping 测试
    ansible.builtin.ping:
    register: check                        # 注册变量
  - name: 回显返回的消息
    ansible.builtin.debug:
     var: check                            # 显示该注册变量的值
```

再次执行该 Playbook，返回的结果中包括以下回显消息。

```
TASK [回显返回的消息] ************************************************
ok: [192.168.10.50] => {
    "check": {
        "changed": false,
        "failed": false,
        "ping": "pong"
    }
}
```

还可以在运行 Playbook 之前进行验证以捕获语法错误和其他问题，可以利用 ansible-playbook 命令提供的验证选项，如--check、--diff、--list-hosts、--list-tasks 和--syntax-check。

为支持各种环境，管理员还可以在 Ansible 配置文件或清单文件中设置与 ansible-playbook 命令有关的选项。

3. 处理失败的任务

默认情况下，任务执行时发生错误将自动中断并退出，不再执行后续的任务。在 Playbook 中可以通过多种关键字的设置来处理失败的任务。

• ignore_errors。设置遇到任务失败是否终止，默认值为 no。如果设置为 yes，则忽略当前的任务失败，继续执行后面的任务。该关键字可在 Play 或任务级别设置。注意它仅在任务能够运行并返回"failed"（失败）时起作用，不会让 Ansible 忽略未定义的变量错误、连接失败、执行问题或语法错误。

• ignore_unreachable。设置是否忽略"unreachable"（无法访问）的主机错误。如果设为 yes，则会继续针对无法访问的主机执行后面的任务。该关键字可在 Play 级别设置，也可以在任务级别设置。

• force_handlers。设置任务失败后是否强制调用处理程序。Ansible 在每个 Play 结束时运行处理程序，如果一个任务通知一个处理程序运行，但另一个任务在该 Play 中执行失败，默认情况下处理程序不会运行，可能导致主机处于意外状态。将 force_handlers 关键字设置为 yes，则 Ansible 将在所有主机上运行所有通知的处理程序，即使是任务执行失败的主机。

• failed_when。设置符合条件时，不管命令执行成功与否，都会强制该任务失败。

另外，还可以通过块定义实现错误处理，这一点在 8.2.1 节中已经介绍过。

8.2.3　在 Playbook 中使用处理程序

处理程序是 Ansible 提供的一种条件控制实现方式，相当于一种特殊的任务，是仅在收到通知时运行的任务。例如，如果任务更新了某服务的配置，可能希望重新启动该服务，但如果配置未更改，则不需要。在 Playbook 中使用 handlers 关键字定义处理程序集，其中每个处理程序都由全局唯一的名称进行标识；在块或任务中使用 notify 关键字指定该块或任务要触发的处理程序（使用其名称进行引用），只有任务完成后发出通知，处理程序才会执行。下面给出一个处理程序示例。

```
- name: 验证 Apache 安装
  hosts: webservers
  tasks:
…
  - name: 更改 Apache 配置文件
    ansible.builtin.template:
     src: /srv/httpd.j2
     dest: /etc/httpd.conf
    notify:
    - Restart apache       # 此任务执行完毕会通知执行名为 "Restart apache" 的处理程序
…
  handlers:                          # 处理程序集
  - name: Restart apache             # 处理程序名称，与 notify 的值相同
    ansible.builtin.service:
     name: httpd
     state: restarted
```

每个任务可以通知多个处理程序，只需在 notify 关键字下面列出处理程序名称。

8.2.4　在 Playbook 中定义和使用变量

管理员可以在 Playbook、主机清单、可重用文件、角色或命令行中定义变量，还可以在 Playbook 运行期间，将任务的一个或多个返回值注册为新变量来创建变量，然后在模块参数中使用这些变量。变量名只能包含字母、数字和下画线，不要使用 Python 关键字或 Playbook 关键字。下面重点介绍如何在 Playbook 中定义和使用变量。

1.　直接在 Playbook 中定义变量

可以直接在 Playbook 中定义变量，例如：

```
- hosts: webservers
  vars:
    http_port: 8000
```

此处的变量仅对在该 Playbook 中执行的任务可见。

2.　在包含的文件中定义变量

可以在可重用的变量文件中定义变量，以便将敏感变量与 Playbook 分开。变量文件的内容是 YAML 字典形式的。例如，在/vars/external_vars.yml 文件中定义以下变量。

```
user: admin
password: pass
```

在 Playbook 中使用 vars_files 键引用变量文件，代码如下。

```
vars_files:
  - /vars/external_vars.yml
```

3. 引用变量

定义变量后，使用 Jinja2 模板来引用它，Jinja2 变量使用双花括号。代码如下。

```
- port: '{{ http_port }}'
```

还可以使用 Jinja2 模板转换变量。Jinja2 模板可用于在模板表达式中转换变量的值。例如，将变量值转换为 JSON 或 YAML 格式：

```
{{ some_variable | to_json }}
{{ some_variable | to_yaml }}
```

4. 注册变量

我们可以使用 register 关键字从 Ansible 任务的输出中创建变量，然后在 Play 中的任何后续任务中使用已注册的变量。

注册变量可以是简单变量、列表变量、字典变量或复杂的嵌套数据结构，在 Ansible 各模块的文档中"RETURN"部分描述该模块返回值，这些返回值可被注册为变量。前面在讲解回显模块运行返回的消息时，已经介绍了注册变量的使用，注册变量的引用不使用 Jinja2 模板。

5. 特殊的事实变量

Ansible 可以获取远程系统的相关数据，包括操作系统、IP 地址、附加文件系统等，这些数据就是所谓的事实数据，可以由名为 ansible_facts 的专用变量直接引用。此类变量也被称为事实变量。可以执行以下命令来查看目标主机上完整的事实数据。

```
ansible <目标主机> -m ansible.builtin.setup
```

我们可以在 Playbook 中直接引用具体的事实变量。例如，以下变量表示目标节点主机名。

```
{{ ansible_facts['nodename'] }}
```

以下事实变量则表示 PATH 环境变量：

```
{{ ansible_facts['env']['PATH'] }}
```

默认情况下，Ansible 在每个 Play 开始执行时会自动收集事实数据。这是由 gather_facts 关键字控制的，如果不需要启用此项事实数据收集功能，则应该将其值设为 no，代码如下。

```
- hosts: all
  gather_facts: no
```

6. 特殊的魔术变量

我们可以直接使用所谓的魔术变量（Magic Variables，又被译为魔法变量）访问有关 Ansible 运行的信息，包括正在使用的 Python 版本、清单文件中的主机和组、Playbook 和角色的目录。魔术变量实际就是 Ansible 的内置变量，其名称是专用的，常用的有 hostvars、groups、group_names 和 inventory_hostname。

可以在 Playbook 中的任意位置，使用 hostvars 变量访问为 Play 中任意主机定义的变量。这与通过 Ansible 事实变量获取主机名不同，无须启用事实数据收集功能。

可以将魔术变量与事实变量结合起来使用。例如，下面的变量表示所定义的名为 test.abc.com 的主机的事实变量中的发行版本信息。

```
{{ hostvars['test.abc.com']['ansible_facts']['distribution'] }}
```

7. 变量的作用域与优先级

Ansible 为变量提供以下 3 个主要作用域。

- 全局：由配置文件、环境变量和命令行参数设置。
- Play：每个 Paly 及其包含结构、vars 条目、角色默认值和变量。
- 主机：与主机直接关联的变量，例如清单文件、include_vars、事实变量或注册变量。

　　Ansible 规定了 22 种变量优先级，具体请参见官网的说明。原则上，Ansible 优先考虑最近定义的、更活跃且范围更明确的变量。

8.2.5　在 Playbook 中使用控制结构

　　为更灵活地控制任务的执行，Playbook 支持条件语句和循环语句这两类控制结构。

1. 条件语句

　　在 Playbook 中可以使用条件语句选择性地执行任务，如根据获取的事实数据或之前任务的结果执行不同的任务，或达成不同的目标。例如，只有当目标主机的操作系统是特定版本时，才安装特定的软件包，或者只有当文件系统已满时，才执行清理任务。

　　条件语句使用 when 关键字定义。简单的条件语句适用于单个任务。在下面的示例中，根据从事实数据中获取的操作系统版本进行条件判断，当目标主机运行的操作系统属于 Debian 系列时关闭该主机。

```
tasks:
- name: Shut down Debian flavored systems
  ansible.builtin.command: /sbin/shutdown -t now
  when: ansible_facts['os_family'] == "Debian"
```

> **提示**　在条件语句中引用变量时，不要使用双花括号，只需使用原始的 Jinja2 表达式。

　　如果有多个条件，可以使用 and 或 or 运算符来指定逻辑关系，还可以使用括号将它们进行分组，示例代码如下。

```
when: (ansible_facts['distribution'] == "CentOS" and ansible_facts
                            ['distribution_major_version'] == "6") or
      (ansible_facts['distribution'] == "Debian" and ansible_facts
                            ['distribution_major_version'] == "7")
```

　　用于条件判断的变量可以是事实数据、注册变量、Playbook 或清单文件中定义的变量。Ansible 在条件语句中使用 Jinja2 的测试语句和过滤器。例如，可以测试某变量是否定义，以下语句表示 srv_type 变量已定义。

```
when: srv_type is defined
```

判断未定义变量加上 not，示例代码如下。

```
when: srv_type is not defined
```

下面的条件语句中使用过滤器将版本值读取为整数。

```
when: ansible_facts['os_family'] == "RedHat" and ansible_facts
                            ['lsb']['major_release'] | int >= 6
```

2. 循环语句

　　多次重复执行任务时需要用到循环语句，如使用 ansible.builtin.file 模块更改多个文件或目录的所有权，使用 ansible.builtin.user 模块创建多个用户。Ansible 用于定义循环语句的关键字有 loop、with_<lookup>和 until，其中 loop 是新版本支持的，等同于 with_list。建议尽可能使用 loop 关键字，必要时在 loop 语句中使用过滤器。

　　下面的示例在一个任务中通过循环语句遍历一个简单列表，使用 ansible.builtin.user 模块创建两个用户。

```
- name: Add several users
  ansible.builtin.user:
    name: "{{ item }}"
```

```
    state: present
    groups: "wheel"
  loop:
    - testuser1
    - testuser2
```

本例直接在任务中使用 loop 关键字定义列表，模块中通过 item 变量引用列表项。

也可以遍历使用变量定义的列表，例如在"vars"部分中定义列表，然后在任务中引用列表的名称。

```
loop: "{{ user_list }}"
```

如果遍历嵌套字典的列表，则可以在循环中引用其子键。示例代码如下。

```
- name: Add several users
  ansible.builtin.user:
    name: "{{ item.name }}"
    state: present
    groups: "{{ item.groups }}"
  loop:
    - { name: 'testuser1', groups: 'wheel' }
    - { name: 'testuser2', groups: 'root' }
```

如果遍历字典，则使用 dict2items 过滤器进行转换，下面给出一个简单的示例。

```
- name: Using dict2items
  ansible.builtin.debug:
    msg: "{{ item.key }} - {{ item.value }}"
    loop: "{{ tag_data | dict2items }}"
  vars:
    tag_data:
      Environment: dev
      Application: payment
```

要遍历清单文件或其中的子集，可以使用 ansible_play_batch 或 groups 等魔术变量，示例代码如下。

```
- name: 显示清单文件中的所有主机
  ansible.builtin.debug:
    msg: "{{ item }}"
    loop: "{{ groups['all'] }}"
```

将条件语句与循环语句结合使用时，Ansible 会为每个条目单独处理条件，示例代码如下。

```
tasks:
  - name: 当元素值大于 5 时运行
    ansible.builtin.command: echo {{ item }}
    loop: [ 0, 2, 4, 6, 8, 10 ]
    when: item > 5
```

8.2.6　使用 Ansible Vault 加密内容

Ansible Vault 是一项安全功能，可以对变量和文件进行加密，让用户保护密码或密钥等敏感内容，以免这些敏感内容作为明文出现在 Playbook 中，发生安全问题。

1. 使用 ansible-vault 命令加密和解密内容

Ansible Vault 使用 ansible-vault 命令行实用工具借助 AES256 算法来加密敏感信息。其可以加密单个变量，如 Playbook 文件中的单个值，在文件中混合使用明文和加密变量；如果要加密任务或其他内容，则必须加密整个文件，文件级加密更易于使用；可以加密 Ansible 可用的几乎任何结构化数据文件，如变量文件、任务文件、处理程序文件、二进制文件或其他文件。ansible-vault 命令的常用子命令如表 8-2 所示。

表 8-2　ansible-vault 命令的常用子命令

子命令	说明
encrypt_string　变量名	创建加密变量
create　文件名	创建加密文件
edit　文件名	编辑加密文件
view　文件名	查看现有文件
encrypt　文件名	加密现有文件
decrypt　文件名	解密加密文件
rekey　文件名	更改加密文件的密码或保险库 ID

2．密码的管理和使用

Ansible Vault 所用的密码被称为保险库密码（Vault Password），可以是任何字符串。

如果涉及的加密内容很少，则可以对加密的所有内容使用同一个密码。可以将保险库密码保存在文件或密码管理器中。

如果团队成员比较多，或者敏感内容比较多，则可以使用多个密码。例如，可以为不同的用户、不同的访问级别或不同的目录文件使用不同的密码。使用多个密码时，可以使用保险库 ID（Vault ID）将不同的密码进行区分。用户可以通过以下 3 种方式使用保险库 ID。

- 创建加密内容时将其通过--vault-id 选项传递给 ansible-vault 命令。
- 将其存储在文件或第三方工具中。
- 运行使用该保险库 ID 加密内容的 Playbook 时，将其通过--vault-id 选项传递给 ansible-playbook 命令。

下面的示例创建一个加密数据文件，为其分配名为"test_pwd"的保险库 ID 并提示输入密码。

```
root@autowks:/autoom/08comp# ansible-vault create --vault-id
                                       test_pwd@prompt foo1.yml
New vault password (test_pwd):
Confirm new vault password (test_pwd):
```

输入密码后自动启动一个编辑器（默认编辑器为 vi），添加内容后关闭编辑器，该文件将以加密形式保存数据。查看该文件的内容进行验证。

```
root@autowks:/autoom/08comp# cat foo1.yml
$ANSIBLE_VAULT;1.2;AES256;test_pwd
62313435313632366661633764313864633739313032646462353161376536306430663433134653
93962303631313537386339932666364636666633626235666100a643662636564643063366134635
36633233363431383135363230626661616663313383413133326331623264393339613436303030303
863646564343430393032a32313366663372306530383539643038613837666613763623861633137383232
```

可以发现，加密文件的文件头（第 1 行内容）末尾就是创建加密文件时加入的保险库 ID。我们在解密加密文件时可以使用--vault-id 选项提供保险库 ID 的密码。

```
root@autowks:/autoom/08comp# ansible-vault edit --vault-id
                                       test_pwd@prompt foo1.yml
Vault password (test_pwd):
```

--vault-id 也可在没有保险库 ID 的情况下使用，此时使用的是默认 ID，相当于--ask-vault-pass 或--vault-password-file 选项。

```
root@autowks:/autoom/08comp# ansible-vault edit --vault-id @prompt foo1.yml
Vault password (default):
```

也可以使用--ask-vault-pass 选项提示输入密码。

```
root@autowks:/autoom/08comp# ansible-vault edit --ask-vault-pass foo1.yml
Vault password:
```

以上都是以交互方式提供密码，也可以直接使用密码文件进行解密。具体方法是将密码存放在某个文件中（在文本文件的单行中存放密码字符串），使用--vault-password-file 选项指定该文件进行解密，示例代码如下。

```
ansible-vault edit --vault-password-file my_pwdfile  foo1.yml
```

我们可以将密码文件与保险库 ID 结合起来。再来看一个示例，使用 pwd_file 密码文件中名为"test"的保险库 ID 创建加密数据文件，然后进行解密。

```
root@autowks:/autoom/08comp# echo abc123 > pwd_file
root@autowks:/autoom/08comp# ansible-vault create --vault-id test@pwd_file
                                                                  foo2.yml
root@autowks:/autoom/08comp# ansible-vault view --vault-id test@pwd_file
                                                                  foo2.yml
```

解密时也可省略保险库 ID。

```
root@autowks:/autoom/08comp# ansible-vault view --vault-id pwd_file foo2.yml
```

运行 Playbook 时解密内容也可采用上述交互方式或密码文件方式。

```
ansible-playbook --vault-id @prompt site.yml
```

要更改加密文件的密码，可使用 rekey 命令。

```
ansible-vault rekey foo.yml bar.yml baz.yml
```

此命令可以一次重新加密多个数据文件，并会要求输入原始密码和新密码。

要为重新加密的文件设置不同的保险库 ID，可将新的保险库 ID 传递给--new-vault-id 选项。

```
ansible-vault rekey --vault-id test1@pwd_file --new-vault-id test2@prompt
                                                                  foo.yml
```

任务实现

任务 8.2.1　使用 Playbook 配置系统时钟同步

使用 Playbook 配置
系统时钟同步

服务器集群、云计算、集中监控等环境都要求所有节点的时钟同步。实现过程中，通常选择一个主控节点作为其他节点的时间服务器，也可以使用 Internet 上的时间服务器。建议初学者针对特定的操作系统版本（如 CentOS、Ubuntu）编写 Playbook。下面使用 Ansible 实现 CentOS 服务器的时钟同步，在 CentOS 中通常使用时间同步软件 Chrony。

1. 编写清单文件

为便于示范，这里编写 YAML 格式的清单文件，将其命名为 ntp_hosts，内容如下。

```
all:
 children:
  centossrvs:
   hosts:
    192.168.10.50:
    192.168.10.51:
```

注意，在 YAML 格式的主机清单中分组需要使用 children 关键字定义。

2. 编写 Playbook

这里编写名为 ntp.yml 的 Playbook，内容如下。

```
- name: 为系统设置时钟同步
  hosts: centossrvs
  # 定义变量
  vars:
   ntp_srv: server ntp1.aliyun.com        # NTP 服务器地址使用阿里云的
  # 定义任务
  tasks:
  - name: 设置时区
   community.general.timezone:
     name: Asia/Shanghai
  - name: 安装 Chrony
   ansible.builtin.yum:
     name: chrony
     state: present
  - name: 修改时钟同步源
   ansible.builtin.lineinfile:
     dest: /etc/chrony.conf
     regexp: 'centos.pool.ntp.org'
     line: '{{ ntp_srv }}'
   notify:
    - restart chrony                       # 通知重启 Chrony
  # 定义处理程序
  handlers:
  - name: restart chrony
   ansible.builtin.service:
     name: chronyd
     state: restarted
     enabled: yes                          # 开机自动启动
```

上述 Playbook 涉及变量定义、任务定义和处理程序定义，共有 3 个任务，分别是设置时区、安装 Chrony 和修改时钟同步源。修改时钟同步源的任务中使用 ansible.builtin.lineinfile 模块修改配置文件。该模块的 regexp 参数则用于指定对文件内容进行匹配时使用的正则表达式；line 参数指定需要在目标文件中替换的内容，如果 regexp 匹配到文本行，则将该行内容修改为 line 参数指定的内容，否则将 line 指定的内容作为新的一行添加到目标文件末尾。

3. 运行 Playbook 完成配置

完成上述工作之后运行 Playbook 完成配置，正式执行前先进行语法检查。

```
root@autowks:/autoom/08comp# ansible-playbook -i ntp_hosts ntp.yml
                                                          --syntax-check
playbook: ntp.yml
```

结果可以发现语法没有问题，接着通过以下命令运行 Playbook，本任务完整的执行过程如下。

```
root@autowks:/autoom/08comp# ansible-playbook -i ntp_hosts ntp.yml
PLAY [为系统设置时钟同步] **************
TASK [Gathering Facts] **************
ok: [192.168.10.51]
ok: [192.168.10.50]
```

```
TASK [设置时区] ************************
changed: [192.168.10.51]
changed: [192.168.10.50]
TASK [安装 Chrony] **************
ok: [192.168.10.51]
ok: [192.168.10.50]
TASK [修改时钟同步源] *********
changed: [192.168.10.50]
changed: [192.168.10.51]
RUNNING HANDLER [restart chrony] *********
changed: [192.168.10.50]
changed: [192.168.10.51]
PLAY RECAP ******************
192.168.10.50 : ok=5 changed=3 unreachable=0 failed=0 skipped=0 rescued=0
                                                                ignored=0
192.168.10.51 : ok=5 changed=3 unreachable=0 failed=0 skipped=0 rescued=0
                                                                ignored=0
```

可以发现任务在两台主机上都正常完成了，最后可以实际验证配置。例如，登录其中一台
CentOS 主机上查看时区：

```
[root@centossrv-b ~]# timedatectl
            Local time: Mon 2022-06-20 21:25:06 CST
        Universal time: Mon 2022-06-20 13:25:06 UTC
              RTC time: Mon 2022-06-20 13:25:07
             Time zone: Asia/Shanghai (CST, +0800)
System clock synchronized: yes
             NTP service: active
        RTC in local TZ: no
```

结果表明时区成功设置，且系统时钟完成同步。可以进一步查看时钟同步源进行验证：

```
[root@centossrv-b ~]# chronyc sources
MS Name/IP address         Stratum Poll Reach LastRx Last sample
===============================================================================
^* 120.25.115.20              2   6   127    22   -627us[-1587us] +/-   22ms
```

其中的 IP 地址就是 ntp1.aliyun.com 服务器的 IP 地址。

使用 Playbook 批量
添加用户账户

任务 8.2.2　使用 Playbook 批量添加用户账户

添加用户账户是常见的系统管理工作，所涉及的密码属于敏感内容，使用
Ansible 实现时可以通过 Ansible Vault 功能进行加密保护，本任务将对此进行介绍。

1. 加密用户账户文件

首先编写名为 user_pwd.yml 的用户账户文件。这里仅是为了实验，因此
内容比较简单。

```
newusers:
  - name: tester1
    pwd: abc123
  - name: tester2
    pwd: def456
```

然后使用 ansible-vault 命令对该文件进行加密，根据提示输入加密密码。

```
root@autowks:/autom/08comp# ansible-vault encrypt user_pwd.yml
New Vault password:
Confirm New Vault password:
Encryption successful
```

查看该文件内容，可以发现已经变成密文，只有文件头部标注加密信息。

```
root@autowks:/autom/08comp# cat user_pwd.yml
$ANSIBLE_VAULT;1.1;AES256
3966383362653065306632353334306439643864303131323331363262343534666161303561
37396339643134373462323465663434323136303662356238350a39323935323356432326333
                                          39346335...3862353030356336336539
```

2. 编写 Playbook

这里编写名为 add_users.yml 的 Playbook，内容如下。

```
- name：批量添加用户账户
  hosts: centossrvs
  vars:
   group_name: testgroup
  vars_files:
   - user_pwd.yml                              # 引用用户账户文件中的变量
  tasks:
   - name: 添加组账户
    ansible.builtin.group:
     name: "{{ group_name }}"
     state: present
   - name: 添加用户账户
    ansible.builtin.user:
     name: "{{ item.name }}"
     password: "{{ item.pwd | password_hash('sha512') }}"  # 密码必须加密传输
     group: "{{ group_name }}"
    loop: "{{ newusers }}"                    # 循环语句读取用户列表
```

注意使用 ansible.builtin.user 模块添加用户账户时，通过 password 参数传递的密码不能直接传递明文，必须以密文形式提供（这里通过过滤器进行转换），否则运行 Playbook 的过程中将出现"[WARNING]: The input password appears not to have been hashed. The 'password' argument must be encrypted for this module to work properly."这样的提示。

3. 运行 Playbook 完成用户账户的批量添加

本任务的主机清单文件不再单独编写，可借用任务 8.2.1 的主机清单文件。通过以下命令运行 Playbook，本任务完整的执行过程如下。

```
root@autowks:/autom/08comp# ansible-playbook -i ntp_hosts add_users.yml
                                             --vault-id @prompt
Vault password (default):
PLAY [批量添加用户账户] *****************
TASK [Gathering Facts] ******************
ok: [192.168.10.51]
ok: [192.168.10.50]
TASK [添加组账户] ******
changed: [192.168.10.51]
changed: [192.168.10.50]
```

```
TASK [添加用户账户] *******************************
changed: [192.168.10.51] => (item={'name': 'tester1', 'pwd': 'abc123'})
changed: [192.168.10.50] => (item={'name': 'tester1', 'pwd': 'abc123'})
changed: [192.168.10.51] => (item={'name': 'tester2', 'pwd': 'def456'})
changed: [192.168.10.50] => (item={'name': 'tester2', 'pwd': 'def456'})
PLAY RECAP **********************************************
192.168.10.50 : ok=3 changed=2 unreachable=0 failed=0 skipped=0 rescued=0
                                                                 ignored=0
192.168.10.51 : ok=3 changed=2 unreachable=0 failed=0 skipped=0 rescued=0
                                                                 ignored=0
```

可以发现任务在两台主机上都正常完成了用户账户的添加，执行添加用户账户任务时会显示添加的用户账户和密码。读者可以进一步实际验证添加的用户账户。

任务 8.3　使用 Ansible 角色组织 Playbook

任务要求

在实际工作中不同业务需要编写很多Playbook文件，有些Playbook可能内容较多且比较复杂，有许多要包含或导入的文件，以及用于各种目的的任务和处理程序，这会给Playbook文件的重用、共享、维护带来问题。为此Ansible使用角色来解决这些问题，实现Playbook的层次化和结构化组织。角色将变量、文件、任务、处理程序等内容进行拆分后，按特定的目录结构进行组织，让Ansible根据目录结构自动装载这些内容，以便后续的重复使用、代码共享、功能扩展、维护升级等。角色是Ansible任务工程化应用的重要手段。Ansible通过公共资源库Ansible Galaxy提供数千个Ansible角色，让用户直接套用所需角色，更高效地进行自动化运维。本任务的基本要求如下。

（1）了解Ansible角色的基本知识。
（2）掌握手动创建Ansible角色的方法和步骤。
（3）掌握使用Ansible Galaxy公共角色的方法和步骤。

相关知识

8.3.1　理解 Ansible 角色

角色是实现 Playbook 程序结构化的一种方式，只对 Playbook 的目录结构进行规范，让用户能以通用的方式更加轻松地重复利用 Ansible 程序。

1. 使用角色的好处
在 Ansible 中使用角色具有以下好处。
- 使用角色可以对内容分组，便于与其他用户共享代码。
- 通过角色实现系统运维业务的模块化，如编写 Web 服务器、数据库服务器、负载平衡等专用的角色。
- 角色使较大型的项目更易于实现。
- 团队成员可以并行开发不同的角色，协同完成运维任务。
- 可以直接从其他来源（如 Ansible Galaxy）获取现成的角色并加以利用。

2. 角色的目录结构
Ansible 角色要求用户在标准化目录结构中打包所有的任务、变量、文件、模板，以及所需的其他资源。这样，用户只需复制相关的目录，将角色从一个项目复制到另一个项目，然后在 Playbook 中调用该角色就能执行它。

Ansible 通过定制标准化目录结构规范来实现角色功能，目前有 8 个主要的标准化目录，分别是 tasks、handlers、library、files、templates、vars、defaults 和 meta。在每个角色中必须至少包含 tasks 目录，角色如果用不到其他目录就可以省略。下面是一个使用角色的 Ansible 项目的标准化目录体系示例，其中的注释对各目录的功能进行了说明。

```
site.yml                # 角色的整体编排文件
webservers.yml          # 受管节点信息
fooservers.yml
roles/                  # 所有角色的根目录
  common/               # 此目录名为角色名称，其子目录分类存放角色所需内容
    tasks/              # 角色执行的任务列表
    handlers/           # 可在此角色内部或外部使用的处理程序
    library/            # 可在此角色中使用的模块
    files/              # 角色任务引用的静态文件，由 copy 或 script 等模块调用
    templates/          # 角色任务引用的 Jinja2 模板文件，由 template 模块调用
    vars/               # 角色的其他变量，通常用于角色内部，优先级较高
    defaults/           # 角色的默认变量，在所有可用变量中具有最低优先级
    meta/               # 角色的元数据，如作者、许可证等，以及可选的角色依赖项
  webservers/           # 另一个名为 webservers 的角色
    tasks/
    defaults/
    meta/
```

应当将所有的角色存放在项目的 roles 目录下，该目录下一级子目录的名称为角色本身的名称。默认情况下，Ansible 将在角色中的每个标准化目录中的 main.yml（也可以是 main.yaml 或 main，注意 library 目录中为 my_module.py）文件中查找相关内容。files 和 templates 子目录中包含由其他 YAML 文件中的任务引用的文件。有些角色还提供 tests 目录来包含清单文件和名为 test.yml 的 Playbook，用于角色的测试。

管理员可以在某些标准化目录中添加其他 YAML 文件。下面的示例将特定于平台的任务放在单独的文件中，并在 tasks/main.yml 文件中使用 import_tasks 关键字进行引用，roles/example/tasks/main.yml 文件内容如下。

```
- name: Install the correct web server for RHEL
  import_tasks: redhat.yml
  when: ansible_facts['os_family']|lower == 'redhat'
```

被引用的 roles/example/tasks/redhat.yml 文件内容如下。

```
- name: Install web server
  ansible.builtin.yum:
   name: "httpd"
   state: present
```

3. 存储和查找角色

在调用角色时，Playbook 会首先从同级目录的名为 roles 的目录中查找与角色所在目录同名的目录，然后从 Ansible 环境变量 ANSIBLE_ROLES_PATH 和配置文件中由 roles_path 选项指定的角色路径中查找角色，默认的角色搜索路径是 ~/.ansible/roles:/usr/share/ansible/roles:/etc/

ansible/roles。注意，如果使用集合，则 Ansible 优先从集合中查找角色。管理员可根据需要将角色存放在这些目录中。

当然，管理员也可以在调用角色时明确指定角色路径，代码如下。

```
- hosts: webservers
  roles:
    - role: '/autoom/web/roles/common'
```

4．使用角色

管理员可以通过角色将可重用内容导入 Playbook。

（1）在 Play 级别使用角色

在 Play 级别使用角色是最简单的方式之一，只需在 Play 部分使用 roles 关键字进行指定，下面给出一个简单的示例。

```
- hosts: webservers
  roles:
    - common
    - webservers
```

这是一种静态导入方式，Ansible 在 Playbook 解析期间就会对通过角色导入的内容进行处理。Ansible 根据角色列表遍历每个角色对应目录的标准化目录中的文件，将其中定义的内容添加到 Play 中。例如，如果 tasks/main.yml 存在，则将该文件中的任务添加到 Play 中；如果 handlers/main.yml 存在，则将该文件中的处理程序添加到 Play 中。

管理员还可以将其他关键字传递给 roles 关键字，代码如下。

```
- hosts: webservers
  roles:
    - common
    - role: abc_app_instance
      vars:
        dir: '/opt/a'
        app_port: 5000
      tags: typeA
    - role: abc_app_instance
      vars:
        dir: '/opt/b'
        app_port: 5001
      tags: typeB
```

使用 tags 关键字将标记添加到-role 选项，Ansible 会将该标记应用到该角色中的所有任务。

默认情况下，在 Playbook 的 roles 部分使用 vars 关键字时，所定义的变量会被添加到 Play 变量中，可用于 Play 中角色前后所有的任务，这可以通过环境变量 DEFAULT_PRIVATE_ROLE_ VARS 更改。

（2）在任务级别使用角色

在任务级别使用角色有以下两种方式。

• 动态包含。在任务部分使用 include_role 关键字指定角色以实现内容的动态重用。动态重用是指在 Playbook 运行期间遇到该任务时才对角色进行处理。

• 静态导入。在任务部分使用 import_role 关键字指定角色以实现内容的静态重用。静态重用是指在 Playbook 解析期间对该任务的角色进行预处理。

下面给出一个动态包含的示例，所包含的角色按照它们定义的顺序运行。

```
- hosts: webservers
  tasks:
```

```
      - name: Print a message
        ansible.builtin.debug:
         msg: "this task runs before the example role"

      - name: Include the example role
        include_role:
         name: example

      - name: Print a message
        ansible.builtin.debug:
          msg: "this task runs after the example role"
```

动态包含角色时可以使用条件语句进行限制，示例代码如下。

```
- hosts: webservers
  tasks:
    - name: Include the some_role role
      include_role:
        name: some_role
      when: "ansible_facts['os_family'] == 'RedHat'"
```

在任务级别静态导入只需改用 import_role 关键字指定，与在 Play 级别使用 roles 关键字的方法相同。

5. 手动创建 Ansible 角色的步骤

角色的创建主要涉及角色目录结构的创建、角色内容的定义和 Playbook 中角色的使用，手动创建 Ansible 角色的基本步骤如下。

（1）创建项目目录。

（2）在项目目录下创建 roles 目录。

（3）在 roles 目录中创建以角色命名的角色目录。

（4）在角色目录中根据需要分别创建 files、handlers、tasks、templates、vars 等标准化目录，其中 tasks 目录是必需的。

（5）在标准化目录中创建角色内容文件，如在 vars/main.yml 文件为角色定义变量，在 handlers/main.yml 文件中定义处理程序，在 tasks/main.yml 文件中定义要执行的任务。

（6）在项目目录下创建 Playbook 文件用于调用角色，此 Playbook 文件需要和 roles 目录位于同级目录下。

（7）测试并运行 Playbook 文件，基于角色完成运维任务。

可以使用 ansible-galaxy init 命令快速创建角色框架，例如执行 ansible-galaxy init abc_role 命令创建的角色目录如下。

```
├── abc_role
│   ├── defaults
│   │   └── main.yml
│   ├── files
│   ├── handlers
│   │   └── main.yml
│   ├── meta
│   │   └── main.yml
│   ├── README.md
```

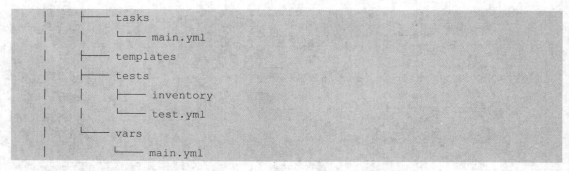

```
|         |----- tasks
|         |         |----- main.yml
|         |----- templates
|         |----- tests
|         |         |----- inventory
|         |         |----- test.yml
|         |----- vars
|                   |----- main.yml
```

8.3.2　使用 Ansible Galaxy

除了自己编写、重用角色外，管理员还可以从其他来源获取可共享的角色。目前主要有两个来源，一个是可用于RedHat系列操作系统的RHEL系统角色，在控制节点上安装rhel-system-roles软件包即可使用。值得一提的是，RedHat还推出了Ansible自动化平台，为团队、组织和企业实施 Ansible 提供集成解决方案。另一个来源是 Ansible Galaxy，其提供的角色更丰富，不限于RedHat系列操作系统。下面重点介绍 Ansible Galaxy。

1．Ansible Galaxy 简介

Ansible Galaxy 是一个管理共享 Ansible 角色和集合（打包的工作单元）的存储库，用于查找、下载、评级和审查各种由社区开发的 Ansible 角色和集合，为管理员启动 Ansible 自动化运维项目提供捷径。

Ansible Galaxy 包含数千个 Ansible 角色和集合，其是由 Ansible 管理员和用户编写的，用户可以在自己的 Playbook 中引用这些角色和集合的内容并立即投入使用。用户可以下载、安装所需的角色和集合来完成自己的自动化运维任务。为方便用户使用，Ansible Galaxy 还面向 Ansible 用户和角色开发人员提供了详细的文档和视频。

Ansible Galaxy 首页如图 8-2 所示，可以分类浏览 Ansible 角色或集合，也可以切换到搜索页面查找 Ansible 角色或集合。

图 8-2　Ansible Galaxy 首页

Ansible Galaxy 提供具体角色或集合的功能、版本、安装、内容评价等信息，如图 8-3 所示，其中的角色既可以使用命令行安装，也可以下载软件包后再使用。

用户可以从 Ansible Galaxy 中找到用于配置基础架构、部署程序，以及执行日常的运维任务的角色。

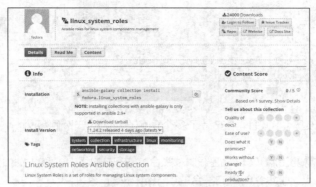

图 8-3　Ansible Galaxy 角色示例

2. 操作 Ansible Galaxy 的角色

除了通过访问 Ansible Galaxy 网站来使用角色外，还可以使用 ansible-galaxy 命令操作 Ansible Galaxy 的角色。常用的角色操作命令如下。

- ansible-galaxy role search：在 Ansible Galaxy 中搜索角色。
- ansible-galaxy role info：查看指定的 Ansible Galaxy 角色的详细信息。
- ansible-galaxy role install：在本地从 Ansible Galaxy 安装指定的角色。
- ansible-galaxy role list：列出本地已安装的 Ansible Galaxy 角色。
- ansible-galaxy role remove：删除本地安装的角色。
- ansible-galaxy role init：初始化具有基本结构的角色框架。

角色默认安装到 ~/.ansible/roles 目录，可以使用 -p 选项指定角色的安装路径。另外，上述命令中可以省略 role 关键字，该关键字表示操作的是角色。

3. 操作 Ansible Galaxy 的集合

集合是 Ansible 内容的分发格式，提供的是更全面的自动化包，其中包括 Playbook、角色、模块和插件。管理员可以通过 Ansible Galaxy 安装和使用集合。常用的集合操作命令如下。

- ansible-galaxy collection download：从 Ansible Galaxy 下载集合及其依赖项。
- ansible-galaxy collection install：在本地从 Ansible Galaxy 安装指定的集合。
- ansible-galaxy collection list：列出本地已安装的 Ansible Galaxy 集合。
- ansible-galaxy collection init：初始化具有基本结构的集合框架。

例如，执行以下命令安装 fedora.linux_system_roles 集合。

```
root@autowks: # ansible-galaxy collection install fedora.linux_system_roles
Starting galaxy collection install process
Process install dependency map
Starting collection install process
Downloading https://galaxy.ansible.com/download/fedora-linux_system_roles-
   1.24.2.tar.gz to /root/.ansible/tmp/ansible-local-178650fthq0azs/tmpy_iw7d90/
                                fedora-linux_system_roles-1.24.2-rp1eg0bh
Installing 'fedora.linux_system_roles:1.24.2' to '/root/.ansible/collections/
                        ansible_collections/fedora/linux_system_roles'
Downloading https://galaxy.ansible.com/download/ansible-posix-1.4.0.tar.gz
to /root/.ansible/tmp/ansible-local-178650fthq0azs/tmpy_iw7d90/ansible-posix-
                                                           1.4.0-a_cflpc4
fedora.linux_system_roles:1.24.2 was installed successfully
Downloading https://galaxy.ansible.com/download/community-general-5.1.1.
   tar.gz to /root/.ansible/tmp/ansible-local-178650fthq0azs/tmpy_iw7d90/
```

```
                                                    community-general-5.1.1-9xxq0ahd
Installing 'ansible.posix:1.4.0' to '/root/.ansible/collections/
                                    ansible_collections/ansible/posix'
ansible.posix:1.4.0 was installed successfully
Installing 'community.general:5.1.1' to '/root/.ansible/collections/
                                    ansible_collections/community/general'
community.general:5.1.1 was installed successfully
```

可以发现，安装该集合的过程中安装了多个角色，默认的安装路径为 ~ /.ansible/collections/ansible_collections。

创建集合框架时需要使用"<命名空间>.<集合>"格式的集合名称，例如执行 ansible-galaxy collection init abc.testcoll 命令创建的集合的目录结构如下。

```
abc
└── testcoll
    ├── docs
    ├── galaxy.yml
    ├── plugins
    │      └── README.md
    ├── README.md
    └── roles
```

在 Playbook 中使用集合中定义的角色时，首先需要通过集合名称引用集合，然后引用其中的角色，代码如下。

```
collections:
  - abc.testcoll          #集合名称
 roles:
  - myrole1               # 集合中的角色名称
```

任务实现

任务 8.3.1 通过角色部署 Web 负载平衡

通过角色部署 Web
负载平衡

HAProxy 是一款提供高可用性、负载平衡，以及基于 TCP 和 HTTP 应用的代理软件，特别适用于高负载的 Web 网站。我们可以轻松地将 HAProxy 安全地整合到当前的架构中，目前很多大型企业将其用来部署 Web 集群和缓存集群的负载平衡及代理。

基本的 Web 负载平衡部署架构如图 8-4 所示，其中 HAProxy 服务器作为前端，Web 服务器作为后端。

在实际的企业级应用中，通常将 HAProxy 与 LAMP（Linux+Apache+MySQL+PHP）或 LNMP（Linux+Nginx+MySQL+PHP）架构一起部署。这里为简化实验操作，仅部署 HAProxy 与 Nginx（作为后端的 Web 服务器）实现简单的 Web 负载平衡，本任务的部署方案如表 8-3 所示。

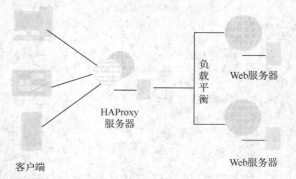

图 8-4 Web 负载平衡部署架构

表 8-3　HAProxy+Nginx 部署方案

主机名	IP 地址	Ansible 角色	SSH 配置
centossrv-a	192.168.10.50	nginx	互信
centossrv-b	192.168.10.51	nginx	互信
ubuntusrv-a	192.168.10.60	haproxy	密码认证

1. 编写主机清单文件

创建部署方案的目录 weblb，在其中编写名为 weblb_hosts 的清单文件，内容如下。

```
[nginx]
192.168.10.50
192.168.10.51
[haproxy]
192.168.10.60 ansible_user=gly ansible_password=abc123 ansible_become_
                                              password=abc123


[all:vars]
frontend_port=80
backend_port=8010
```

其中 Ubuntu 服务器未启用 root 账户，需要提升权限操作，这里除了提供 root 账户和密码之外，还提供提升权限操作密码（sudo 操作密码）。另外，在此提供所有目标服务器共用的变量（frontend_port 和 backend_port 分别为 Web 前端和后端的端口号）。

2. 编写 nginx 角色文件

（1）创建 roles 目录，该目录与 Playbook 同级，然后在 roles 目录中创建以角色命名的目录。这里执行以下命令完成 nginx 角色目录的创建。

```
mkdir -p roles/nginx
```

（2）在角色目录中分别创建所需的标准化目录，本任务中部署的 Nginx 服务器比较简单，这里仅需创建 handlers、tasks 和 vars 目录，执行以下命令即可。

```
mkdir -p roles/nginx/{handlers,tasks,vars}
```

（3）在 vars 目录下创建变量文件 main.yml，其内容如下。

```
web_port: '{{ backend_port }}'
```

该变量指定 Nginx 服务器的 HTTP 端口，在本任务中其是来自清单文件的变量。

（4）在 tasks 目录下创建任务文件 main.yml，其内容如下。

```
- name: 通过 yum 安装 nginx
  ansible.builtin.yum:
    name: nginx
    state: latest


- name: 设置防火墙端口规则，开放 HTTP 端口
  ansible.posix.firewalld:
    zone: public
    port: "{{ web_port }}/tcp"        # 端口和协议
    permanent: yes        # 持久生效
    immediate: yes        # 即时生效
    state: enabled        # 启用规则
```

```
      ignore_errors: yes

  - name: 设置 SELinux 规则，放行非标准的 HTTP 端口
    ansible.builtin.shell: semanage port -a -t http_port_t -p tcp {{ web_port }}
    ignore_errors: yes

  - name: 创建测试网页文件 index.html
    ansible.builtin.shell: echo "hello {{ ansible_facts['hostname'] }}" >
                                         /usr/share/nginx/html/index.html

  - name: 修改 nginx 配置文件，设置指定的 HTTP 端口
    ansible.builtin.shell: sed -ri "s/80 default_server/{{ web_port }}
                              default_server/g"  /etc/nginx/nginx.conf
    notify: restart nginx

  - name: 启动 nginx 服务并设置开机自动启动
    ansible.builtin.service:
      name: nginx
      state: started
      enabled: yes
```

这里仅在 CentOS 服务器上安装 nginx，共有 6 个任务。默认情况下 CentOS 启用 SELinux，只允许非 root 账户使用标准端口，默认可以使用的 HTTP 端口有 80、81、443、488、8008、8009、8443 和 9000（可使用 semanage port -l | grep http_port_t 命令查看）。本任务中使用的 HTTP 端口可能不在这个范围，由第 3 个任务设置相应的 SELinux 端口放行规则。

默认情况下，任务执行失败会影响后续任务运行，例如，第 2 个任务可能遇到防火墙端口服务未开启的情形，而第 3 个任务可能已经设置该端口。严格地说，此处应当使用条件语句来处理。为简化实验，这里增加 ignore_errors 关键字设置以忽略发生的错误，避免影响后续任务的执行。

第 5 个任务完成配置文件修改后，要通知处理程序重启 nginx 服务。

（5）在 handlers 目录下创建处理程序文件 main.yml，其内容如下。

```
- name: restart nginx          # 处理程序名称需要与任务中的 notify 值保持一致
  ansible.builtin.service:
    name: nginx
    state: restarted
```

3. 编写 haproxy 角色文件

为便于示范，haproxy 角色兼顾 CentOS 和 Ubuntu 操作系统，并且使用模板文件来定制配置文件。

（1）前面已经创建了 roles 目录，在 roles 目录中创建以 haproxy 命名的角色目录。

```
mkdir -p roles/haproxy
```

（2）在该角色目录中分别创建所需的标准化目录，这里创建 defaults、handlers、tasks 和 templates 目录，执行以下命令即可。

```
mkdir -p roles/haproxy/{defaults,handlers,tasks,templates}
```

（3）在 defaults 目录下创建默认变量文件 main.yml，其内容如下。

```
haproxy_frontend_bind_address: '*'
haproxy_frontend_mode: 'http'
haproxy_backend_mode: 'http'
haproxy_backend_balance_method: 'roundrobin'
```

```
haproxy_connect_timeout: 5000
haproxy_client_timeout: 50000
haproxy_server_timeout: 50000
```

默认的变量主要定义了 HAProxy 前后端模式以及超时参数。

（4）Ansible 支持 Jinja2 模板文件，在 templates 目录下创建模板文件 haproxy.cfg.j2，其内容如下。

```
global
  daemon
  maxconn 25600
defaults
  mode http
  timeout connect {{ haproxy_connect_timeout }}ms
  timeout client {{ haproxy_client_timeout }}ms
  timeout server {{ haproxy_server_timeout }}ms
#前端设置
frontend http-in
  bind {{ haproxy_frontend_bind_address }}:{{ frontend_port }}
  mode {{ haproxy_frontend_mode }}
  default_backend servers
#后端设置
backend servers
 mode {{ haproxy_backend_mode }}
 balance {{ haproxy_backend_balance_method }}
 option forwardfor
{% for host in groups['nginx'] %}
  server {{ hostvars[host]['ansible_facts']['hostname'] }} {{ host }}:
                                        {{ backend_port }}  check
{% endfor %}
```

最后的循环语句通过魔术变量 groups 遍历主机清单文件中 nginx 组中的所有主机，并结合事实变量获取 nginx 服务器的主机名，这样自动将该组中的主机都作为 HAProxy 的后端代理主机。

（5）在 tasks 目录下创建任务文件 main.yml，其内容如下。

```
- name: 通过 yum 安装 haproxy
  ansible.builtin.yum:
   name: haproxy
   state: present
  when: ansible_os_family == 'Redhat'
- name: 通过 apt 安装 haproxy
  ansible.builtin.apt:
   name: haproxy
   state: present
  when: ansible_os_family == 'Debian'
- name: 复制 haproxy 配置文件
  ansible.builtin.template:
   src: haproxy.cfg.j2
   dest: /etc/haproxy/haproxy.cfg
   mode: 0644
   validate: haproxy -f %s -c -q
  notify: restart haproxy
```

213

```
- name: 启动 haproxy 服务并设置开机自动启动
  ansible.builtin.service:
    name: haproxy
    state: started
    enabled: yes
```

前面两个任务附加条件，根据获取的事实变量决定对 CentOS 服务器还是 Ubuntu 服务器进行 haproxy 软件包安装。

接下来的任务是引用 ansible.builtin.template 模块动态管理 haproxy.cfg.j2 配置文件，并且触发处理程序重启 haproxy 服务。该模块将文件模板化到目标主机，其中的 validate 参数定义在将更新的文件复制到最终目标之前运行的验证命令。

（6）在 handlers 目录下创建处理程序文件 main.yml，重启 haproxy 服务，其代码较为简单，不重复列出。

4. 编写 Playbook 文件

在项目目录下创建 Playbook 用于调用角色，该文件需要和 roles 目录位于同级目录下。这里将该文件命名为 weblb.yml，其内容如下。

```
- name: 部署 nginx 角色
  hosts: nginx
  roles:
    - nginx                          # 指定角色名称
- name: 部署 haproxy 角色
  hosts: haproxy
  become: yes                        # 兼顾 Ubuntu 未启用 root 账户
  roles:
    - haproxy                        # 指定角色名称
```

至此完成了该项目所有目录和文件的创建，本任务中完整的项目目录结构如图 8-5 所示。

```
.
├── roles
│   ├── haproxy
│   │   ├── defaults
│   │   │   └── main.yml
│   │   ├── handlers
│   │   │   └── main.yml
│   │   ├── tasks
│   │   │   └── main.yml
│   │   └── templates
│   │       └── haproxy.cfg.j2
│   └── nginx
│       ├── handlers
│       │   └── main.yml
│       ├── tasks
│       │   └── main.yml
│       └── vars
│           └── main.yml
├── weblb_hosts
└── weblb.yml
```

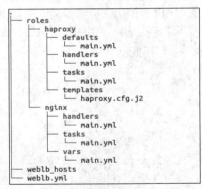

图 8-5　项目目录结构

5. 运行 Playbook 进行部署

完成上述工作之后就可以运行 Playbook 完成部署，正式执行前先检查语法。

```
root@autowks:/autoom/08comp/weblb# ansible-playbook  -i weblb_hosts weblb.yml
                                                                --syntax-check
playbook: weblb.yml
```

接着可以通过以下命令进行执行前的测试。

```
ansible-playbook  -i weblb_hosts -C weblb.yml
```

测试成功后正式运行 Playbook，本任务完整的执行过程如下。

```
root@autowks:/autoom/08comp/weblb# ansible-playbook  -i weblb_hosts  weblb.yml
PLAY [部署 nginx 角色] ************************
TASK [Gathering Facts] *****************************************
ok: [192.168.10.51]
ok: [192.168.10.50]
TASK [nginx : 通过 yum 安装 nginx] ********************
ok: [192.168.10.51]
ok: [192.168.10.50]
TASK [nginx : 设置防火墙端口规则，开放 HTTP 端口] **********************
ok: [192.168.10.50]
ok: [192.168.10.51]
TASK [nginx : 设置 SELinux 规则，放行非标准的 HTTP 端口] *********
ok: [192.168.10.50]
ok: [192.168.10.51]
TASK [nginx : 创建测试网页文件 index.html] ************************************
changed: [192.168.10.50]
changed: [192.168.10.51]
TASK [nginx : 修改 nginx 配置文件，设置指定的 HTTP 端口] *************************
changed: [192.168.10.50]
changed: [192.168.10.51]
TASK [nginx : 启动 nginx 服务并设置开机自动启动] *******************************
ok: [192.168.10.50]
ok: [192.168.10.51]
RUNNING HANDLER [nginx : restart nginx] ***********************************
changed: [192.168.10.50]
changed: [192.168.10.51]
PLAY [部署 haproxy 角色] ****************************************************
TASK [Gathering Facts] *****************************************************
ok: [192.168.10.60]
TASK [haproxy : 通过 apt 安装 haproxy] ***************************************
ok: [192.168.10.60]
TASK [haproxy : 通过 yum 安装 haproxy] ***************************************
skipping: [192.168.10.60]
TASK [haproxy : 复制 haproxy 配置文件] ****************************************
changed: [192.168.10.60]
TASK [haproxy : 启动 haproxy 服务并设置开机自动启动] ****************************
ok: [192.168.10.60]
RUNNING HANDLER [haproxy : restart haproxy] *******************************
changed: [192.168.10.60]
PLAY RECAP ****************************************************************
192.168.10.50 : ok=8 changed=4 unreachable=0 failed=0 skipped=0 rescued=0
                                                              ignored=0
192.168.10.51 : ok=8 changed=4 unreachable=0 failed=0 skipped=0 rescued=0
                                                              ignored=0
192.168.10.60 : ok=5 changed=2 unreachable=0 failed=0 skipped=1 rescued=0
                                                              ignored=0
```

215

最后可进行实际测试，多次访问 http://192.168.10.60，可以发现返回的网页内容在 "hello centossrv-a" 和 "hello centossrv-b" 之间切换，这表明 Web 负载平衡部署成功。

通过 Ansible
Galaxy 部署角色

任务 8.3.2　通过 Ansible Galaxy 部署角色

任务 8.3.1 采用的是手动创建角色，本任务通过 Ansible Galaxy 获取共享的角色，快速部署 Redis 数据库服务器。

（1）查找角色。可以通过 Ansible Galaxy 网站查找要部署的角色，这里使用命令行查找有关 Redis 的角色。

```
root@autowks:/autom/08comp# ansible-galaxy role search redis
Found 530 roles matching your search:
 Name                                          Description
 ----                                          -----------
 0x0i.consul                                   Consul - a service
                discovery, mesh and configuration control plane and >
 …
 geerlingguy.php-redis                         PhpRedis support for
                                                              Linux
 geerlingguy.redis                             Redis for Linux
 …
```

（2）浏览查找结果，本任务中决定安装 geerlingguy.redis 角色，先查看其详细信息。

```
root@autowks:/autom/08comp# ansible-galaxy role info geerlingguy.redis
Role: geerlingguy.redis
     description: Redis for Linux
     active: True
     commit: 3bb101101e29aa3da55baa8ae5d9bf56e00e0aaf
     commit_message: Merge pull request #51 from agrrh/master
…
```

（3）执行以下命令安装 geerlingguy.redis 角色。

```
root@autowks:/autom/08comp# ansible-galaxy role install geerlingguy.redis
Starting galaxy role install process
- downloading role 'redis', owned by geerlingguy
- downloading role from https://github.com/geerlingguy/ansible-role-redis/
                                              archive/1.8.0.tar.gz
- extracting geerlingguy.redis to /root/.ansible/roles/geerlingguy.redis
- geerlingguy.redis (1.8.0) was installed successfully
```

（4）列出当前已安装的角色。

```
root@autowks:/autom/08comp# ansible-galaxy role list
# /root/.ansible/roles
- geerlingguy.php, 4.8.0
- geerlingguy.php-mysql, 2.1.0
- geerlingguy.haproxy, master
- geerlingguy.redis, 1.8.0
# /etc/ansible/roles
[WARNING]: - the configured path /usr/share/ansible/roles does not exist.
```

（5）查看 geerlingguy.redis 角色的目录结构。这里使用的是 tree 命令，前提是要安装它。

```
root@autowks:/autom/08comp# tree /root/.ansible/roles/geerlingguy.redis
/root/.ansible/roles/geerlingguy.redis
```

```
    ├──── defaults
    │       └──── main.yml
    ├──── handlers
    │       └──── main.yml
    ├──── LICENSE
    ├──── meta
    │       └──── main.yml
    ├──── molecule
    │       └──── default
    │               ├──── converge.yml
    │               └──── molecule.yml
    ├──── README.md
    ├──── tasks
    │       ├──── main.yml
    │       ├──── setup-Archlinux.yml
    │       ├──── setup-Debian.yml
    │       └──── setup-RedHat.yml
    ├──── templates
    │       └──── redis.conf.j2
    └──── vars
            ├──── Archlinux.yml
            ├──── Debian.yml
            └──── RedHat.yml
```

可以发现，该角色针对 Archlinux、Debian 和 RedHat 系列的 Linux 操作系统都进行了适配，具有很好的兼容性。

（6）编写名为 redis.yml 的 Playbook 文件，调用 geerlingguy.redis 角色，程序如下。

```
- name: 安装 redis
  hosts: 192.168.10.60
  become: True
  roles:
    - geerlingguy.redis
```

（7）编写名为 redis_hosts 的主机清单文件，内容如下。

```
192.168.10.60 ansible_user=gly ansible_password=abc123
                                    ansible_become_password=abc123
```

（8）执行该 Playbook，完成 Redis 数据库服务器的部署。

```
root@autowks:/autoom/08comp# ansible-playbook -i redis_hosts redis.yml
PLAY [安装 redis] ************************
TASK [Gathering Facts] ***************************
ok: [192.168.10.60]
TASK [geerlingguy.redis : Include OS-specific variables.] ****
ok: [192.168.10.60]
TASK [geerlingguy.redis : Define redis_package.] ****
ok: [192.168.10.60]
TASK [geerlingguy.redis : Ensure Redis configuration dir exists.] ****
```

217

```
changed: [192.168.10.60]
TASK [geerlingguy.redis : Ensure Redis is configured.] ****
changed: [192.168.10.60]
TASK [geerlingguy.redis : include_tasks] *********
skipping: [192.168.10.60]
TASK [geerlingguy.redis : include_tasks] *********
included: /root/.ansible/roles/geerlingguy.redis/tasks/setup-Debian.yml for
                                                       192.168.10.60
TASK [geerlingguy.redis : Ensure Redis is installed.] ****
changed: [192.168.10.60]
TASK [geerlingguy.redis : include_tasks] *********
skipping: [192.168.10.60]
TASK [geerlingguy.redis : Ensure Redis is running and enabled on boot.] ****
ok: [192.168.10.60]
RUNNING HANDLER [geerlingguy.redis : restart redis] ******
changed: [192.168.10.60]
```

（9）登录 192.168.10.60 服务器进行验证，结果表明 Redis 安装成功。

```
gly@ubuntusrv-a:~$ systemctl status redis
● redis-server.service - Advanced key-value store
   Loaded: loaded (/lib/systemd/system/redis-server.service; enabled; vendor
                                                       preset: enabled)
   Active: active (running) since Sun 2022-06-19 05:20:35 UTC; 1 day 4h ago
```

任务 8.4 部署 Zabbix 监控平台

任务要求

　　企业级系统综合运维离不开监控。目前监控报警工具已经能够监控大规模IT系统。Zabbix是一个基于Web界面，提供分布式系统监控和网络监控功能的企业级开源解决方案。在企业IT环境中，Zabbix能够监控各种网络参数，保证服务器系统的安全运行，提供灵活的通知机制让管理员快速定位和解决存在的各种问题。本任务结合Ansible的应用来部署Zabbix监控平台，基本要求如下。

　　（1）了解Zabbix监控平台的主要特性。

　　（2）了解Zabbix监控平台的基本架构。

　　（3）结合Ansible部署Zabbix监控平台。

相关知识

8.4.1 Zabbix 的主要特性

　　Zabbix 是一个高度集成的统一监控平台，提供全面的监控解决方案。

　　Zabbix 可以监控各种 IT 对象，包括网络、服务器、存储设备、操作系统、数据库、服务和应用、集群、虚拟机、云等。例如，可以监控网络性能、网络健康和配置更改，监控服务器性能、服务器可用性和配置更改。

　　Zabbix 使用"开箱即用"的模板实现监控。这些模板带有预配置的项目、触发器、图表、应用、屏幕、低级发现规则、Web 场景等，使用起来非常便捷。

　　Zabbix 能够从众多来源，如网络设备、云服务、容器、虚拟机、操作系统、日志文件、数据库、物联网传感器等，收集指标。

Zabbix 支持数据收集，可用性和性能检查，SNMP、IPMI、JMX 和 VMware 监控，自定义检查，高度可配置的警报，Web 监控，实时绘图等具体功能。

Zabbix 支持主动和被动两种监控模式。主动监控是由代理向服务器请求与自己相关的监控项配置，主动地将服务器配置的监控项相关数据发送给服务器，这种模式能极大节约 Zabbix 服务器的资源。被动监控是由服务器向代理请求获取配置的各监控项相关数据，代理接收请求、获取数据并反馈给服务器。

8.4.2　Zabbix 的基本架构

Zabbix 的基本架构如图 8-6 所示，主要包括以下组件。

- Zabbix 服务器：这是 Zabbix 系统的核心组件。Zabbix 代理向其报告可用性和完整性信息和统计信息，当受监控系统出现问题时，它会主动提醒管理员。Zabbix 服务器包括 3 个子组件：服务器、Web 前端和数据库。Zabbix 的所有配置信息、统计和操作数据都存储在数据库中，服务器和 Web 前端都与数据库进行交互。管理员需要使用 Web 前端与 Zabbix 服务器和数据库进行通信。这 3 个子组件可以安装在同一台服务器上，对于更大、更复杂的环境，可以将它们安装在不同的服务器上。

- Zabbix 代理：Zabbix 代理部署在监控目标上，以主动监控本地资源和应用，并将收集到的数据报告给 Zabbix 服务器以供进一步处理。

- Zabbix 代理服务器：Zabbix 代理服务器可以代替 Zabbix 服务器收集性能和可用性数据。它从被监控设备收集监控数据并将信息发送到 Zabbix 服务器。代理服务器是可选的，对分散单个 Zabbix 服务器的负载非常有用。

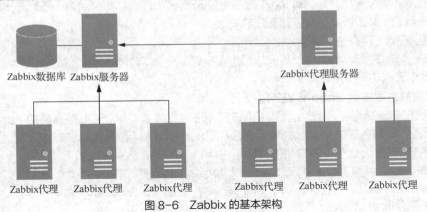

图 8-6　Zabbix 的基本架构

任务实现

任务 8.4.1　以容器形式安装 Zabbix 服务器

在了解 Zabbix 的架构之后，我们就可以部署 Zabbix 监控平台。实验环境中只需部署一台 Zabbix 服务器，使用 Docker 容器进行部署非常简单。而 Zabbix 代理涉及多台服务器和不同的操作系统，适合使用 Ansible 实现批量部署。由于规模不大，因此无须部署 Zabbix 代理服务器。

Zabbix 提供的安装方式包括从源代码安装、从二进制包安装、从容器安装和通过虚拟设备（虚拟机镜像）安装。Zabbix 为每个 Zabbix 组件提供 Docker 镜像作为可移植和自给自足的容器，以加快部署和更新过程。本任务中在管理端（Ubuntu 工作站）采用容器形式安装，这种方式非常便捷，配置简单。下面仅介绍基本的操作步骤，关于 Docker 的使用请参见有关资料。

以容器形式安装
Zabbix 服务器

1. 安装 Docker 引擎

使用 Docker 部署和运行程序的前提是安装 Docker 引擎，这里在 Ubuntu 工作站上安装 Docker CE 免费版本。

（1）安装相应的软件仓库。在新的 Ubuntu 主机上首次安装 Docker CE 之前，需要设置 Docker 的 apt 仓库，以便从该仓库安装和更新 Docker。

执行以下两条命令更新 apt 软件包索引，并安装允许 apt 通过 HTTPS 使用软件仓库的软件包。

```
apt update
apt install ca-certificates curl gnupg lsb-release
```

执行以下两条命令添加 Docker 的官方 GPG 密钥。

```
mkdir -p /etc/apt/keyrings
curl -fsSL https://download.docker.com/linux/ubuntu/gpg | sudo gpg --dearmor -o
                                              /etc/apt/keyrings/docker.gpg
```

执行以下命令设置软件仓库。

```
echo "deb [arch=$(dpkg --print-architecture) signed-by=/etc/apt/keyrings/
docker.gpg] https://download.docker.com/linux/ubuntu $(lsb_release -cs) stable"
                  | sudo tee /etc/apt/sources.list.d/docker.list > /dev/null
```

（2）安装 Docker 引擎。

执行以下命令更新 apt 软件包索引，并安装最新版本的 Docker CE 和相关工具。

```
apt update
apt install docker-ce docker-ce-cli containerd.io docker-compose-plugin
```

（3）查看 Docker 版本，验证是否成功安装。

```
root@autowks:~# docker --version
Docker version 20.10.17, build 100c701
```

可以发现已成功安装 Docker 引擎。

2. 以容器形式安装 Zabbix 服务器

Zabbix 服务器端有多种组件组合，下面以容器形式安装基于 MySQL 数据库的 Zabbix 服务器、基于 Nginx Web 服务器的 Zabbix Web 界面和 Zabbix Java 网关，涉及多个容器的创建。

（1）创建 Zabbix 组件容器专用的桥接网络。

```
docker network create --subnet 172.20.0.0/16 --ip-range 172.20.240.0/20
                                                                  zabbix-net
```

（2）创建并启动 MySQL 容器，以运行 MySQL 服务器。

```
docker run --name mysql-server -t \
    -e MYSQL_DATABASE="zabbix" \
    -e MYSQL_USER="zabbix" \
    -e MYSQL_PASSWORD="zabbix_pwd" \
    -e MYSQL_ROOT_PASSWORD="root_pwd" \
    --network=zabbix-net \
    --restart unless-stopped \
    -d mysql:8.0 \
    --character-set-server=utf8 --collation-server=utf8_bin \
    --default-authentication-plugin=mysql_native_password
```

（3）创建并启动 Zabbix Java 网关容器。

```
docker run --name zabbix-java-gateway -t \
    --network=zabbix-net \
    --restart unless-stopped \
    -d zabbix/zabbix-java-gateway:alpine-5.4-latest
```

（4）创建并启动 Zabbix 服务器容器，并将其关联到已创建的 MySQL 容器。

```
docker run --name zabbix-server-mysql -t \
    -e DB_SERVER_HOST="mysql-server" \
    -e MYSQL_DATABASE="zabbix" \
    -e MYSQL_USER="zabbix" \
    -e MYSQL_PASSWORD="zabbix_pwd" \
    -e MYSQL_ROOT_PASSWORD="root_pwd" \
    -e ZBX_JAVAGATEWAY="zabbix-java-gateway" \
    --network=zabbix-net \
    -p 10051:10051 \
    --restart unless-stopped \
    -d zabbix/zabbix-server-mysql:alpine-5.4-latest
```

其中 Zabbix 服务器容器将 TCP 端口 10051（用于 Zabbix 捕获器）暴露给当前 Ubuntu 主机。

（5）创建并启动 Zabbix Web 容器，并将其关联到已创建的 MySQL 和 Zabbix 服务器容器。

```
docker run --name zabbix-web-nginx-mysql -t \
    -e ZBX_SERVER_HOST="zabbix-server-mysql" \
    -e DB_SERVER_HOST="mysql-server" \
    -e MYSQL_DATABASE="zabbix" \
    -e MYSQL_USER="zabbix" \
    -e MYSQL_PASSWORD="zabbix_pwd" \
    -e MYSQL_ROOT_PASSWORD="root_pwd" \
    --network=zabbix-net \
    -p 80:8080 \
    --restart unless-stopped \
    -d zabbix/zabbix-web-nginx-mysql:alpine-5.4-latest
```

其中 Zabbix Web 容器将 TCP 端口 80（用于 HTTP）暴露给当前主机。

（6）查看当前正在运行的容器，可以发现上述容器都已成功创建。

```
root@autowks:~# docker ps
CONTAINER ID IMAGE COMMAND CREATED STATUS PORTS NAMES
d7c31e710a37 zabbix/zabbix-web-nginx-mysql:alpine-5.4-latest
                    "docker-entrypoint.sh" 8 seconds ago Up 7 seconds 8443/tcp,
                0.0.0.0:80->8080/tcp, :::80->8080/tcp zabbix-web-nginx-mysql
6948121629d2   zabbix/zabbix-server-mysql:alpine-5.4-latest "/sbin/tini
                                -- /usr/…" 52 seconds ago Up 51 seconds
        0.0.0.0:10051->10051/tcp, :::10051->10051/tcp zabbix-server-mysql
da61f76a34bb zabbix/zabbix-java-gateway:alpine-5.4-latest
        "docker-entrypoint.s…" About a minute ago Up About a minute 10052/tcp
                                                        zabbix-java-gateway
f678161a506d mysql:8.0
                    "docker-entrypoint.s…" 2 minutes ago Up 2 minutes 3306/tcp,
                                                33060/tcp mysql-server
```

3. 访问 Zabbix 管理界面

使用浏览器访问 Zabbix 管理界面进行测试，本任务中 URL 为 http://192.168.10.20，出现图 8-7 所示的登录界面，管理员账户 Admin 的初始密码为 zabbix。

使用 Admin 账户成功登录之后，即可进入 Zabbix 管理界面。这里通过用户配置（User Profile）界面将语言更改为简体中文，Zabbix 管理界面如图 8-8 所示。

图 8-7　Zabbix 登录界面

图 8-8　Zabbix 管理界面

任务 8.4.2　使用 Ansible 部署 Zabbix 代理

使用 Ansible 部署
Zabbix 代理

本任务中使用 Ansible 部署 Zabbix 代理时兼顾运行不同操作系统的目标服务器，涉及 CentOS 和 Ubuntu 两种操作系统。

1. 编写清单文件

编写名为 zabbix_hosts 的清单文件，内容如下。

```
[centossrvs]
192.168.10.50
192.168.10.51

[ubuntusrvs]
192.168.10.60 ansible_user=gly ansible_password=abc123
                                        ansible_become_password=abc123

[all:vars]
pkgs=zabbix-agent
zabbix_server_ip=192.168.10.20
```

其中 Ubuntu 服务器未启用 root 账户，需要提升权限操作，这里除了提供 root 账户和密码之外，还提供提升权限操作密码（sudo 操作密码）。另外，在此提供所有目标服务器共用的变量（pkgs 为软件包名，zabbix_server_ip 为 Zabbix 服务器地址），以免 Playbook 文件中各 Play 重复定义。

2. 编写 Playbook 文件

编写 Playbook 文件时尽可能地使用 Ansible 提供的模块。比如安装 Zabbix 代理的目标服务器上的防火墙应开放端口 10050，CentOS 和 Ubuntu 可以分别使用 Ansible 提供的 ansible.posix. firewalld 和 community.general.ufw 模块来实现。CentOS 和 Ubuntu 服务器安装软件包和配置防火墙需要使用不同的模块，但是对配置文件的修改和服务的启动管理的实现则是相同的，因此 Playbook 文件分为 3 个 Play，分别用于 CentOS 服务器安装 Zabbix 代理、Ubuntu 服务器安装 Zabbix 代理和所有目标服务器修改配置文件并启动 Zabbix 代理。本任务中编写的 Playbook 文件命名为 zabbix_agent.yml，内容如下。

```
---
- name: 在 CentOS 服务器上安装 zabbix-agent
  hosts: centossrvs
  tasks:
    - name: 安装 Zabbix 软件库
```

```
    ansible.builtin.shell:
      cmd: rpm -Uvh --force https://repo.zabbix.com/zabbix/6.0/rhel/8/
                              x86_64/zabbix-release-6.0-1.el8.noarch.rpm
      warn: no
    - name: 安装 zabbix-agent
      ansible.builtin.yum:
        name: "{{ pkgs }}"
        state: latest
  - name: 设置防火墙端口规则，开放 zabbix-agent 端口
    ansible.posix.firewalld:
      zone: public
      port: 10050/tcp        # 端口和协议
      permanent: yes         # 持久生效
      immediate: yes         # 即时生效
      state: enabled         # 启用规则

- name: 在 Ubuntu 服务器上安装 zabbix-agent
  hosts: ubuntusrvs
  become: yes
  tasks:
    - name: 安装 Zabbix 软件库
      ansible.builtin.shell:
        cmd: wget https://repo.zabbix.com/zabbix/6.0/ubuntu-arm64/pool/main/z/
              zabbix-release/zabbix-release_6.0-1+ubuntu20.04_all.deb;dpkg -i
                        zabbix-release_6.0-1+ubuntu20.04_all.deb;apt update
      warn: no
    - name: 安装 zabbix-agent
      ansible.builtin.apt:
        name: "{{ pkgs }}"
        state: latest
    - name: 设置防火墙端口规则，开放 zabbix-agent 端口
      community.general.ufw:
        rule: allow
        port: "10050"        # 端口
        proto: tcp           # 协议

- name: 在所有服务器上配置 zabbix-agent
  hosts: all
  become: yes
  tasks:
   - name: 修改配置文件/etc/zabbix/zabbix_agentd.conf
     ansible.builtin.shell: sed -ri \
      -e "/# EnableRemoteCommands=0/a EnableRemoteCommands=1" \
      -e "/# UnsafeUserParameters=0/a UnsafeUserParameters=1" \
      -e "/^Server=127.0.0.1/c Server={{ zabbix_server_ip }}" \
      -e "/^ServerActive=127.0.0.1/c ServerActive={{ zabbix_server_ip }}" \
      -e "/# ListenIP=0.0.0.0/a ListenIP=0.0.0.0" \
      -e "/# StartAgents=3/a StartAgents=5" \
```

```
    -e "/Hostname=Zabbix server/c Hostname={{ ansible_facts["hostname"]}}" \
    -e "/# Timeout=3/a Timeout=5"   /etc/zabbix/zabbix_agentd.conf
  - name: 启动 zabbix-agent 服务并使其开机自动启动
    ansible.builtin.service:
    name: "{{ pkgs }}"
    state: started
    enabled: yes
```

涉及 Ubuntu 服务器的 Play 中需要设置 become 关键字来实现提权操作。配置文件的修改使用的是 sed 文本编辑工具，主要实现的是选项值替换。

3. 运行 Playbook

完成上述工作后即可运行 Playbook，本任务执行过程如下。

```
root@autowks:/autoom/08comp# ansible-playbook zabbix_agent.yml -i zabbix_hosts
PLAY [在 CentOS 服务器上安装 zabbix-agent] **************
TASK [Gathering Facts] ******************
ok: [192.168.10.50]
ok: [192.168.10.51]
TASK [安装 Zabbix 软件库] *********
changed: [192.168.10.51]
changed: [192.168.10.50]
TASK [安装 zabbix-agent] ******************
changed: [192.168.10.50]
changed: [192.168.10.51]
TASK [设置防火墙端口规则，开放 zabbix-agent 端口] *****
changed: [192.168.10.51]
changed: [192.168.10.50]
PLAY [在 Ubuntu 服务器上安装 zabbix-agent] *********
TASK [Gathering Facts] ***************************
ok: [192.168.10.60]
TASK [安装 Zabbix 软件库] *************************
changed: [192.168.10.60]
TASK [安装 zabbix-agent] *************************
changed: [192.168.10.60]
TASK [设置防火墙端口规则，开放 zabbix-agent 端口] ****
changed: [192.168.10.60]
PLAY [在所有服务器上配置 zabbix-agent] *************
TASK [Gathering Facts] ****************************
ok: [192.168.10.60]
ok: [192.168.10.51]
ok: [192.168.10.50]
TASK [修改配置文件/etc/zabbix/zabbix_agentd.conf] **********
changed: [192.168.10.60]
changed: [192.168.10.50]
changed: [192.168.10.51]
TASK [启动 zabbix-agent 服务并使其开机自动启动] ****
ok: [192.168.10.60]
changed: [192.168.10.50]
changed: [192.168.10.51]
```

```
PLAY RECAP *********************************************
192.168.10.50            : ok=7     changed=5    unreachable=0   failed=0
                                                 skipped=0   rescued=0   ignored=0
192.168.10.51            : ok=7     changed=5    unreachable=0   failed=0
                                                 skipped=0   rescued=0   ignored=0
192.168.10.60            : ok=7     changed=4    unreachable=0   failed=0
                                                 skipped=0   rescued=0   ignored=0
```

该 Playbook 能够正常完成 Zabbix 代理的批量部署，继续执行以下命令测试安装 Zabbix 代理的目标服务器的 10050 端口能否打开。

```
root@autowks:/autoom/08comp# echo > /dev/tcp/192.168.10.50/10050 && echo "Port
                                                                     is open"
Port is open
```

该端口能打开表明 zabbix-agent 正常运行且可以访问。根据需要测试其他服务器的 10050 端口。

任务 8.4.3 试用 Zabbix 实现系统监控

完成 Zabbix 的部署之后，即可进行试用。试用 Zabbix 之前，应了解实施 Zabbix 监控的基本知识。Zabbix 将要监控的网络实体称为主机。这些网络实体可以是物理服务器、网络交换机、虚拟机，还可以是某些应用。要将网络实体纳入监控，首先要将它们以主机的形式添加到 Zabbix 中。就主机来说，具体的监控还涉及监控项、触发器、图形、仪表盘等设置，逐一设置需要的操作步骤较多，而采用模板则可以大大简化监控设置。模板能够对监控指标和对象分组，只需对监控主机应用模板，主机会继承该模板中的所有对象，从而快速完成主机监控的自动化设置。Zabbix 预置了许多模板，用户也可以定制自己的模板。

试用 Zabbix 实现
系统监控

（1）打开 Zabbix 管理界面，展开左侧的"配置"，单击"主机"进入主机配置界面，可以发现默认已有一个名为"Zabbix server"的主机。单击右上角的"创建主机"按钮，打开新增主机界面，将会展示一个主机配置表。

（2）如图 8-9 所示，输入主机名（仅用于在 Zabbix 管理界面标识主机，不一定与服务器本身的主机名相同）；单击"选择"按钮弹出"主机群组"对话框，从中选择一个或多个组，必须为主机选择组（可以是 Zabbix 预定义的组，也可以是用户创建的组），这里选择"Linux servers"；单击"Interfaces"区域的"添加"按钮，输入要监控的服务器的 IP 地址。

图 8-9 管理主机

（3）切换到"模板"选项卡，出现模板配置表，单击"选择"按钮弹出图 8-10 所示的对话框，按照主机群组选择预定义的模板，这里选择"Linux by Zabbix agent"并单击"选择"按钮回到"模板"选项卡，如图 8-11 所示，新选择的模板会链接到当前主机，可根据需要链接多个模板。

图 8-10 配置模板

图 8-11 链接模板

（4）单击"添加"按钮完成主机的添加。其他选项可以使用默认值。

根据需要添加其他主机，可以在主机列表中查看新添加的主机。本任务中添加的主机如图 8-12 所示，可以发现主机的监控项、触发器、图形等。

图 8-12 主机列表

（5）展开 Zabbix 管理界面左侧的"监测"，单击"主机"进入图 8-13 所示的主机监控界面，可以在此对主机进行监控。

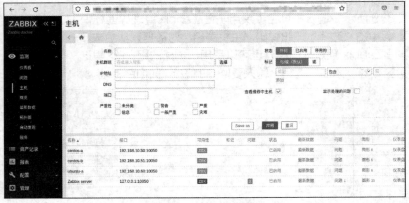

图 8-13 主机监控

其中"可用性"列包含每个接口的主机可用性指标，我们可以使用"ZBX"可用性图标的颜色来判断主机可用性，灰色表示主机状态尚未建立，尚未发生监控指标检查；绿色表示主机可用，监控指标检查已成功；红色表示主机不可用，监控指标检查失败（将鼠标指针移动到图标上可以查看错误消息）。

可以进一步查看主机的监控信息。例如，查看图形监控信息，如图 8-14 所示。Zabbix 提供丰富的监控功能，不再一一介绍。

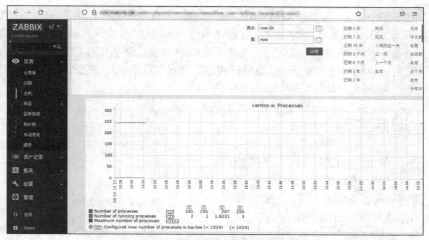

图 8-14　查看图形监控信息

项目小结

本项目介绍的是系统综合运维，主要应用功能强大的 IT 基础架构配置和维护工具 Ansible。与其他 IT 自动化产品相比，Ansible 无须安装客户端软件，配置、使用简便。Ansible 对运维工程师非常友好，不熟悉 Shell 操作的用户也能使用它。Ansible 提供的模块能有效屏蔽不同操作系统的差异性。

使用 Ansible 进行运维时，编写 Playbook 文件是必须掌握的基本功。Playbook 用于编排和组织要执行的运维任务。初学者尽量不要在一个 Playbook 中为不同受管节点的操作系统版本编写不同的脚本。YMAL 格式的 Playbook 易于阅读、编写、共享。我们可以从 GitHub 等网站获取 Playbook 共享代码来借鉴和参考。在实际工作中需要根据实际情况编写自己的 Playbook，而不是直接使用那些共享代码。

与 Playbook 相比，能够实现 Playbook 代码结构化的角色是更好的重用方式。角色对 Playbook 的目录结构进行规范，将内容进行分组，让运维工程师轻松地重复使用它们，并与其他用户共享它们。Ansible Galaxy 是 Ansible 官方分享角色的平台，其中包含来自 Ansible 社区的大量精彩内容，收录大量预先打包的工作单元，如角色和集合。从 Ansible Galaxy 中找到合适的角色或集合后，我们可以直接使用它们来启动自己的自动化项目。这些资源也为运维工程师学习 Ansible 提供了帮助。

系统综合运维涉及统一的监控平台，作为一个企业级的开源分布式监控解决方案，Zabbix 支持分布式集中管理，具有自动发现功能，可以实现自动化监控。Zabbix 要求被监控端安装代理软件，这可以使用 Ansible 来进行批量部署。

Ansible 功能非常丰富，可以部署和管理云计算环境，部署持续集成环境以实现 DevOps 功能。限于篇幅，不一一讲解。

另外，完善的自动化运维离不开配置管理数据库（Configuration Management Data Base，CMDB）。CMDB 是运维体系的基础，存储和管理企业 IT 架构中设备的各种配置信息，支撑服务流程的运转。运维人员还可以使用 Python 开发自己的系统自动化综合运维平台，集成几乎所有的运维功能模块，全面提高运维质量和效率。

党的十八大以来，党中央高度重视发展数字经济，将其上升为国家战略。党的十九大提出，推动互联网、大数据、人工智能和实体经济深度融合，建设数字中国、智慧社会。习近平总书记始终高度重视数字中国建设，指出"要牵住数字关键核心技术自主创新这个'牛鼻子'""把数字技术广泛应用于政府管理服务，推动政府数字化、智能化运行""维护和完善多边数字经济治理机制，及时提出中国方案，发出中国声音"……习近平总书记的这些重要论述指明了数字中国的发展路径和方向。我们要落实习近平总书记的指示，认真钻研技术，做好信息系统运维工作，为各类信息系统"保驾护航"，为数字中国建设贡献自己的力量。

课后练习

1. 以下关于 Ansible 的说法中，正确的是（　　）。
   A. Ansible 不需要基于 SSH 协议工作
   B. 需要在受管主机上安装代理软件
   C. 可以通过模块简化任务的实施
   D. Ansible 要求用户必须掌握 Shell 的使用方法

2. 以下关于 Ansible 模块的幂等性的说法中，不正确的是（　　）。
   A. 任务执行一次和执行多次效果一样
   B. 任务的重复执行不会导致问题
   C. 有些 Ansible 模块不具备幂等性，如 ansible.builtin.command 模块
   D. 多次执行同一任务则可能产生不同的、非预期的结果

3. 以下清单文件定义中，不正确的是（　　）。
   A. www[1:3].abc.com 表示 www1.abc.com、www2.abc.com 和 www3.abc.com
   B. ftpserver　ansible_host=ftp.abc.com 定义中 ftpserver 为 ftp.abc.com 主机的别名
   C. 192.168.10.[10-20]表示 192.168.10.10 至 192.168.10.20 的 10 个 IP 地址
   D. [info:vars]节中变量应用于 info 组的每个成员主机

4. 关于在清单文件中设置 SSH 连接的行为参数，以下说法中不正确的是（　　）。
   A. ansible_become_method 指定提权操作所使用的方法，默认为 su 命令
   B. ansible_become 表示是否允许强制提权操作
   C. ansible_become_user 指定提权操作的目标用户账户，默认为 root 账户
   D. ansible_become_password 指定提权操作的密码

5. 以下关于 Ansible 模块的说法中，不正确的是（　　）。
   A. 模块往往与特定操作系统相关　　　　B. 所有的模块都具有幂等性
   C. Ansible 执行模块时可以收集返回值　　D. 用户可以编写自己的模块

6. 以下关于 Ansible 即席命令中的模式的说法中，不正确的是（　　）。
   A. 模式可以不依赖于清单文件
   B. 使用模式定义要执行 Ansible 任务的受管节点
   C. emailsrvs:&filesrvs 表示同属于这两个组的成员主机
   D. *.abc.com 表示 www.abc.com、ftp.abc.com、mail.abc.com 等主机

7. 以下层次包含关系中，正确的是（　　）。
   A. Playbook、任务、Play　　　　　　B. Play、Playbook、任务
   C. Play、任务、Playbook　　　　　　D. Playbook、Play、任务

8. 在 Playbook 中可以定义和使用变量，以下说法中不正确的是（　　）。
   A. ansible_facts 是专用的事实变量，需要启用事实数据收集功能才能获取
   B. 变量有作用域和优先级

  C. 所有的变量都要使用双花括号来引用

  D. 魔术变量实际是 Ansible 的内置变量

9. 以下目录中不属于 Ansible 角色标准化目录的是（ ）。

  A. tasks   B. handlers   C. vars   D. main

10. 以下关于 Ansible 角色的说法中，不正确的是（ ）。

  A. 角色本质上是 Playbook 代码的结构化重组

  B. 角色提供了比 Playbook 更理想的 Ansible 代码重用方式

  C. 在 Play 级别使用角色是一种静态导入方式

  D. 在任务级别使用角色只能通过动态包含方式

项目实训

实训 1 使用 Ansible 即席命令执行 Shell 脚本检测目标主机的 CPU 使用率

实训目的

（1）了解 Ansible 的命令执行模块。

（2）掌握 Ansible 即席命令的用法。

实训内容

（1）安装 Ansible 软件。

（2）编写清单文件，指定要操作的目标主机。

（3）配置 SSH 连接。为简化操作，配置控制节点与受管节点的 SSH 互信。

（4）编写要执行的 Shell 脚本文件，检测 CPU 使用率。

（5）使用即席命令通过 ansible.builtin.script 模块在目标主机上运行该脚本。该模块会将脚本自动传输到目标主机，在目标主机上执行脚本完毕后会自动删除。

（6）验证结果。

实训 2 使用 Playbook 批量更改 CentOS 的系统环境配置

实训目的

（1）了解 Playbook。

（2）学会编写 Playbook 文件完成系统运维任务。

实训内容

（1）确定要完成的具体任务和功能。

（2）编写清单文件，指定要操作的 CentOS 服务器。

（3）编写 Playbook 文件，其中要完成的任务如下。

① 开启防火墙。

② 禁用 SELinux。修改/etc/selinux/config 文件，将 SELINUX 值设置为"disabled"。

③ 设置时钟同步。

④ 设置时区，将时区更改为亚洲上海。

（4）运行 Playbook 完成配置更改。

（5）验证结果。

实训 3　从 Ansible Galaxy 获取 Redis 角色并在 CentOS 服务器上部署

实训目的

（1）了解 Ansible Galaxy。

（2）掌握通过 Ansible Galaxy 部署角色的方法。

参照任务 8.3.2 进行操作。

实训内容

（1）查找有关 Redis 的角色，确定要安装的具体角色。

（2）安装该角色。

（3）查看该角色的目录结构，熟悉针对不同操作系统的角色配置文件和脚本。

（4）编写 Playbook 文件，调用该角色。

（5）编写清单文件，指定要部署的 CentOS 服务器。

（6）执行该 Playbook，完成 Redis 的自动化部署。

（7）验证结果。